环保装备技术丛书

袋式除尘器

全国环保产品标准化技术委员会环境保护机械分技术委员会
中钢集团天澄环保科技股份有限公司 编

中国电力出版社
CHINA ELECTRIC POWER PRESS

内容提要

袋式除尘器是治理大气污染的高效除尘设备，具有清灰能力强、过滤风速高、设备紧凑、钢耗少、占地少等优点，广泛应用于钢铁、水泥、有色金属、电力等工业领域。

本书在详细梳理传统袋式除尘技术和产品的基础上，全面介绍了袋式除尘器的结构型式和分类、滤袋及滤袋框架、袋式除尘系统的自动控制、袋式除尘器设计选型、袋式除尘器制造、袋式除尘器的安装、运行和维护、袋式除尘器的常见故障诊断及处理方法、袋式除尘器的应用案例等内容。

本书适合从事袋式除尘器研究、设计、安装、调试及维护等工作的技术人员阅读使用。

图书在版编目（CIP）数据

袋式除尘器／全国环保产品标准化技术委员会环境保护机械分技术委员会，中钢集团天澄环保科技股份有限公司编.—北京：中国电力出版社，2017.9（2019.6重印）

（环保装备技术丛书）

ISBN 978-7-5198-0983-6

Ⅰ.①袋…　Ⅱ.①全…②中…　Ⅲ.①滤袋除尘器　Ⅳ.①TM925.31

中国版本图书馆CIP数据核字（2017）第169366号

出版发行：中国电力出版社

地　　址：北京市东城区北京站西街19号（邮政编码100005）

网　　址：http://www.cepp.sgcc.com.cn

责任编辑：赵鸣志（010-63412385）

责任校对：马　宁

装帧设计：赵姗姗

责任印制：蔺义舟

印　　刷：三河市百盛印装有限公司

版　　次：2017年9月第一版

印　　次：2019年6月北京第二次印刷

开　　本：787毫米×1092毫米　16开本

印　　张：11.75

字　　数：269千字

印　　数：3001—4500册

定　　价：45.00元

保护环境

造福人类

王金弟

中国机械工业联合会副秘书长　王金弟

提供一流装备、为保护环境

作贡献！

舒英钢

中国环保机械行业协会理事长　舒英钢

《环保装备技术丛书　袋式除尘器》

编　委　会

序

同一个地球，同一片蓝天，环境保护不分国界。让天更蓝、水更清、山更绿，是人类的共同责任与目标。

以污染换取繁荣不是人类发展的初衷，高能耗、高污染的工业生产，人类过度消费的生活方式，以及对自然资源的掠夺性开发，使人类赖以生存的环境日趋恶化，已经严重威胁着人类的生存。有效地遏制环境恶化已刻不容缓。

尽管现在我国钢产量、水泥产量、发电量已居世界第一位，正从制造大国向制造强国转变，但能源浪费情况依然触目惊心，污染仍然十分严重，环保形势更趋严峻。近年来，电除尘器的提效创新，袋式及电袋除尘的蓬勃发展，烟气脱硫及脱硝的迅速推进，环保装备的发展呈现了多头并进的喜人局面。如何因势利导，规范有序、科学地进行综合管理，其中的一个重要环节是把治理污染的装备使用好、管理好，并使其发挥应有的效能。

1987 年，原机械工业部组建了电除尘器标准化技术委员会（简称标委会）。2005 年，经国家发展和改革委员会及中国机械工业联合会批准，标委会兼并了原机械部布袋除尘标准化技术委员会，并扩展到烟气脱硫、烟气脱硝等大气污染治理装备领域，组建了机械工业环境保护机械标准化技术委员会大气净化设备分技术委员会。2008 年，经国家标准化管理委员会批准，成立了全国环保产品标准化技术委员会环境保护机械分技术委员会。30 年来，在政府的引导和推动下，按照《标准化法》的规定，瞄准国际先进技术，并结合我国国情，依法制定并修订了大气治理装备及相关领域的国家标准、行业标准 166 项，在提高我国大气污染治理装备技术水平和系统性能保证等方面起到了十分重要的作用。特别是创造性地制定了填补我国空白的脱硫、脱硝系列国家标准。国际上首次对脱硫、脱硝技术装备的核心设备，关键装置的设计选型、制造安装、运行维护及安全问题等各个重要环节进行了全面的质量控制，首次提出燃煤烟气脱硫装备系统全面的性能测试方法。脱硫、脱硝系列国家标准被国内外供应商、用户及科研机构广泛采用。

以脱硫、脱硝系列国家标准为核心，数十项行业标准为支撑的脱硫、脱硝行业标准体系，融合了委员单位中 80 余项自主创新的专利技术，整合了 59 家龙头企业、大专院校、科研院所等同行的优势力量和重大科技成果，引领着国内企业在燃煤烟气脱硫、脱硝方面健康发展与技术专利化、专利标准化、标准产业化，有力地推动行业从中国制造走上中国创造的创新发展之路。

坚持以科学发展观为指导，以实现经济、社会的可持续发展为目标，加快大气污染治理装备行业的技术进步，引导并规范行业的健康发展，大力推广新技术、新工艺、新产品、新材料，应从教育着手，从基础抓起。2007 年，标委会决定编写烟气脱硫、烟气脱硝、电除尘器、袋式除尘器、电袋复合除尘器等五种大气污染治理装备主导产品技术丛书。由浙江菲达环保科技股份有限公司、浙江大学、武汉凯迪电力环保有限公司、中钢集团天澄环保科技股份有限公司、福建龙净环保股份有限公司分别牵头成立电除尘器、烟气脱硝、烟气脱硫、袋式除尘器、电袋复合除尘器编写小组，集国内外数十家企业之经验，瞄准国际先进水平，结合标准的宣贯、培训，历时数年，几经审查论证，终得以成书。

环保装备技术丛书较全面地反映了我国大气污染治理装备的现状、技术要点及使用要求，是理论与实践的有机结合。其对基础教育、科技普及、运行维护大有益处，可供该领域的科研单位、大专院校及广大企事业工程技术人员和一线工人参考。

环境保护，事业崇高、责任重大、使命光荣，是造福人类、最具意义的公益事业。让我们同心协力，与时俱进，为祖国美好的明天、为社会的全面和谐与经济的可持续发展作出更大的贡献。

全国环保产品标准化技术委员会环境保护机械分技术委员会
机械工业环境保护机械标准化技术委员会大气净化设备分技术委员会

主任委员

2017 年 6 月

前言

袋式除尘器是治理大气污染的高效除尘设备，是解决工业烟气细颗粒物超低排放的重要技术和装备。袋式除尘基于过滤的原理，净化效率高达99.99%以上，净化后颗粒物排放浓度可达10mg/m³以下，甚至达到5mg/m³，设备阻力低于1000Pa成为常态化。袋式除尘器可用于各种风量的含尘气体净化，也可用于气固分离和粉体回收，当烟气量、烟气温度、粉尘比电阻等烟尘工况变化和波动时，能够保持稳定的净化性能。脉冲喷吹类袋式除尘器作为主流设备，具有清灰能力强、过滤风速高、设备紧凑、钢耗少、占地少等优点，广泛应用于钢铁、水泥、有色、垃圾焚烧、医药和食品加工等各个工业领域，在电力行业也有一定比例的应用。

我国袋式除尘技术研究始于20世纪60年代，经历了国外技术引进、移植、消化、应用和再创新的过程，并实现了产品国产化。60年代中期开展了高压脉冲袋式除尘器引进、试验和研制工作，首次形成了MC型系列化产品。70年代重点开展了反吹风类袋式除尘器研究，回转反吹扁袋除尘器基本定型，并实现了系列化；同时，70年代末引进了长袋低压脉冲除尘器和环隙脉冲除尘器。80年代初，上海宝钢集团有限公司引进日本反吹风袋式除尘技术，移植开发了我国首套反吹风系列产品，在工业领域广泛使用，并实现了设备大型化，机械回转反吹除尘器也广泛采用，成为当时的主流产品，持续20余年。与此同时，1988年我国铝行业分别从法国引进菱形袋式除尘器、从日本消化移植旁插扁袋除尘器，建材行业从美国引进气箱脉冲除尘器等，极大地丰富了袋式除尘器品种。90年代是我国袋式除尘快速发展的重要时段，1995年宝钢集团150t电炉烟气净化引进法国反吹风袋式除尘器、过滤面积28000m²，1997年上钢五厂100t电炉烟气成功采用我国自行设计的大型长袋低压脉冲除尘器、过滤面积14100m²等，标志着我国袋式除尘真正步入大型化、产业化和大规模工业化应用。21世纪伊始，我国袋式除尘行业进入跨越式发展的新时期，创新驱动成为行业发展的主旋律，继2001年内蒙古丰泰电厂200MW机组成功引进德国回转喷吹袋式除尘技术和设备之后，2003年焦作电厂200MW机组采用863成果的长袋低压脉冲袋式除尘技术，成功实现了电厂锅炉烟气净化。至此，我国电力行业袋式除尘进入前所未有的快速发展的新时期，相继出现了“电改袋”、直通均流式袋式除尘器、电袋除尘器、超细面层滤料、大型化设计、计算机三维设计、气流分布CFD数模等一大批创新成果，其中电袋除尘成为电力行业主要技术，在1000MW锅炉机组上成功应用。21世纪初期，深圳开始了垃圾焚烧烟气袋式除尘技术和装备的消化移植，同时在工业上得到成功应用，净化效果达到欧盟标准，形成了典型工艺和系列化产品。21世纪以来，水泥行业通过创新开发了高效、低阻和长寿命袋式除尘技术和产品，袋式除尘应用比例超过85%，广泛用于5000～12000t/d规模水泥生产线，技术水平达到国际先进；钢铁行业袋式除尘应用比例达到90%～95%，特别是高炉煤气袋式除尘干法净化取得了重大成果，广泛应用于2500～5000m^3高炉煤气净化，技术性能和水平国际先进；以电解铝冶炼为代表的有色金属行业加快了除尘技术的创新和改造，加快了电改袋进程，在袋式除尘气流分布、精细滤料和烟气均布过滤等方面取得了显著进展，其成果应用于电解铝HF烟气净化，达到超低排放。在过滤材料方面，1974年我国首次成功研制出208工业涤纶绒布；1985年成功生产脉冲清灰用针刺毡滤料；1986年成功研制出729滤料；1994年研制成功覆膜滤料；1998年成功研制氟美斯复合滤料；2005年以来，我国袋式除尘高端滤料的研究取得了重大成就，相继自主研发了间位芳纶、芳砜纶、PPS、PTFE、PI、玄武岩纤维、超细玻纤、海岛纤维等特种纤维及滤料，并实现了规模化生产，大大提高了过滤效率和滤料强度；2010年开始引进了水刺滤料生产线，研制了超细面层梯度结构滤料产品，滤料的表面处理和后处理技术也得到明显提升，较好地满足了日益增长的市场需求，滤料的性能质量达到或接近国外水平，产品也销售到国外。在脉冲阀、喷吹装置、滤袋框架等配件方面，我国近10年来研制了大口径脉冲阀、无膜片脉冲阀、回转喷吹除尘器用脉冲阀、滤袋框架及有机硅喷涂生产线，产业能力快速提升。“十二五”期间，城市雾霾污染问题相对严重，电力行业开始实施超低排放，钢铁、水泥、有色金属、化工等行业开始执行新的排放标准，进一步推动了袋式除尘技术的创新进程。针对烟气PM2.5细颗粒物高效控制和节能降耗问题，相继研发了预荷电袋滤器、嵌入式电袋复合除尘器、海岛纤维及其滤料、超细纤维面层水刺滤料等。同时，袋式除尘委员会编制了一大批工程技术规范、产品标准、排放标准、设计手册和培训教材等，为工业行业实现特殊排放及超低排放提供了设计、技术、装备和材料的支撑。可以预见，今后袋式除尘技术还将在工业烟气多污染物协同净化、细颗粒物深度净化、空气超净化等方面起到举足轻重的作用。

本书对传统袋式除尘技术和产品进行了梳理，重点介绍了目前常用的袋式除尘器原理、类型与结构、设计与制造、施工安装和运行维护要求等内容，简述了近年来袋式除尘技术发展的新成果、新结构、新材料等，最后给出了几个典型的工业应用案例。本书第一章由李宁、胡汉芳编写，第二章由余建华、姚群编写，第三章由陈盛建编写，第四章由陈建中、姚群编写，第五章由潘天才编写，第六章由陈盛建、姚群编写，第七章由李骞编写，第八章由王进编写，第九章由韦鸣瑞、徐尧编写，第十章由陈亮亮、布莎莎、马晓辉编写，全书由姚群、李宁、胡汉芳统稿。

本书在编写过程中，陈隆枢、陶晖、吴善淦、郦建国、石培根和党小庆等资深专家给予了悉心指导，并提出了许多宝贵的意见；菲达集团有限公司、合肥水泥研究设计院、江苏科林集团有限公司、福建龙净环保股份有限公司、厦门三维丝环保股份有限公司、洁华控股股份有限公司、东北大学等单位提供了热情的帮助；借鉴了很多文献资料和同行应用案例；同时中钢集团天澄环保科技股份有限公司在人力、物力方面给予了大力支持。在此一并表示诚挚的谢意。

由于编者学识及经验有限，书中难免出现疏漏或不妥之处，恳请广大专家、学者和同行给予批评指正。

编　者

2017年6月

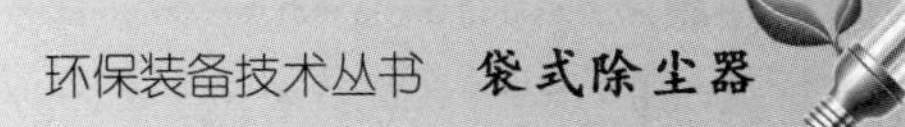

目录

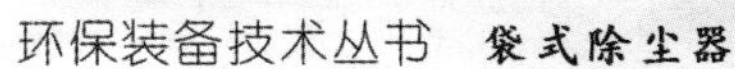

第一章

袋式除尘器术语

第一节　袋式除尘器基本术语

气体的标准状态　the standard state of gas

温度为0℃（273.15K），大气压力为101325Pa时的气体状态。

袋式除尘器　bag filter

利用由过滤介质制成的袋状或筒状过滤元件来捕集含尘气体中粉尘的除尘器。

滤料　filtering media（filter bag）

在过滤式除尘器中起过滤作用的过滤介质。

滤袋　filter bag

在袋式除尘器中起滤尘作用的过滤元件，单位为条。

滤袋框架　bag frame（cage）

支撑滤袋，使之在过滤或清灰状态下保持袋内气体流动空间的部件。

过滤面积　filtration area

起滤尘作用的滤袋的面积，单位为m^2。

过滤风速　filtration velocity

在工况条件下，含尘气体通过滤袋面积的表观速度，单位为m/min。

处理风量（入口风量）　inlet gas flow rate

进入袋式除尘器的含尘气体工况流量，单位为m^3/h。

压力损失（设备阻力）　pressure drop

气流通过袋式除尘器的流动阻力，即袋式除尘器出口与入口处气流的平均全压之差，单位为Pa。

漏风率　air leak percentage

标准状态下，除尘器出口气体流量与进口气体流量之差占进口气体流量的百分比，单位为%。

入口粉尘浓度　inlet dust concentration

标准状态下，入口单位含尘气体体积中所含固体颗粒物的质量，单位为g/m^3或mg/m^3。

出口粉尘浓度　outlet dust concentration

标准状态下，出口含尘气体体积中所含固体颗粒物的质量，单位为g/m^3或mg/m^3。

除尘效率　collection efficiency

袋式除尘器捕集的粉尘量占入口总粉尘量的比例，单位为%。

穿透率（通过率） penetration

袋式除尘器出口的粉尘量占入口总粉尘量的比例，单位为%。

内滤 inside filtration

含尘气流由袋内向袋外流动，利用滤袋内侧过滤粉尘。

外滤 outside filtration

含尘气流由袋外向袋内流动，利用滤袋外侧过滤粉尘。

粉尘层剥离性 property of cake separated from filtration materials

清灰时粉尘层脱离滤料的难易程度。

(脉冲阀）流通能力 throughout capacity（of pulse valve）

在一定条件下，脉冲阀通过气体流量的能力。

分室 sectional；compartment

袋式除尘器分隔成若干单元，各单元可单独完成过滤和清灰功能的结构。

上进风 top upper inlet

含尘气流从袋室上部进入，气流与粉尘沉降方向一致。

下进风 bottom inlet

含尘气流从袋室下部进入，气流与粉尘沉降方向相反。

侧进风 side entry

含尘气流从袋室侧面进入，经导流后进入过滤区域的进风方式。

清灰 dust cleaning

去除过滤介质上所黏附的粉尘层，恢复过滤介质过滤功能的过程。

清灰周期 dust cleaning cycle

袋式除尘器上一次清灰开始与下一次清灰开始之间的时间，单位为 s。

喷吹间隔 pulse interval

相邻两个脉冲阀喷吹动作的间隔时间，或称脉冲间隔，单位为 s。

电脉冲宽度 the width of electric pulse

控制系统向脉冲阀输出每位电信号的持续时间，单位为 s。

清灰持续时间 dust cleaning duration

每次对袋式除尘器进行喷吹清灰所用的时间，单位为 s。

滤料除尘效率 collection efficiency of filter fabric

在额定过滤风速下，用试验粉尘对滤料测得的过滤效率。

洁净滤料阻力系数 resistance coefficient of virgin fabric

在规定滤速下，未接触粉尘的洁净滤料的阻力与滤速之比，单位为 Pa·min/m。

离线清灰 off-line cleaning

切断过滤气流的滤袋清灰方式。

在线清灰 on-line cleaning

不切断过滤气流的滤袋清灰方式。

二状态清灰 two states cleaning

具有“过滤”、“清灰”两种工作状态的清灰方式。

三状态清灰 three states cleaning

具有“过滤”、“清灰”、“沉降”三种工作状态的清灰方式。

第二节 袋式除尘器类型及结构术语

机械振动类袋式除尘器 mechanical shaking type bag filter

利用机械装置（含手动、电磁或气动装置）使滤袋产生振动而清灰的袋式除尘器。

反吹风类袋式除尘器 reverse blow type（fabric filter）

切断过滤气流，在反吹气流作用下迫使滤袋缩瘪与鼓胀而清灰的袋式除尘器。

分室反吹类袋式除尘器 sectional（compartment）reverse blow type bag filter

采用分室结构，利用阀门逐室切换气流，在反向气流作用下，迫使滤袋缩瘪或鼓胀发生抖动而清灰的袋式除尘器。

喷嘴反吹类袋式除尘器 nozzle reverse blow type bag filter

以高压风机或压气机提供反吹气流，气流通过移动的喷嘴进行反吹，使滤袋变形、抖动而清灰的袋式除尘器。

脉冲喷吹袋式除尘器 pulse jet type bag filter

以压缩气体为清灰动力，利用脉冲喷吹机构在瞬间释放压缩气体，高速射入滤袋，使滤袋急剧鼓胀，依靠冲击振动和反向气流而清灰的袋式除尘器。

固定管脉冲袋式除尘器 tube pulse jet bag filter

采用压缩空气，滤袋以行（列）方式布置，用固定式喷管对滤袋逐行（列）进行清灰的袋式除尘器。

回转式脉冲袋式除尘器 rotary tube pulse-jet bag filter

滤袋以同心圆方式布置，采用压缩空气，通过回转装置带动喷吹管对滤袋进行脉冲喷吹清灰的袋式除尘器。

复合清灰类袋式除尘器 combine dust cleaning type fabric filter

采用两种以上的清灰方式联合清灰的袋式除尘器。如机械振动与反吹风复合式袋式除尘器、声波清灰与反吹风复合式袋式除尘器。

防瘪环 anticollapse ring

支撑内滤式滤袋使袋内保持一定空间的圆环。

花板 tube sheet

用于固定滤袋，并将尘气室和净器室分隔的孔板。

喷吹管 jet pipe

通过自身的喷嘴（孔）将脉冲阀释放的压缩气体分配给各条滤袋的管状器件。

脉冲阀 pulse valve

受电磁阀或气动阀等先导阀控制，可在瞬间启、闭压缩气源产生气脉冲的膜片阀或活塞阀。

电磁脉冲阀 electromagnetic pulse valve

电磁先导阀与膜片阀或活塞阀组合在一起，受电信号控制的脉冲阀。

引射器 director

诱导二次气流的元件。

脉冲喷吹控制仪 pulse jet control instrument

输出电脉冲信号驱动脉冲阀工作，对脉冲喷吹袋式除尘器实现清灰自动控制的仪器。

第三节 袋式除尘器滤料及滤袋术语

基布 scrim

支撑针刺或水刺滤料的纤网以加强滤料经、纬向强力的机织布。

消静电滤料 anti-static electricity filter materials

可减少表面电荷积累的滤料。

覆膜滤料 membrane filter fabric

表面贴覆一层透气的微孔薄膜的滤料。

涂层滤料 coated filter fabric

表面进行涂层处理的滤料。

复合滤料 blended filter media

采用两种或两种以上材料复合制成的滤料。

滤料单重 weight per unit area

单位面积滤料的质量，单位为 g/m^2。

透气性 gas permeability

表示滤料通过气体的能力。在规定的压差（200Pa）和试验面积条件下，单位时间流过滤料的气体体积，单位为 $m^3/(m^2 \cdot min)$。

纤维长度 length of the fiber

纤维在不受外力影响下，伸直时测得的两端间距离，单位为 mm。

细度 degree of thickness

表示纤维粗细的程度，单位为 tex。

吸湿性 hygros copicity

在标准温、湿度条件（温度为 200℃，相对湿度为 65%）下纤维的吸水率，单位为%。

耐热性 heat resistance

纤维在同一时间内不同温度条件下，或者在同一温度下不同时间内理化性能和机械性能的保持程度。

纤维耐腐蚀性 corrosion resistance of fiber

纤维抗酸、碱和有机溶剂等腐蚀的能力。

纤维的水解性 hydrolysis property of fiber

纤维与水反应而产生分解的性能。

纤维的抗氧化性 antioxidation of fiber

纤维耐氧化腐蚀的性能。

滤料使用温度 theuseful temperature of filter material

滤料可满足除尘器长期连续工作的温度范围。

第四节 袋式除尘器自动控制术语

定时清灰 regularly clean out

按照预先设定的清灰顺序和时间间隔进行清灰的方式。

定压差清灰 set the differential soot cleaning

按除尘器阻力值与设定的阻力上下限值比较后进行清灰的方式。

第五节 安 装 调 试 术 语

预喷涂 pre-coating with ash

袋式除尘器投运前，在滤袋表面预置一定厚度的粉体的操作。

气流分布 gas flow distribution

采用阻流、导流装置合理调配进入袋式除尘器的含尘气体流量和速度。

荧光粉检漏 phosphor powder leak hunting

利用荧光粉和紫光灯检查袋式除尘器粉尘泄漏点的检漏方式。

第二章

滤料、滤袋及滤袋框架

第一节　滤　　料

一、滤料种类及制造工艺

（一）对滤料的基本要求

滤料是袋式除尘器的核心材料，其质量和性能直接关系到袋式除尘器的运行效果和寿命，因此应满足下列要求：

（1）粉尘捕集率高。

（2）粉尘剥离性好，易清灰，不易结垢。

（3）透气性适宜。

（4）滤料的密度和厚度均匀。

（5）具有足够的强度，抗拉、耐磨、抗皱折。

（6）尺寸稳定，使用时变形小。

（7）具有良好的耐温、耐化学腐蚀、耐氧化和抗水解性能。

（8）性价比高，寿命长。

滤料的性能指标见表 2-1。

表 2-1　　**滤料的性能指标**

序号	滤料	特性	考核项目		
I	形态特性	常用滤料	1	单位面积质量偏差（g/m^2）	
			2	厚度偏差（mm）	
			3	幅宽偏差（mm）	
			4	体积密度（g/cm^3）	
			5	空隙率（%）	
		机织滤料	6	材质	
			7	纤维规格（袋×长度）（mm）	
			8	织物组织	尘面
					净面
			9	厚度（mm）	
			10	单位面积质量（g/m^2）	
			11	密度（根/10cm）	经
					纬
		涤纶针刺毡	12	材质	

续表

序号	滤料	特性	考核项目		
Ⅰ	形态特性	涤纶针刺毡	13	加工方法	
			14	单位面积质量（g/m^2）	
			15	厚度（mm）	
			16	体积密度（g/cm^3）	
			17	空隙率（%）	
Ⅱ	透气性	常用滤料、机织滤料、涤纶针刺毡	1	透气度	1/(m^2·s)
					m^3/(m^2·min)
			2	透气度偏差（%）	
Ⅲ	强力特性	常用滤料、机织滤料、涤纶针刺毡	1	断裂强力（N/5×20cm）	经向
			2		纬向
Ⅳ	阻力特性	常用滤料 机织滤料	1	洁净滤料阻力系数	
			2	动态滤尘阻力（Pa）	
		涤纶针刺毡	3	洁净滤料阻力系数	
			4	再生滤料阻力系数	
			5	动态阻力（Pa）	
Ⅴ	伸长特性	常用滤料、机织滤料	1	断裂伸长率（%）	经向
			2		纬向
			3	静负荷伸长率（%）	
		涤纶针刺毡	4	断裂伸长率（%）	经向
			5		纬向
Ⅵ	滤尘特性	常用滤料、涤纶针刺毡	1	静态除尘率（%）	
			2	动态除尘率（%）	
			3	粉尘剥离率（%）	
		机织滤料	4	动态阻力（Pa）	
			5	动态除尘率（%）	
Ⅶ	静电特性	常用滤料	1	摩擦荷电电荷密度（μC/m^2）	
			2	摩擦电位（V）	
			3	半衰期（s）	
			4	表面电阻（Ω）	
			5	体积电阻（Ω）	
Ⅷ	使用条件	机织滤料、涤纶针刺毡	1	使用温度	
			2	耐酸性	
			3	耐碱性	
			4	资料来源	

（二）滤料分类

1. 按制作方法分类

（1）织造滤料。在相互垂直排列的两个系统中，将经、纬纱线，按一定规律交织而成的滤料。

（2）非织造滤料。不经过一般的纺纱和织造过程，直接使纤维成网，再用机械、化学或其他方法，将纤维固结在一起的纤维结构滤料。

（3）复合滤料。用两种以上方法制成或由两种以上材料复合而成的滤料。

（4）多孔烧结滤料。将金属纤维或粉末、陶瓷纤维或粉末、塑料粉末制成一定形状，并通过高温烧结而制成的滤料。

（5）覆膜滤料。将上述三种滤料的表面再覆以一层透气的薄膜而制成的滤料。

（6）涂层滤料。在滤料表面喷涂特殊的介质，形成表面微孔的滤料。

2. 按滤料材质分类

（1）天然纤维滤料。如植物纤维（棉、麻）滤料、动物纤维（兽毛）滤料、矿物纤维（如石棉）滤料。

（2）化学纤维滤料。如人造纤维（黏胶纤维）滤料、合成纤维滤料（袋式除尘器用滤料多属此类）。

（3）无机纤维滤料。如玻璃纤维、金属纤维、陶瓷纤维等滤料。

3. 织造滤料

织造滤料是以合股加捻的经、纬纱线或单丝用织机交织而成的，呈二维结构。常用的织造滤料与非织造滤料相比，具有如下特点：

（1）具有较高强度和耐磨性，能承受较大压力。

（2）尺寸稳定性较好，适于制成大直径、长滤袋。

（3）易形成平整和较光滑表面或薄形柔软的织物，有利于滤袋清灰。

（4）便于调整织物的紧密程度，既可制成较疏松的滤料，也可制成高度紧密的。

织造滤料具有如下缺点：

（1）传统生产工艺流程长，生成产品的速度慢、效率低。

（2）由于过滤主要通过经纱与纬纱的孔隙进行，孔隙率小，在相同过滤风速下，滤料本身的阻力大。

（3）织造滤料只有在形成粉尘层后，才能阻挡较小颗粒物，在滤料未形成粉尘层、滤尘清灰后或其他原因使其粉尘层遭到破坏时，捕尘率明显下降。

采用适当的后处理技术，如在织造滤料表面覆以微孔透气薄膜实现表面过滤，有助于提高捕尘率，改善清灰效果和降低滤袋的运行阻力。

织造物滤料经线和纬线交错排列的状态称为织造物的组织。基本的组织有平纹组织、斜纹组织、缎纹组织和纬二重组织。

长丝纱线比相同直径短纤维纱线强度高，表面光滑，织成的织物较易脱除粉尘层，即粉尘剥离性较好，较适用反吹风和机械振动式的中、低能清灰。用短纤维纱线织成的织物，有许多纤维端头伸入纱线间的缝隙内，有利于粉尘搭桥、提高滤料的捕尘率和加强滤尘过程中被捕集粉尘的稳定性。这种滤料适用于机械振动清灰或反吹风清灰。为取得较高的捕尘率，宜采用较低过滤风速。

平纹织物在织造物中具有最多的纱线交织点。如为防止粉尘泄漏，可将织物织得紧密些，但透气度必将随之下降；如为降低阻力而减小织物的密度，又易泄漏粉尘。因而对一般高能清灰的袋式除尘器，特别在滤速较高的情况下，很少选用平纹织物作滤料。

斜纹织物的交织点少于平纹，孔隙率较大，透气性也较好。

缎纹织物交织点较前两者都小，孔隙率更大，透气性最好；但有较多根纱线浮于织物表面，捻度又较小，所以较易破损。

采取纬二重组织织制的玻纤滤料比较厚实、松软，提高了抗折性和耐磨性，可用于脉冲清灰方式。

常用的织造滤料有208涤纶绒布、729滤料、玻璃纤维织造滤布等。

208涤纶绒布是以涤纶短纤维为原料、单面起绒的斜纹织物。滤尘时，绒毛在迎尘面，纱线间绒毛和表面绒毛能阻挡部分粉尘穿透滤布，并有助于粉尘层的形成，因而可提高滤料的捕尘率。清灰再生性能差，尤其在潮湿或黏性工况条件下，粉尘容易黏着在绒毛及滤料表面结成尘垢，很难处理，使用范围受到限制。

729滤料属缎纹机织物，具有高强低伸、缝制方便、集尘清灰性能好和使用寿命长等特点，常用于反吹清灰、机械振打清灰等袋式除尘器。

玻璃纤维织造滤布由熔融玻璃液经喷丝孔板拉制所得的玻璃纤维原丝，按一定的捻度从原丝筒上退下来后，根据纺织工序对经、纬纱的要求进行合股，生产成为玻璃纤维有捻纱。玻璃纤维织造滤布目前已有应用，通常织造成玻纤覆膜滤料，用于垃圾焚烧烟气净化等。

4. 非织造滤料

非织造滤料按形成纤网的方法可分为三类，即干法非织造物、纺丝成网法非织造物和湿法非织造物。

针刺毡滤料是袋式除尘器最常用的非织造滤料，我国众多滤料企业均生产该产品，针刺设备有国产的，也有使用进口设备的。目前，我国针刺毡滤料性能和质量有了显著的提升，产品也远销到国外。

针刺毡滤料，具有以下特点：

(1) 针刺毡滤料中的纤维呈立体交错分布的三维结构。这种结构有利于很快形成粉尘层，滤尘初期和清灰后也不存在直通的孔隙，捕尘效果稳定，除尘效率高于一般织物滤料。测试结果表明，动态捕尘率可达99.9%～99.99%以上。

(2) 针刺毡孔隙率高达70%～80%，因而自身的透气性好、阻力低。

(3) 便于工业化规模生产，便于自动化控制，保障产品质量的稳定性。

(4) 产能大，劳动生产率高，有利于降低产品成本。

(5) 根据不同的烟气特性和用户需求，针刺毡的材料和品种呈多样性。除纯化滤料外，还有复合滤料、表面超细纤维滤料、覆膜滤料、涂层滤料等。

典型针刺毡滤料品种及其性能参数见表2-2和表2-3。

表2-2　涤纶针刺毡滤料性能参数

滤料型号			ZLN-D350	ZLN-D400	ZLN-D450	ZLN-D500	ZLN-D550	ZLN-D600	ZLN-D650	ZLN-D700	无基布
Ⅰ	形态特性	材质	涤纶	涤纶	涤纶	涤纶	涤纶	涤纶	涤纶	涤纶	涤纶
		加工方法	针刺成形、热定型、热辊压光								热定型、烧毛
		滤料单重（g/m^2）	350	400	450	500	550	600	650	700	500
		厚度（mm）	1.45	1.75	1.79	1.95	2.1	2.3	2.45	2.60	1.9
		体积密度（g/cm^3）	0.241	0.229	0.251	0.256	0.262	0.261	0.265	0.269	
		孔隙率（%）	83	83	82	81	81	81	81	80	

续表

		滤料型号		ZLN-D350	ZLN-D400	ZLN-D450	ZLN-D500	ZLN-D550	ZLN-D600	ZLN-D650	ZLN-D700	无基布
Ⅱ	强力特性	断裂强力（N/5×20cm）	经	870	920	970	1020	1070	1120	1170	1220	1100
			纬	1000	1100	1200	1350	1500	1700	2000	2100	1500
Ⅲ	伸长特性	断裂伸长率（%）	经	23	21	22	23	22	23	23	26	40
			纬	40	40	35	30	27	26	26	29	45
Ⅳ	透气性	透气度	$1/(m^2 \cdot s)$	480	420	370	330	300	260	240	200	
			$m^3/(m^2 \cdot min)$	28.8	25.2	22.2	19.8	18	15.6	14.4	12	18
		透气度偏差（%）		±5	±5	±5	±5	±5	±5	±5	±5	
Ⅴ	阻力特性	洁净滤料阻力系数		—			15	—				
		再生滤料阻力系数		—			32	—				
		动态阻力（Pa）		—			216	—				
Ⅵ	捕尘特性	静态捕尘率（%）		—			99.8	—				
		动态捕尘率（%）		—			99.9	—				
		粉尘剥离率（%）		—			93.2	—				
Ⅶ	使用特性	使用温度（℃）	连续	<130								
			瞬间	<150								
		耐酸性		良（分别在含量为35%盐酸、70%硫酸或60%硝酸中浸泡，强度几乎无变化）								
		耐碱性		一般（分别在含量为10%氢氧化钠或28%氨水中浸泡，强度几乎不下降）								

表 2-3　　耐热抗腐针刺毡滤料性能参数

		滤料型号		芳纶针刺毡			PPS针刺毡		P84针刺毡		玻纤复合针刺毡
				ZLN-F450	ZLN-F500	ZLN-F550	ZLN-R500	ZLN-R550	ZLN-P500	ZLN-P550	
Ⅰ	形态特性	材质		芳香族聚酰胺			聚苯硫醚		聚酰亚胺		玻纤芳纶复合
		真相对密度		1.38			1.37		1.41		
		加工方法		针刺成形、热烘燥、热辊压光（根据需要可烧毛）							
		滤料单重（g/m^2）		450	500	600	500	600	500	550	1090
		厚度（mm）		2.0	1.8	2.2	2.0	2.1	2.6	2.7	2.7
		体积密度（g/cm^3）		0.225	0.217	0.25	0.25	0.28	0.19	0.20	—
		孔隙率（%）		83.7	84.2	81.9	81.8	79	86	86	—
Ⅱ	强力特性	断裂强力（N/5×20cm）	经	800	851	980	890	866	830	930	2000
			纬	950	1213	1300	1010	1184	1030	1080	2000
Ⅲ	伸长特性	断裂伸长率（%）	经	30	22	27.4	24.8	34.4	25	26	3.8
			纬	43	36	40.4	38.6	34.5	34	35	1.7
Ⅳ	透气性	透气度	$1/(m^2 \cdot s)$	—	210	222	275	137	186	—	80
			$m^3/(m^2 \cdot min)$	—	12.6	13.3	16.5	8.25	11.17	—	4.8
		透气度偏差（%）		—	+12 −6	+10	+16 −8	+7 −4	+4 −5	—	+7 −7

续表

<table>
<tr><th colspan="4" rowspan="2">滤料型号</th><th colspan="3">芳纶针刺毡</th><th colspan="2">PPS 针刺毡</th><th colspan="2">P84 针刺毡</th><th rowspan="2">玻纤复合针刺毡</th></tr>
<tr><th>ZLN-F450</th><th>ZLN-F500</th><th>ZLN-F550</th><th>ZLN-R500</th><th>ZLN-R550</th><th>ZLN-P500</th><th>ZLN-P550</th></tr>
<tr><td rowspan="3">V</td><td rowspan="3">阻力特性</td><td colspan="2">洁净滤料阻力系数</td><td>—</td><td>—</td><td>5.3</td><td>10.5</td><td>18</td><td>9.4</td><td>—</td><td>28</td></tr>
<tr><td colspan="2">再生滤料阻力系数</td><td>—</td><td>—</td><td>22.0</td><td>17.4</td><td>—</td><td>19.1</td><td>—</td><td>—</td></tr>
<tr><td colspan="2">动态阻力（Pa）</td><td>—</td><td>—</td><td>347</td><td>132</td><td>198</td><td>75</td><td>—</td><td>—</td></tr>
<tr><td rowspan="3">Ⅵ</td><td rowspan="3">捕尘特性</td><td colspan="2">静态捕尘率（%）</td><td>—</td><td>—</td><td>99.5</td><td>99.6</td><td>—</td><td>99.9</td><td>—</td><td>—</td></tr>
<tr><td colspan="2">动态捕尘率（%）</td><td>—</td><td>—</td><td>99.9</td><td>99.9</td><td>99.996</td><td>99.9</td><td>—</td><td>99.9</td></tr>
<tr><td colspan="2">粉尘剥离率（%）</td><td>—</td><td>—</td><td>96.3</td><td>95.2</td><td>84.8</td><td>93.9</td><td>—</td><td>—</td></tr>
<tr><td rowspan="4">Ⅶ</td><td rowspan="4">使用持性</td><td rowspan="2">使用温度（℃）</td><td>连续</td><td colspan="3">170～200</td><td colspan="2">130～190</td><td colspan="2">160～240</td><td>160～200</td></tr>
<tr><td>瞬间</td><td colspan="3">250</td><td colspan="2">200</td><td colspan="2">260</td><td>220</td></tr>
<tr><td colspan="2">耐酸性</td><td colspan="3">一般</td><td colspan="2">优</td><td colspan="2">优</td><td>一般</td></tr>
<tr><td colspan="2">耐碱性</td><td colspan="3">良</td><td colspan="2">优</td><td colspan="2">差</td><td>一般</td></tr>
</table>

5. 水刺毡滤料

水刺工艺的原理与针刺法相似，不同之处是将钢针改为极细的高压水流（“水针”）。水刺工艺使高压水经过喷水板的喷孔形成微细高速水射流，并连续喷射纤维网，在水射流直接冲击力和下方托网帘反射力的双重作用下，纤维在纤维网中发生不同方向的移位、穿插、抱合、缠结。水刺滤料在加工过程中纤维受到的机械损伤较针刺滤料要低，因此在同等克重下，其强力高于针刺滤料。由于水针为极细的高压水柱，其直径较针刺毡制作时所用刺针要细，所以水刺毡几乎无针孔，表面较针刺毡更光洁、平整，从而过滤效果更好。

与针刺滤料相比，水刺滤料毡层密实度更高，净化效率也更高；水刺滤料的厚度较小，但其断裂强力提高约20%，耐磨性能也显著增强；水刺滤料的清灰周期平均延长约30%。

6. 复合纤维滤料

复合滤料是将两种或两种以上过滤材料混合后加工制成的滤料。复合滤料使不同纤维的性能互相弥补，提高滤料的性能，并降低成本。

袋式除尘器用于净化含硫烟气时，为提高滤袋的抗酸腐蚀性能，选用PTFE基布、PPS纤网制成的针刺毡，比100%PPS针刺毡浸酸后的强度保持率提高25%左右。

混合纤维滤料中品种和应用较多的是以玻纤与耐高温化纤混合制成的复合针刺毡，主要品种有玻纤＋涤纶、玻纤＋诺梅克斯（或芳纶）、玻纤＋PPS、玻纤＋P84、玻纤＋PTFE等。其中，玻纤＋芳纶纤维、玻纤＋P84纤维两种针刺毡，成为高炉煤气净化的主要滤料。通过玻纤与化纤的混合弥补了纯玻纤毡不耐折的缺点，而成本则显著低于纯化纤毡。

典型复合针刺毡滤料产品及性能参数见表2-4。

表 2-4　典型复合针刺毡滤料产品（普耐 R）及性能参数

成分		滤料单重（g/m²）	厚度（mm）	密度（g/cm³）	透气度[L/(dm²·min)]	断裂强力（N/5cm）		伸长率（%）		90min 最大收缩		使用温度（℃）		后处理	应用领域
纤维	基布					纵向	横向	纵向	横向	温度（℃）	伸缩率（%）	连续	瞬间		
PTFE	PTFE	750	1.1	0.68	100	≥600	≥600	<5	<5	260	3	240～260	160	PTFE 处理	垃圾焚烧、燃煤锅炉
P84/PTFE/GL	PTFE	530	2.0	0.265	200	>600	>600	>3	>3	280	<1	240	280	热定型、烧毛、PTFE 处理	高炉煤气、垃圾焚烧、旋窑窑尾
P84/GL	GL	800	2.5	0.32	200	>1500	>1500	<2	<2	260	<1	240	280	烧毛、PTFE 处理	高炉煤气、铁合金、旋窑窑尾
P84/PPS/GL	PTFE	530	2.0	0.265	200	>600	>600	<3	<3	230	<1	180	230	热定型、烧毛、PTFE 处理	燃煤锅炉、垃圾焚烧
PPS/GL	PPS	530	2.2	0.264	150	>800	>800	<3	<3	220	<1	180	200	热定型、PTFE 处理	燃煤锅炉、垃圾焚烧
PPS/GL	GL	800	2.5	0.32	200	>1500	>1500	<2	<2	230	<1	180	230	PTFE 处理	燃煤锅炉
PPS/GL	P84+PPS	530	2.0	0.265	150	>600	>600	<3	<3	230	<1	180	220	热定型、PTFE 处理	燃煤锅炉、垃圾焚烧
PTFE/GL	PTFE	700	1.5	0.167	120	>600	>600	<3	<3	280	<1	240	280	热定型、PTFE 处理	垃圾焚烧、钢冶炼、钛白粉
Aramid/GL	Aramid	480	2.2	0.218	220	>600	>600	<3	<3	250	<1	200	250	PTFE 处理	沥青、石灰窑、窑头篦冷机，自炭黑

7. 梯度结构滤料

梯度结构滤料是指在滤料厚度方向上纤维的细度或者纤维层的密度呈现阶梯状变化的滤料。高密面层针刺毡滤料是在滤料的迎尘面采用超细纤维（如海岛纤维，见图 2-1）作为面层，滤料其余部分采用普通纤维，针刺后滤料在厚度方向形成梯度结构，见图 2-2。这种由超细纤维构成的细密面层可实现表面过滤，将细颗粒物阻隔在滤料表面，不仅提高了过滤效率，并且由于其孔隙率低、表面光滑，也提高了粉尘剥离率，见图 2-3。目前，我国已能够生产表面超细纤维滤料产品。

梯度结构滤料不仅可以由同一种材质的不同细度纤维构成，也可以由不同材质的纤维构成。

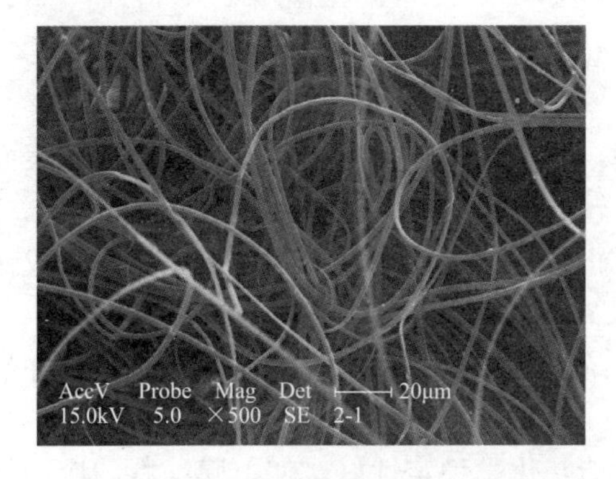

图 2-1 海岛纤维

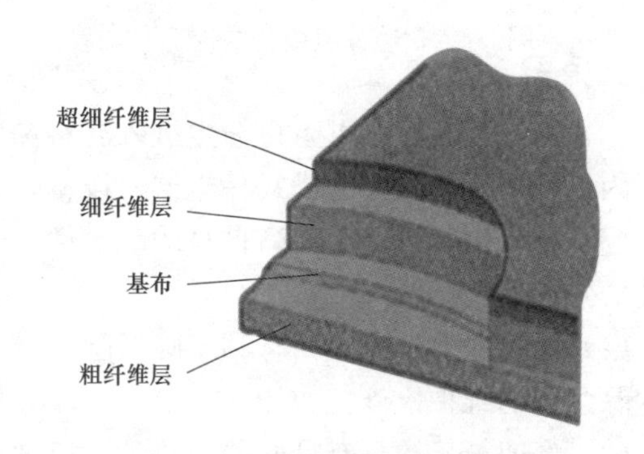

图 2-2 表面超细纤维梯度滤料

图 2-3 细颗粒物阻隔在滤料表面

8. 覆膜滤料

覆膜滤料是在针刺毡滤料或织造滤料表面覆以 PTFE 微孔薄膜制成的复合滤料，可实现表面过滤，不仅可显著提高滤料的捕尘率，而且由于粉尘只停留于表面，容易脱落，所以提高了粉尘的剥离性。这种滤料本身的阻力虽高于常规滤料，但除尘器运行过程中由于粉尘剥离性好、易清灰，且粉尘很少进入织物内部，所以滤料阻力不是快速上升，而是趋于平稳并明显低于常规滤料。覆膜滤料常用于空气过滤、垃圾焚烧烟气净化等排放要求严格的场合，市场需求量很大，见图 2-4。

覆膜滤料具有以下特点：

（1）滤料覆膜可实现表面过滤，可提高细颗粒物的分级效率，见图 2-5。

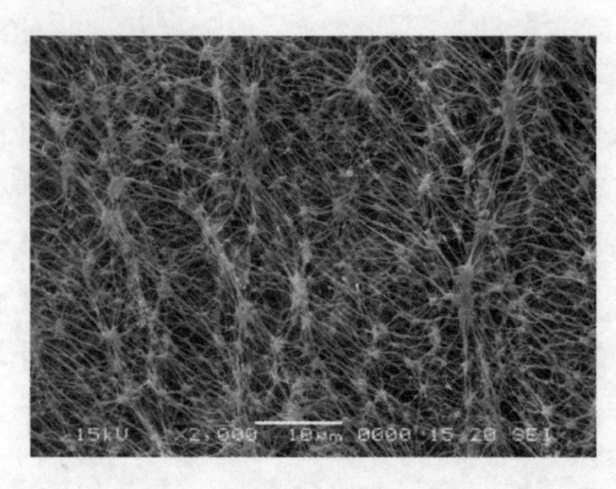
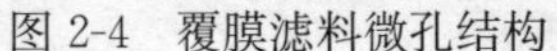

图 2-4　覆膜滤料微孔结构

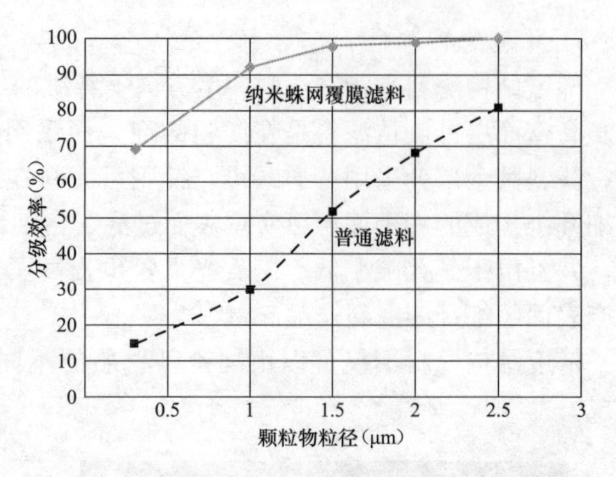

图 2-5　覆膜滤料与普通滤料分级效率对比

（2）当量孔径变小可阻止粉尘进入滤料深层，防止滤料的堵塞。另外，覆膜滤料表面光滑，因而使用覆膜滤料的袋式除尘器，设备阻力较低，并在长时间内保持稳定。

（3）滤料覆膜有助于提高自身的疏水性，防止袋式除尘器在潮湿条件下因结露造成糊袋板结失效。

（4）覆膜滤料阻力低，有利于降低除尘器系统的运行能耗，延长滤料使用寿命，并显著减少除尘器的维护检修工作量。

（5）聚四氟乙烯具有良好的耐热和耐腐蚀性能，化学稳定性好，使覆膜滤料的应用领域不断扩大。

（6）覆膜滤料的底布材质可以是各种化纤或玻璃纤维；结构可以是织布，也可以是针刺毡。因而可以制成多种产品，用于各种不同的场合。

梯度结构滤料和覆膜滤料通称为高效除尘滤料，常用产品及其性能参数见表 2-5。

表 2-5　　高效滤料产品及性能参数

滤料名称				覆膜针刺毡 M/ENW		覆膜 729M/EWS		高密面层针刺毡 ZLN-Dgm
Ⅰ	形态特性	材质		涤纶毡 ePTFE 覆膜		涤纶织物 ePTFE 覆膜		涤纶
		真密度		1.38		1.38		1.38
		加工方法		针刺毡、热烘、热压后覆膜		机织覆膜		针刺、热烘、热压
		滤料单重（g/m^2）		500	505	231.5	320	500
		厚度（mm）		2.21	2.2	0.5	0.65	2.08
		体积密度（g/cm^3）		0.226	0.229	0.463	0.492	0.240
		孔隙率（%）		83.6	83.4	66.4	64.3	82.5
Ⅱ	强力特性	断裂强力（N/5×20cm）	经向	1010	1350	2975	3210.5	900
			纬向	1280	900	2165	2083.5	1156
Ⅲ	伸长特性	断裂伸长率（%）	经向	19.3	23	27.0	25	27.4
			纬向	48.9	30	28.3	23	30
Ⅳ	透气性	透气度	$1/(m^2 \cdot s)$	40.2	35.0	33	21.4	185
			$m^3/(m^2 \cdot min)$	2.41	2.10	1.98	1.281	11.1
		透气度偏差（%）		+14.5 −19.8	+16.9 −22.1	+28.4 −26.4	+6.8 −5.2	+3.5 −5.2

续表

滤料名称				覆膜针刺毡 M/ENW		覆膜 729M/EWS		高密面层针刺毡 ZLN-Dgm
Ⅴ	阻力特性	洁净滤料阻力系数		47.9	49.9	91.5	56.1	13.6
		再生滤料阻力系数			73.6	123.5	80.7	27.1
		动态阻力（Pa）		181	187	174.0	191.0	128
Ⅵ	捕尘特性	静态捕尘率（%）		99.99	99.965	99.95	99.98	99.97
		动态捕尘率（%）		＞99.999	＞99.999	99.999	99.999	99.996
		粉尘剥离率（%）			96.67		96.85	94.4
Ⅶ	使用特性	使用温度（℃）	连续	130	130	130	130	130
			瞬间	150	150	150	150	150
		耐酸性		良	良	良	良	良
		耐碱性		良	良	良	良	良

9. 消静电滤料

化纤滤料极易摩擦带电，又因电阻率较高而不易释放电荷。静电火花能引燃可燃粉尘和可燃气体，甚至发生爆炸。有些易荷电的粉尘积聚在滤料表面，影响滤袋的清灰效果，导致除尘器高阻运行。

为预防静电的危害，除尘器可采用消静电滤料，将滤料表面积聚的电荷通过接地的除尘器壳体释放。使滤料具有导电性的通用方法如下：

（1）在织造滤料的经纱中间隔编入导电纱线。

（2）在针刺滤料基布的经纱中间隔编入导电纱线。

（3）在针刺滤料的纤网中混入导电纤维。

滤料的消静电性能与导电纤维或导电纱线的导电性及其在滤料中的密度有关。

导电纤维有不锈钢纤维、碳纤维及改性合纤类纤维等。

10. 塑烧板

塑烧板是由几种高分子化合物粉体经铸型、烧结，形成多孔的母体，然后在表面的空隙中填充氟化树脂，再用特殊黏合剂固定而制成的刚性过滤元件。塑烧板母体孔径为 50～80μm，而表层孔径为 2～4μm。见图 2-6。

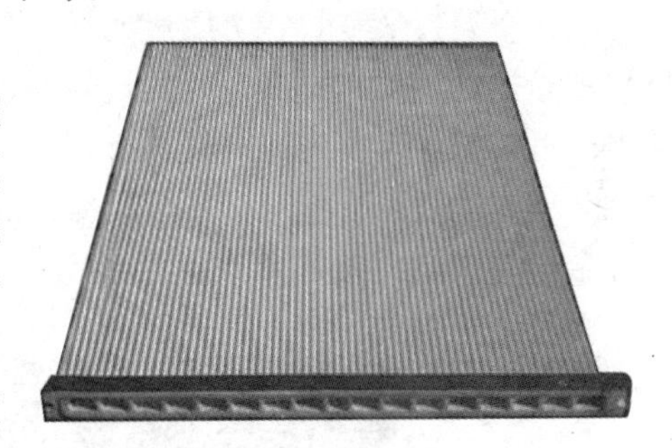

图 2-6 塑烧板

塑烧板的外形类似于平板形扁袋，外表面呈波纹形状，可增加过滤面积，相当于同等尺寸平面的 3 倍。由于塑烧板是刚性结构，不会变形，又无骨架磨损，所以使用寿命长。又由于塑烧板表面经过深度处理，孔径细小均匀，具有疏水性，不易黏附含水量较高的粉尘，所以在处理含水量较高及纤维性粉尘时塑烧板除尘器是最佳选择。此外，由于塑烧板的高精度工艺制造保持了均匀的微米级孔径，所以还可以处理超细粉尘和高浓度粉尘。塑烧板除了有耐常温、耐温 110℃及耐温 160℃以外，还有耐酸型、防爆型、抗静电型及抗油气型等系列产品。塑烧板具有以下的特点：

（1）塑烧板属表面过滤，除尘效率较高，排放浓度通常低于 10mg/m^3，对微细尘粒也有较好的除尘效率。

（2）压力损失稳定，在使用初期压力损失增长较快，但很快趋于稳定。

（3）耐温性好，最高使用温度可达 300℃以上。

（4）粉尘不易深入塑烧板内部，而且表面的氟树脂难以被粉尘附着，因而清灰容易。

（5）对于吸湿性粉尘或湿度较高的含尘气体，有着优于一般袋式除尘器的适应性。

（6）使用寿命长，一般可达数年。

（7）塑烧板价格高，自身的压力损失高。

11. 超高温滤料

超高温过滤材料目前主要有陶瓷多孔过滤材料、金属多孔过滤材料、超高温纤维过滤材料。

（1）陶瓷多孔过滤材料。陶瓷多孔过滤材料具有优良的热稳定性和化学稳定性，它的工作温度可达 1000℃，在氧化、还原等高温环境下具有很好的抗腐蚀性。陶瓷多孔过滤材料从材质上可分为氧化物陶瓷和 SiC 陶瓷过滤材料。

陶瓷多孔过滤材料的弱点是性脆，在急剧温度变化下易断裂，即抗热冲击性能差。陶瓷纤维过滤材料见图 2-7。

图 2-7　陶瓷纤维过滤材料

（2）金属过滤材料。金属过滤材料具有良好的耐温性和优良的力学性能，还具有良好的韧性和导热性，使其具有良好的抗热冲击能力。此外，金属滤料具有良好的加工性能和焊接性能。近年来，金属过滤材料在抗腐蚀方面有明显进步。

金属过滤材料主要有金属纤维滤筒、烧结纤维网、烧结纤维毡和金属粉末烧结过滤材料等。金属纤维过滤材料见图 2-8。

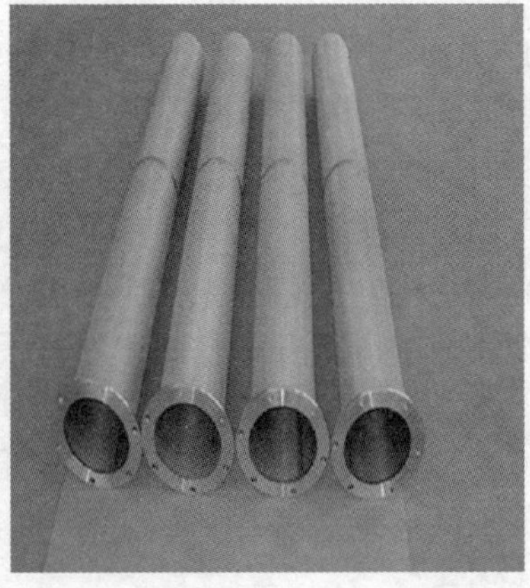

图 2-8　金属纤维过滤材料

（3）超高温纤维过滤材料。超高温纤维过滤材料使用温度达300℃以上，主要有氧化铝、碳化硅或多铝硅酸盐陶瓷纤维过滤材料，以及玄武岩纤维过滤材料。目前超高温纤维过滤材料尚处于产品试制阶段。

二、滤料处理技术

1. 纱线处理

纱线处理属于前处理工艺，即在滤料织造前所进行的处理工艺。目前纱线处理主要用于玻璃纤维，包括耐酸、疏水和增加柔性等处理。

2. 滤料后整理

滤料后整理可以使滤料质地均匀、尺寸稳定，并且改善性能、美化外观，从而扩大其应用范围，在滤料生产中是不可缺少的重要工序。目前有烧毛、热轧光、涂层、覆膜、疏水、阻燃及消静电整理。

（1）烧毛整理。将滤料以一定速度通过燃烧煤气、天然气或液化气的火口，将悬浮于滤料表面的纤毛烧掉，以改善滤料表面结构，有助于滤料的清灰。

（2）热轧光。将滤料以一定速度通过具有一定压力和一定温度的光洁轧棍的工艺过程，通过热轧使滤料表面光滑、平整、厚度均匀。采取深度的热轧技术可制成表面极为光滑且透气均匀的针刺毡，这种滤料的初阻力虽略有增加，但粉尘不易进入滤料深层，因而容易清灰，有助于降低袋式除尘器的阻力和提高滤袋的寿命。

（3）涂层整理。将某种浆性材料均匀涂布于滤料表层的工艺过程。通过涂层可改善滤料单面、双面或整体的外观、手感和内在质量，也可使产品性能满足某些特定的（如使针刺毡防油、耐磨、硬挺等）要求。近年来开始采用涂层整理技术制作泡沫涂层滤料，浆料中的成膜物质形成连续的多孔薄膜而附着在滤料上，使滤料具有表面过滤的功能。

（4）浸渍整理。将滤料在浸渍槽中用含有特定性能的浸渍液浸渍后再使之干燥，这一工艺过程称为浸渍处理。浸渍处理可使滤料具有疏水、疏油、阻燃等特殊性能；或改善滤料的某些性能，例如使玻璃纤维滤料增强柔性、提高耐折性。

（5）疏水整理。借助浸渍或涂层方法，使滤料具有疏水功能的工艺过程称为疏水整理。

3. 热定型处理

热定型是指将滤料在张紧状态和特定温度下稳定固化的工艺过程。热定型处理可消除滤料在加工过程中残存的应力，获得稳定的尺寸和平整的表面。热定型处理可控制滤料在使用过程中的收缩率。

三、滤料的选用

滤料是袋式除尘器的核心部分。滤料的性能和质量直接影响除尘器的性能和运行，选用滤料时必须考虑含尘气体和粉尘的理化性质，如气体的成分、温度、湿度，粉尘的粒径、密度、浓度、黏结性、磨琢性、可燃性等，滤料的选择还与除尘器的清灰方式有关。滤料的选择原则如下。

1. 根据含尘气体的特性选用滤料

除尘滤料多以纤维为原材料制成。原材料各具不同的理化特性，在适应温度、湿度及耐化学性等方面不可能都具有完全优良的性能。因此，选用滤料必须充分掌握含尘气体的特性，认真对照各种纤维所适应的条件合理选择。

表2-6所示为常用纤维的耐温性及其主要的理化特性的优劣排序，供选用时参考。

(1) 含尘气体的温度。含尘气体的温度是选用滤料的首要因素。表 2-6 中列出了各种纤维材质可供连续长期使用的温度，以及考虑到由于设备和管理的原因而允许的瞬时使用的上限温度。

根据连续使用温度（干态）将滤料分为 3 类：低于 130℃为常温滤料；130～200℃为中温滤料；高于 200℃为高温滤料。

通常要求按连续使用温度选定滤料，对于气体温度不断波动的工况条件，宜选择安全系数稍大一些的材料，所选滤料的连续使用温度应不低于温度波动范围的上限。

对于高温烟气可有两种方案，即直接选用高温滤料，或采取冷却措施后选用常温滤料。宜通过技术经济分析比较后确定方案及相应的滤料类型。

(2) 含尘气体的湿度。含尘气体湿度表示气体中含有水蒸气的多少，通常用含尘气体中的水蒸气体积百分率 xw 或相对湿度 ϕ 表征。在通风除尘领域，当 xw 大于 8%或者 ϕ 超过 80%时，称为湿含尘气体。对于湿含尘气体在选择滤料及系统设计时应注意以下几点：

1）湿含尘气体使滤袋表面捕集的粉尘湿润黏结，尤其是吸水性、潮解性粉尘，甚至会引起糊袋。为此应选用尼龙、玻璃纤维等表面滑爽、纤维材质宜清灰的滤料，并宜对滤料使用硅油、碳氟树脂浸渍处理，或在滤料表面使用丙烯酸（Acrylic）、聚四氟乙烯（PTFE）等物质经线涂布处理。最新开发的 PTFE 覆膜滤料具有更优良的耐湿和易清灰性能。

2）当高温和高湿同时存在时会影响滤料的耐温性，尤其对于聚酰胺、聚酯、亚酰胺等水解稳定性差的材质更是如此。表 2-6 在连续使用温度栏中分别列出在干、湿工况时的常用温度值，在设计时应酌情选用。

3）对湿含尘气体在除尘滤袋设计时宜采用圆形滤袋，尽量不采用形状复杂、布置紧凑的扁平滤袋。

4）对湿含尘气体在系统工况设计时，选定的除尘器工况温度应高于气体露点温度 10～20℃，对此可采取混入高温气体（热风），以及对除尘器筒体加热保温等措施。

(3) 含尘气体的腐蚀性。通常，在化工废气和各种炉窑烟气中，常含有酸、碱、氧化剂、有机溶剂等多种化学成分。不同纤维的耐化学性是不一样的。表 2-6 列出各种纤维耐无机酸、有机酸、碱、氧化剂、有机溶剂的优劣排序。

滤料材质的耐化学性往往受温度、湿度等多种因素的交叉影响。例如最广泛使用的聚酯纤维滤料，在常温下具有良好的力学性能和耐酸、碱性，但在较高的温度下，对水蒸气十分敏感，容易发生水解作用，使强力大幅度下降；聚丙烯纤维具有较全面的耐化学性能，但在超过 80℃的工况下，也会明显恶化；亚酰胺纤维比聚酯纤维具有较高的耐温性，但在高温条件下耐化学性较差；聚苯硫醚纤维具有耐高温和耐酸、碱腐蚀的良好性能，适用于燃煤烟气除尘，但抗氧化剂的能力较差，只能在 O_2 含量小于或等于 10%条件下使用；聚酰亚胺纤维抗氧化性能优于 PPS，但水解稳定性又不理想；作为“塑料王”的聚四氟乙烯纤维具有最佳的耐化学性，但强力较低、价格较高。在选用滤料时，必须根据含尘气体的化学成分，抓住主要因素，综合比较，择优选定。

(4) 含尘气体的可燃性和爆炸性。金属冶炼和化工生产过程产生的烟气中，有的含有氢、一氧化碳、甲烷、丙烷和乙炔等可燃性气体，或含有煤尘和镁、铝等可燃性粉尘，轻工、食品加工等行业的生产尾气中含有易燃的有机粉尘，当它们与氧、空气或其他助燃性气体混合，其浓度达到一定范围时，遇火源即发生爆炸。对此应选用阻燃型消静电滤料。

表 2-6　　袋式除尘器常用滤料材质理化特性

纤维名称				使用温度（℃）		物理特性			化学稳定性					耐湿性（体积分数,%）	水解稳定性	热塑性	阻燃性	价格比	
学名	商品名	英文名	简称	连续	瞬时	抗拉	抗磨	抗折	适用pH值	耐无机酸	耐无机碱	耐碱	耐氧化剂					PA=1	PE=1
聚丙烯	丙纶	Polypropylene	PP	90	100	2	1	2	1～14	1～2	1	1～2	2		1	1	4		1.0
聚酰胺	尼龙	Daiamid，polyamide	PA	90	100	1	2	3		3～4	3	1	3		4		3	1.0	
共聚丙烯腈	奥纶	Polyacrylonitrile Co-polymer	AC	105	120	2	2	2	6～13	1～2	1	3	2	<5	3～4		4		1.6
均聚丙烯腈	亚克力，Dralon-T	Polyacrylonitrilel homopolymer	DT	125	140	2	2	2	3～11	2	1	3	2	<30	1～2	1	4	1.0	1.0
聚酯	Daelon	Polyester	PE	130	150	1	1	2	4～12	2	2	2～3	2	<4	4	1	3		2.6
偏芳族聚酰胺（亚酰胺）	Nomx®，Cenex®	m-Aramid	MX	180	220	2	1	2	5～9	3	1～2	2	2～3	<3	3		2	1.5	5.5
聚酰胺酰亚胺	凯美尔 Kennel® Tech	Polyamide-imide	Km. T	220	240	1	1	1	5～19	3	2	2～3	3		2	3	2	1.6	4.0
聚苯硫醚	Toreon Procon	Polyphenylene Suiphide	PPS	190	220	2	2	2	1～14	1	1	1	4	<30	1	1	1	1.5	4.6
聚酰亚胺	P84	Polyimide	PI	240	260	2	2	2	5～9	2	2	3	2	<10	3		1	2.4	13.2
膨化聚四氟乙烯	Teflon	expanded Polytetra fluoroethy lene	ePTFE	250	280	3	1	2	1～4	1	1	1	1	≤35	1	1	1	4.5	1.6
中碱玻纤	C-玻纤	Alkali glass	GC	260	290	1	3	4		1	2	3	1	15	1	1	1		
无碱玻纤	E-玻纤	Non alkali glass	GE	280	320	1	2	4		2	3	4	1		1		1	1.6	3.0
柔性玻纤		Superflex glass	SG		300	1	2	2		1	2	3	1		1	1	1	3.4	6.0
不锈钢纤维		Stainless steel	SS		600	1	1	3		1	1	1	1		1	1	1		

注　1　表中适用温度是指在干气体状态，当气体含湿量大且含酸碱成分时，某些纤维耐温性降低。
　　2　纤维理化性质的优劣以数值 1、2、3、4 表示，其中 1 为优，2 为良，3 为中，4 为劣。

2. 根据粉尘的性质选用滤料

粉尘的性质包括化学性和物理性，化学性能的影响如前所述，下面着重讨论粉尘物理性质对滤料选择的影响。

(1) 粉尘的粒径。在除尘领域中，"粉尘"通常指 0.1～100μm 的尘粒。

对细颗粒粉尘，在选用滤料时应遵循以下原则：纤维宜选用较细、较短、卷曲多、不规则断面型；结构以针刺毡或水刺毡为优；若采用织造滤料，宜用斜纹织物，或表面进行拉毛处理；采用粗、细纤维混合絮棉层、具有超细纤维面层的水刺毡或针刺毡，以及通过表面喷涂、浸渍或覆膜等技术实现表面过滤，是捕集微细粉尘所用滤料的新选择。

另外，对于净化含细颗粒气体在排放要求严格时，宜选用较低的过滤风速，如炉窑烟气、垃圾焚烧烟气、煤气等。

(2) 粉尘的附着性和凝聚性。粉尘的凝聚力与尘粒的种类、形状、粒径分布、含湿量、表面特征等多种因素有关，可用堆积角表征，一般为 30°～45°。粉尘堆积角小于 30°为低附着力，流动性好；堆积角大于 45°为高附着力，流动性差。粉尘与固体表面间的黏性大小还与固体表面的粗糙度、清洁度相关。

对于袋式除尘器，如果粉尘附着力过小，将减弱捕集粉尘的能力，而附着力过大又导致粉尘凝聚、清灰困难。多采用脉冲袋式除尘器，强力清灰。

对于附着性强的粉尘，宜选用长丝织物滤料，或经表面烧毛、压光、镜面处理的针刺毡滤料，近期发展的水刺毡、浸渍、涂层、覆膜技术得以进一步提高滤料的粉尘剥离性能，改善其清灰效果。从滤料的材质上讲，PTFE、尼龙、玻璃纤维优于其他品种。

(3) 粉尘的吸湿性和潮解性。粉尘的吸湿性、浸润性用湿润角来表征。通常称小于 60°者为亲水性，大于 90°者为憎水性。当湿度增加时，吸湿性粉尘粒子的凝聚力、黏性力随之增加，流动性差，粉尘将牢固地黏附于滤袋表面，如不及时清灰，尘饼板结，滤袋失效。有些粉尘（如 $CaCO_3$、CaO、CaCl、KCl、$MgCl_2$ 等）吸湿后进一步发生化学反应，其性质和形态均发生变化，称为潮解。滤袋表面因此而糊住、堵塞，这是袋式除尘器需要特别注意的地方。

(4) 粉尘的琢磨性。粉尘的琢磨性与尘粒的性质、形态，以及携带尘粒的气流速度、粉尘浓度等因素有关。表面粗糙、尖棱的外形不规则粒子比表面光滑、球形粒子的琢磨性大 10 倍。粒径为 90μm 左右尘粒的琢磨性最强，而当粒径减小到 5～10μm 时，琢磨性已十分微弱。粉尘的琢磨性与气流速度的 2～3.5 次方、与粒径的 1.5 次方成正比，因此气流速度及其均匀性应十分严格地控制。

铝粉、硅粉、碳粉、烧结矿粉等属于高琢磨性粉尘。对于琢磨性强的粉尘，应选用耐磨性强的滤料，同时要控制好袋式除尘器的过滤风速和气流分布。

(5) 粉尘的可燃性和爆炸性。对于易燃易爆粉尘，宜选用阻燃型、消静电滤料，此外，对除尘设备和系统还须采取其他防燃、防爆措施。

滤料的阻燃性首先与材质有关。一般认为，氧指数（LOI）大于 30 的纤维，如 PVC、PPS、P84、PTFE 等是安全的；而对于 LOI 小于 30 的纤维，如聚丙烯、聚酰胺、聚酯、亚酰胺等滤料，可采用阻燃剂浸渍处理。

消静电滤料是指在纤维中混有导电纤维，从而具备导电性能（比电阻小于 $10^9\Omega$，半衰期小于或等于 1s）的滤料。

综上所述，按粉尘的性状分类，将选用滤料的基本要点列于表 2-7。

表 2-7 按粉尘性质选用滤料的基本要点

粉尘性状	纤维材质	滤料结构	后处理
超细粉尘	① 细、短纤维； ② 卷曲状、膨化纤维； ③ 不规则断面形状纤维	① 针刺毡优于织物； ② 针刺毡宜加厚，形成密度梯度，采用表面超细纤维滤料； ③ 织物滤料宜用斜纹织或纬二重或双层结构	① 针刺毡表面烧毛或热熔压光； ② 织物热定型或表面拉毛； ③ 织物和针刺毡表面覆膜
潮湿黏性粉尘	① 尼龙、玻纤材料为优； ② 长丝纤维优于短丝纤维	① 针刺毡宜加热络合形成致密微孔结构； ② 织物宜用缎纹	① 以助清灰为目的的硅基纤维处理； ② 以斥油、斥水为目的的碳氟树脂纤维处理； ③ 针刺毡表面烧毛或热熔压光处理； ④ 织物、针刺毡表面 Acrglic 或 PTEF 涂层； ⑤ 织物、针刺毡表面 PTFE 覆膜
磨琢性粉尘	① 细、短纤维； ② 卷曲线、膨化纤维； ③ 化纤优于玻纤	① 毡料优于织物； ② 毡料适当加厚，较松软； ③ 织物宜用缎纹或纬二重、双位结构	① 玻纤的硅油、石墨、聚四氟乙烯处理； ② 毡表面压光、镜面处理； ③ 织物表面拉毛处理
易燃易爆粉尘	① 选用氧指数大于 30 的纤维材质； ② 按纤维的 2%～5%比例混入导电纤维	① 针刺毡在基布经向等间隔编入导电纱； ② 针刺毡在絮棉中均匀混入导电纤维； ③ 织物在经向等间隔编入导电纱	① 对氧指数小于 30 的纤维材质，用阻燃剂浸渍处理； ② 以斥火花为目的、以 PTFE 为基料的防护浸渍处理

3. 根据除尘器的清灰方式选用滤料

袋式除尘器的清灰方式是选择滤料结构品种的一个主要因素，不同清灰方式的袋式除尘器因清灰能量、滤袋形变特性的不同，宜选用不同结构品种的滤料。

(1) 机械振动类袋式除尘器。机械振动类袋式除尘器是利用机械装置（包括手动、电磁振动、气动）使滤袋产生振动而清灰的袋式除尘器。振动频率从每秒几次到几百次不等。该类除尘器除了小型除尘机组外，大都采用内滤圆袋形式。其特点是施加于粉尘层的动能较少而次数较多，要求滤料薄而光滑，质地柔软，有利于传动振动波。通常选用由化纤短纤维织制的缎纹或斜纹织物，厚度为 0.3～0.7mm，单重为 300～350g/m^2。

(2) 负压分室反吹类袋式除尘器。负压分室反吹类袋式除尘器采用分室结构，利用阀门逐室切换，形成逆向气流，迫使滤袋缩瘪-鼓胀而清灰的袋式除尘器。有两状态和三状态之分，动作次数为 3～5 次。这种清灰方式大多借助于除尘器本体的负压作为清灰动力，有时配反吹风机作为动力。这种清灰方式属于低动能清灰，要求选用质地轻软、容易变形而尺寸稳定的薄型滤料。

负压分室反吹类袋式除尘器常使用内滤。一般来讲，内滤式常用圆形袋、无框架、袋径 120～300mm，L/D 为 15～40，优先选用缎纹（或斜纹）机织滤料，在特种场合也可选用基布加强的薄型针刺毡滤料（厚 1.0～1.5mm，单重为 300～400g/m^2）。

(3) 喷嘴反吹类袋式除尘器。喷嘴反吹类袋式除尘器是利用高压风机或送风机作为反吹

清灰动力，在除尘器过滤状态，通过移动喷嘴依次对滤袋喷吹，形成强烈反向气流，使滤袋急剧变形而清灰的袋式除尘器。属于中等能量清灰类型。

回转反吹和往复反吹袋式除尘器采用带框架的外滤扁袋形式，结构十分紧凑。该类除尘器要求选用比较柔软、结构稳定、耐磨性好的滤料，优先选用中等厚度的针刺毡滤料（单重 350～500g/m^2），也可选用纬二重或双层结构机织滤料，在我国还较多选用筒形缎纹机织滤料。

（4）脉冲喷吹类袋式除尘器。脉冲喷吹类袋式除尘器是指以压缩空气为动力，利用脉冲喷吹机构在瞬间释放压缩气流，诱导数倍的二次气流高速射入滤袋，使滤袋急剧鼓胀变形，依靠冲击振动和反向气流清灰的袋式除尘器，属高动能清灰类型。但值得注意的是，滤袋过度地频繁清灰会影响其寿命。该类除尘器通常采用带框架的外滤圆袋或扁袋，要求选用厚实耐磨、抗张力强的滤料，优先选用化纤针刺毡、水刺毡或压缩毡滤料（单重为 550～650g/m^2）。

（5）按清灰方式优选滤料结构的顺序。综上所述，对于不同清灰方式的除尘器应选用不同结构参数的滤料品种，优选顺序见表 2-8。

表 2-8　　清灰方式、滤袋的形状所用滤料的选择

清灰方式	清灰动力	滤袋形式	滤料结构优选	滤料单重（g/m^2）
振动	手振、机振、气振、电磁振	内滤圆袋	筒形缎纹或斜纹织物	300～350
反吹风	除尘器负压或反吹风机	内滤圆袋	高强低伸型筒形缎纹或斜纹织物	300～350
			加强基布的薄型针刺毡	300～400
		外滤异形袋	普通薄型针刺毡	350～400
			阔幅筒形缎纹织物	300～350
反吹风＋振动	除尘器负压手振、机振、气振、电磁振	内滤圆袋	高强低伸型筒形缎纹或斜纹织物	300～350
			加强基布的薄型针刺毡	300～400
喷嘴反吹风	高压风机或送风机	外滤扁袋	中等厚度针刺毡	350～500
			纬二重或双层织物	300～400
			筒形缎纹织物	350～500
		内滤圆袋（气环喷吹）	厚实型针刺毡、压缩毡	400～550
脉冲喷吹	0.15～0.7MPa 压缩空气	外滤圆袋	针刺毡或压缩毡	500～650
			纬二重或双层织物	600～800

4. 根据其他特殊要求选用滤料

（1）高浓度工艺收尘。袋式除尘器以其高效、稳定和可靠性被越来越广泛地用于工艺收尘，如水泥磨、煤磨、选粉机、破碎机等设备的气固分离。该类工艺收尘具有气体含尘浓度高、系统连续运行、要求工况稳定的特点，最高含尘浓度可达 1000g/m^3 以上。

用袋式除尘器处理高含尘浓度粉尘气体应考虑以下要求：

1）应选用外滤式除尘器，并配备稳定有效、可以连续运行的清灰装置。

2）滤袋的形状规则、间隔较宽，落灰畅通无阻。

3）入口含尘气流分布均匀合理，严防直接冲刷滤袋。

4）选用刚度较好的厚实型滤料，表面经压光或浸渍、涂布等疏油、疏水及助清灰处理，也可选用 PTFE 薄膜复合滤料。

对于高浓度工艺收尘，为避免硬质粗粒尘对滤袋的磨损和灼热粗粒尘对滤袋的烧损，可在袋式除尘器内采用粗颗粒分离装置，如惯性除尘等。

(2) 超低排放和具有特殊净化要求的场合。对于要求颗粒物超低排放的场合，含铅、镉、铬等特殊有毒有害气体净化的场合，以及垃圾焚烧烟气净化、某些工艺气体回收系统（如利用石灰窑焙烧废气分离 CO_2 气体、煤气净化等）的场合等，需要把气体中的粉尘含量处理到小于 $10mg/m^3$，甚至更低。对于该类特殊场合，要求除尘器选用特殊结构品种的滤料。

可选用表面超细纤维梯度过滤材料。如用特殊工艺制成的针刺毡、水刺毡滤料，形成表面过滤，可有效捕集 PM2.5 细颗粒物。

PTFE 薄膜针刺毡覆膜滤料的薄膜微孔径为 3～10μm，其过滤效率比常规针刺毡滤料高 1～2 个数量级。可选用静电-袋滤复合型除尘器，利用尘粒在电场中的荷电、凝聚、预分离作用，提高除尘器的除尘效率，总除尘效率可达 99.99%。

(3) 具有稳定低阻运行的场合。用于制氧机入口、空气压缩机吸气口、高炉送风吸气侧、屋顶集尘系统、操作室换气系统，以及其他工艺气体回收系统的袋式除尘器，入口含尘浓度本身不高（仅为每立方米几克到几百克），但要求排放浓度低，运行阻力波动幅度小，使系统的气体流量始终平衡。对此，在选用除尘器及其滤料时应注意以下两点：

1）选用有效的清灰机构，如脉冲喷吹式、机械反吹式，清灰周期宜短一些，最好采用定阻力清灰控制系统。

2）尽量选用表面过滤型滤料，亦即在滤料表面覆以超细纤维过滤层或覆以 PTFE 微孔薄膜。也可对常规滤料采用浸渍、涂布、压光等后处理措施，使捕集粉尘集聚在滤料表面而不渗入体内，一旦清灰，粉尘层几乎全部剥落。在整个滤料使用寿命期内，运行阻力基本平稳不变。

(4) 含油雾等黏性微尘气体的处理。在处理沥青混凝土工厂的拌合处和成品卸料处排出含焦油雾和粉尘的废气；在电极和碳素制品成型工艺工程中排出含焦油雾和炭粉的废气；在轧钢生产线排出含油雾、水气和氧化铁尘的废气。燃油锅炉、燃煤锅炉点火等含油雾黏性尘的气体时，可用袋式除尘器，但应注意以下关键点：

1）掌握油雾和黏尘的混合比，只有在油雾量所占比例不大、与粉尘混合后不致粘袋的情况下，才允许直接使用袋式除尘器。如果油雾量相对较多，只有在管道中添加一定量吸附性粉尘（石灰、粉煤灰等）作为预涂粉措施，才可安全使用袋式除尘器。

2）适宜选用经疏油、疏水处理的滤料和 PTFE 覆膜滤料，以及波浪形塑烧板过滤元件。

3）除尘器运行前应进行预涂粉，在滤袋表面形成保护性粉尘层。

(5) 燃煤锅炉烟气净化除尘。燃煤电厂锅炉和工业锅炉烟气中含有水蒸气和 SO_2、SO_3，易导致结露，产生硫酸雾；同时还含有 O_2、NO_x 等氧化气体，会使滤料产生腐蚀和氧化，损伤或破坏滤袋。当锅炉初始运行或低负荷运行时，需喷油助燃，将产生未燃尽的油雾。

宜选用 PTFE＋PPS、PPS＋P84 等复合针刺毡或水刺毡滤料，并在新滤袋投入使用前预涂粉煤灰。

第二节 滤　　袋

滤袋是将纤维滤料采用缝纫或热熔等方式制作而成的柔性过滤组件，也是袋式除尘器最核心的配件。滤袋的质量决定着袋式除尘器的粉尘排放浓度、运行阻力和使用寿命、经济性等。

滤袋按其滤尘面分为内滤式和外滤式；按其横截面的形状分为圆形和异形两类。

一、常用滤袋形式

1. 内滤圆袋

内滤圆袋一般采用机织无缝圆筒布，也可采用平幅滤料缝制或热熔粘合。通常圆袋直径为 $\phi130\sim\phi300$，袋长为2～10m，最长为12m，袋长与直径比不大于40。内滤圆袋沿长度按照一定间距装有防瘪环，使滤袋在反吹清灰时保持袋内一定的空间。内滤圆袋下端袋口套在除尘器花板的袋座上并以抱箍固定，或借助缝在袋口的不锈钢弹性胀圈嵌入袋座的外凸缘内；上端用袋帽和吊挂装置悬挂在除尘器的横梁上。小规格的内滤圆袋（直径小于150mm）可将上端缝成吊襻，直接用吊钩悬挂在除尘器的横梁上。

内滤圆袋在安装时应通过调节吊挂张紧装置使之具有一定的张力，从而处于张紧状态。一般 $\phi300$ 内滤圆袋的张力应达到300N。

内滤圆袋的基本构造形式如图2-9所示，内滤式滤袋样品见图2-10，内滤式滤袋附件及安装见图2-11。

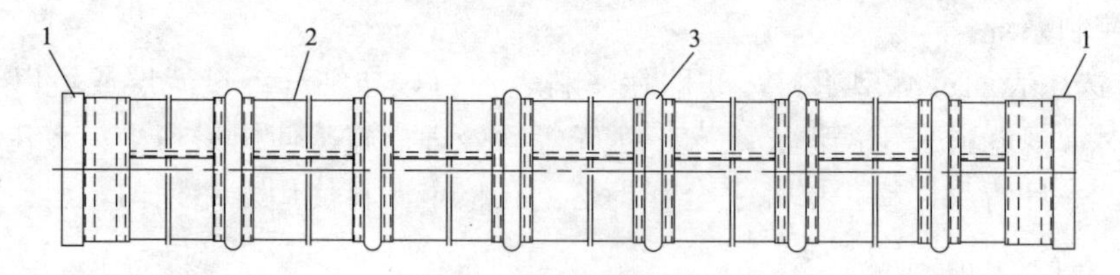

图2-9　内滤圆袋

1—袋口；2—袋身；3—防瘪环

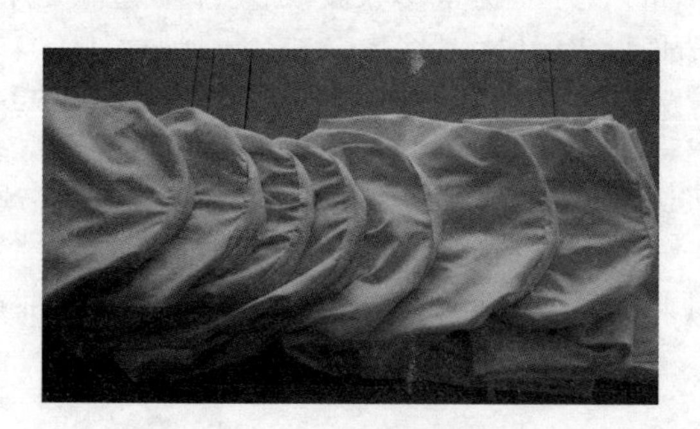

图2-10　内滤圆袋样品

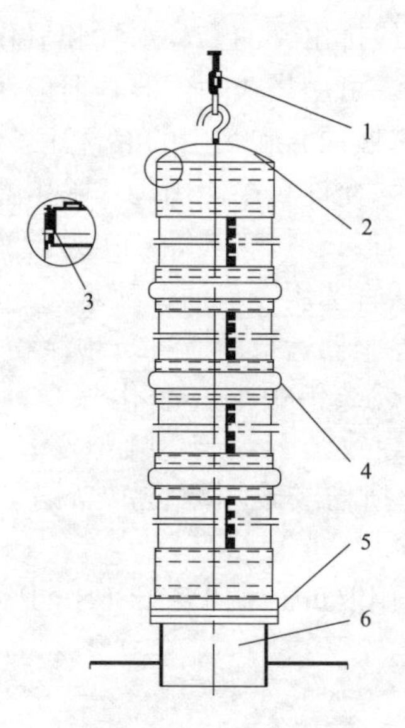

图2-11　内滤式滤袋附件及安装图

1—吊链；2—袋帽；3—弹性圈；
4—防瘪环；5—抱箍；6—短管

2. 外滤圆袋

外滤圆袋采用平幅滤料缝制或热熔粘合。圆袋直径可为 ϕ80～ϕ200，最常用的为 ϕ130～ϕ160，袋长一般为 2～8m，最长达 10m。

外滤圆袋在使用时内部应有框架支撑，使之在过滤状态下保持袋内气体流动空间。外滤圆袋与框架的尺寸配合适当与否，关系到滤袋的清灰效果和使用寿命。

合成纤维外滤圆袋与框架尺寸应是间隙配合，即外滤圆袋的直径和长度应略大于所配框架尺寸。如 ϕ120 的外滤圆袋应配用 ϕ115 的框架，长度应比框架长 10～20mm，使滤袋在喷吹清灰时有一定变形。

玻纤外滤圆袋收缩率比较小，与框架尺寸应紧密配合。如 ϕ120 的外滤圆袋应配用 ϕ120 的框架，长度也是一致的，使滤袋在喷吹清灰时变形很小，避免滤袋频繁绕曲折损。外滤圆袋的基本构造形式如图 2-12 所示，外滤式滤袋样品见图 2-13，外滤式滤袋安装见图 2-14。

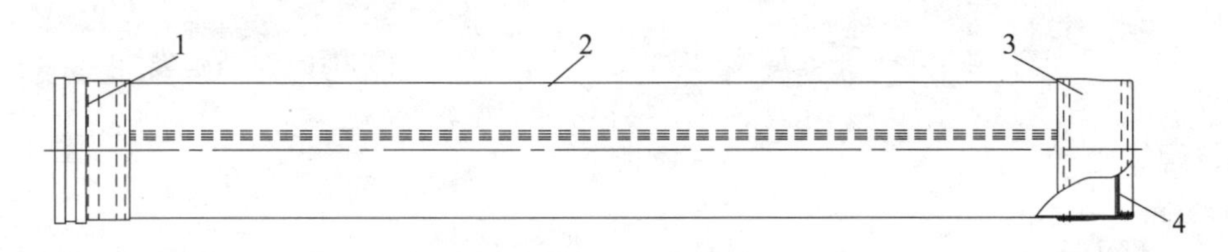

图 2-12 外滤圆袋

1—袋口；2—袋身；3—加强层；4—袋底

图 2-13 外滤圆袋样品

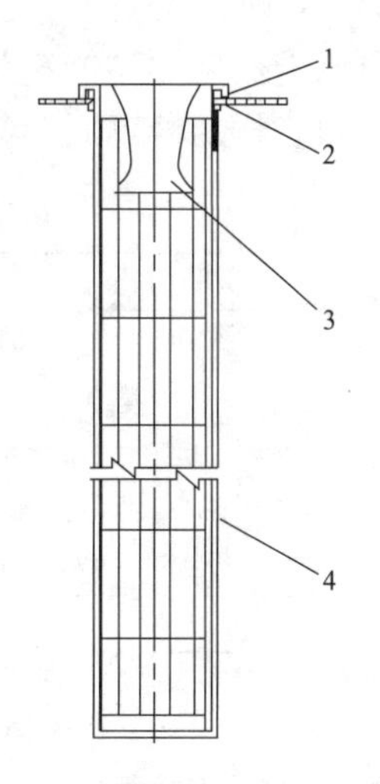

图 2-14 外滤式滤袋安装图

1—弹性圈；2—密封条；3—文氏管；4—框架

3. 外滤异形袋

除圆袋之外的各种形状的过滤袋都称为异形袋，如扁袋、腰圆形袋、菱形袋、梯形袋等。这些滤袋都是外滤式，故称为外滤异形袋。

外滤异形袋通常采用平幅滤料缝制或热熔粘合。扁袋、梯形袋主要用于回转反吹袋式除尘器，其周长为 800～900mm，袋长为 2～6m；腰圆形袋主要用于回转喷吹脉冲袋式除尘器，

其周长为380～450mm，长度为8～10m；扁袋、菱形袋主要用于分室反吹袋式除尘器。在确定异形袋的尺寸时，应充分利用滤料的门幅，减少边角料。

外滤异形袋内须以相同形状的框架支撑，使之在过滤状态下保持袋内气体流动空间。滤袋与框架的尺寸配合与外滤圆袋相同。外滤异形袋的基本构造形式如图2-15和图2-16所示。

图2-15　腰圆形滤袋

图2-16　梯形滤袋

二、滤袋缝制

1. 缝制方法

滤袋缝制或热熔环节与滤料的性能和质量一样重要，采用先进而可靠的工艺和设备是保证滤袋制造质量的关键。滤袋批量缝制之前，应先缝制样品袋，然后与用户提供的袋帽或花板样品做紧固配合，确认配合松紧适度后，核定胀圈外径，并按样品袋尺寸批量下料缝制；还需将样品袋与滤袋框架样品做直径和长度的间隙配合。

滤袋的形式和滤料品种不同，缝制或热熔工艺和设备也不一样，见表2-9和表2-10。

表2-9　内滤圆袋缒制、热熔工艺及设备

工序	工艺及设备	
	缝纫法	热熔法①
下料	裁剪台、电动裁剪刀③	滤料纵向切割机
筒形卷接②	高速三针六线缝纫机	自动热熔机
缝环	高速双针筒式水平全回转旋梭平缝长臂缝纫机	
袋口	高速单针筒式水平全回转旋梭平缝综合送料缝纫机	
检查整理	专用检验台	

注　① 玻纤等非热熔性滤料及覆膜滤料不适合热熔粘合法。
② 机织无缝圆筒滤袋无需“筒形卷接”工艺，下料后即进入“缝环”工序。
③ 自动连续缝纫下料需采用滤料纵向切割机。

表2-10　外滤圆袋缝制、热熔工艺及设备

工序	工艺及设备	
	缝纫法	热熔法
下料	裁剪台、电动裁剪刀	滤料纵向切割机
筒形卷接	高速三针六线缝纫机	自动热熔机
袋口袋底	高速单针筒式水平全回转旋梭平缝综合送料缝纫机	
检查整理	专用检验台	

（1）滤料准备和下料。从滤料进厂到下料裁剪之前，应先进行滤料的质量检验。在下料滤袋的长度尺寸时，应考虑在滤袋实际使用温度下的滤料热收缩率。

内滤圆袋是在张紧状态下工作的。因此，下料剪裁之前应在额定张力下测定拟使用滤料的伸长率，并据此确定滤袋的实际裁剪尺寸。

下料裁剪时，应附加适当的缝纫宽度，除三针、两针的宽距外，还应考虑缝针与滤料边缘的距离。

用缝纫法缝制时，需将滤料裁剪成符合缝纫要求的宽度和合适长度的整块料。采用连续缝纫和热熔法粘合时，由于筒形卷接的长度是自动切割，所以只需将滤料的幅宽切割成符合要求的宽度，而长度方向不用裁剪。

筒形卷接就是将平幅滤料缝制或粘合成长的卷筒。为保证筒形直径和滤料咬边重叠的尺寸，制作时应使滤料通过卷布器送料。采用缝纫法卷接时，应使用三针链线缝纫：对化纤滤料，三针宽度（第一针与第三针的距离）为 9mm，针与滤料边缘距离应为 2～3mm；对玻纤滤料，三针宽度为 12mm，针与滤料边缘距离应为 5～8mm。

筒形卷接的叠缝形式如图 2-17 所示。

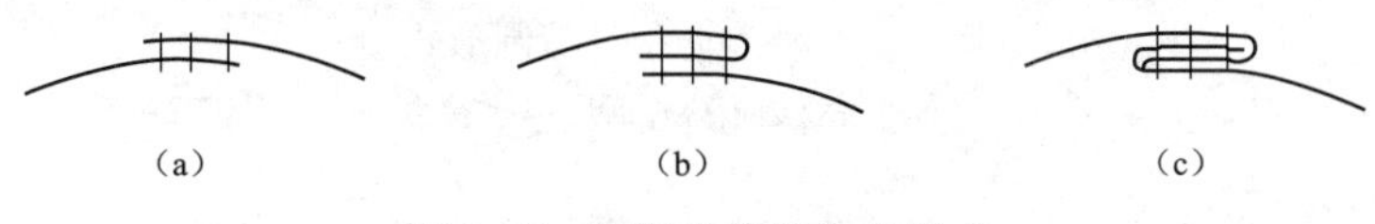

图 2-17 筒形卷接的叠缝形式

(a) 常规；(b) 单交叠；(c) 双交叠

（2）袋口与袋底缝制。将已成筒形的袋身配以袋口、弹性胀圈、绳索、加强层或袋底等配件时，应事先将这些配件准备妥当，并采用单针双道缝纫。加强层、袋底等应采用与袋身同种滤料的边角料制成。

内滤圆袋的袋口、袋底缝制形式如图 2-18 所示。

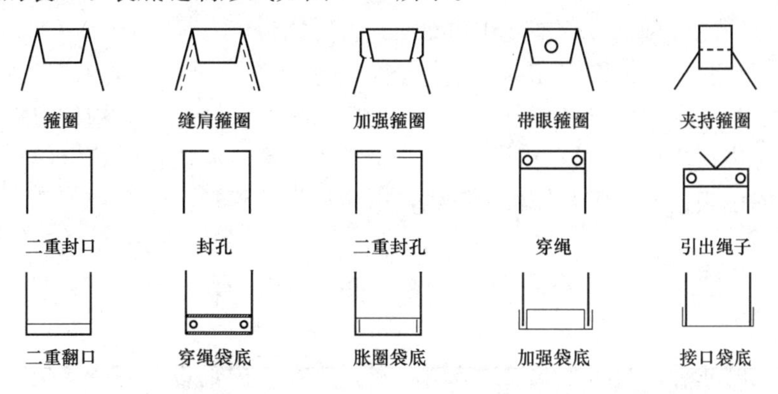

图 2-18 内滤圆袋袋口、袋底缝制形式

外滤圆袋的袋口、袋底缝制形式如图 2-19 所示。

异形袋缝制工艺基本上与外滤圆袋相同，虽不是圆形，但可按它的周长下料，也用筒形卷接成形，再缝上袋口圈和袋底后就形成扁形袋、矩形袋或梯形袋。

（3）防瘪环缝制。内滤圆袋还需缝制防瘪环。将防瘪环按需缝上包布，用双针筒式水平旋梭长臂缝纫机缝制。内滤圆袋筒形卷接后，可以先缝环，也可以先缝袋口、袋底，但玻纤滤料应先缝袋口、袋底。对针刺毡滤料，袋口、袋底缝有不锈钢圈的，应先缝防瘪环。

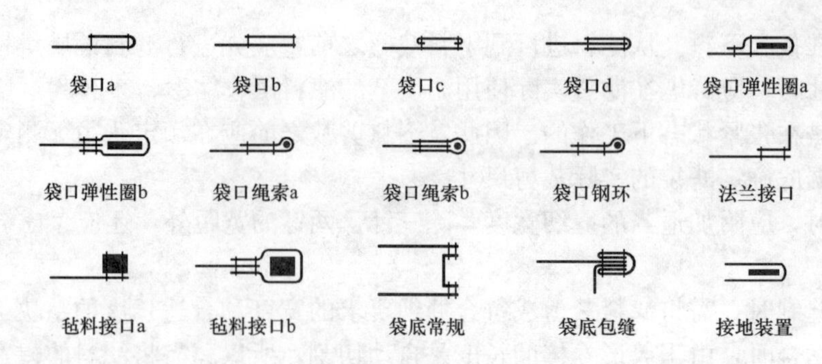

图 2-19　外滤圆袋袋口、袋底缝制形式

防瘪环的缝制形式如图 2-20 所示。

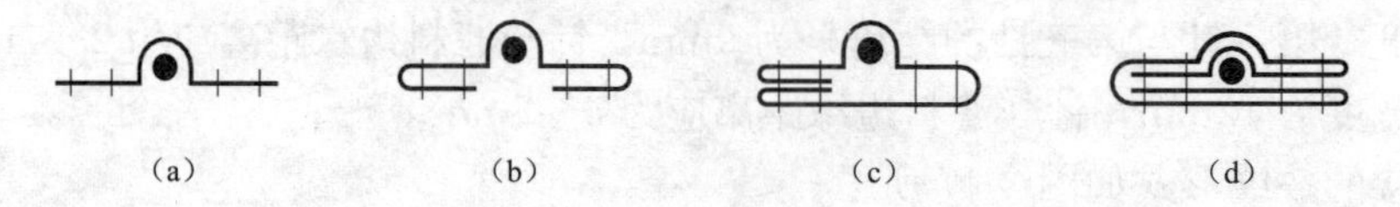

图 2-20　滤袋防瘪环缝制形式

(a) 面单层；(b) 面单层卷边；(c) 面底单层卷边；(d) 面底双层

(4) 缝纫线及针孔处理。化纤滤料缝线的材质应与滤料材质相同，或优于滤料材质，并适合缝纫。化纤缝线的强力应大于 27N，玻纤缝线强力应大于 35N。用于内滤圆袋防瘪环的缝线强力应大于 60N。

用于超低粉尘排放浓度［小于 20mg/m^3（标准状态）］的缝纫滤袋，宜在针孔部位粘贴薄膜或以树脂涂覆。

2. 滤袋检验及整理

(1) 对于缝制的滤袋，应检验尺寸和配件是否准确。

(2) 在专用检验台上，按产品标准进行滤袋外观和规格（内径或内周长、长度）检验。内滤圆袋的长度检验应在额定张力下进行。对织造滤料的跳纱、接头处，应使用树脂予以涂覆。

(3) 玻纤滤袋在装箱时，袋身对折处应尽量避免压紧，滤袋包装箱上应有不能重压的标识。覆膜滤袋的包装箱上不应有外露的钉刺，以防损伤面膜。

第三节　滤　袋　框　架

对于外滤式的滤袋，为防止滤袋过滤时吸瘪，应在其内部设置滤袋框架。滤袋框架是滤袋的“筋骨”，直接关系到滤袋的过滤、清灰效果及使用寿命。

一、框架形式

(1) 按形状分。圆形框架，用于圆袋的框架；异形框架，用于扁形、腰圆形、菱形和梯形袋的框架，见图 2-21。框架样品见图 2-22。

(2) 按框架结构分。笼式整节框架，由纵筋和支撑环焊接而成的笼形整体框架；分节式框架，由两节或两节以上的笼式框架拼接而成的框架，见图 2-23；拉簧式框架，由钢丝绕成弹簧形的框架。常见的框架样品见图 2-24。

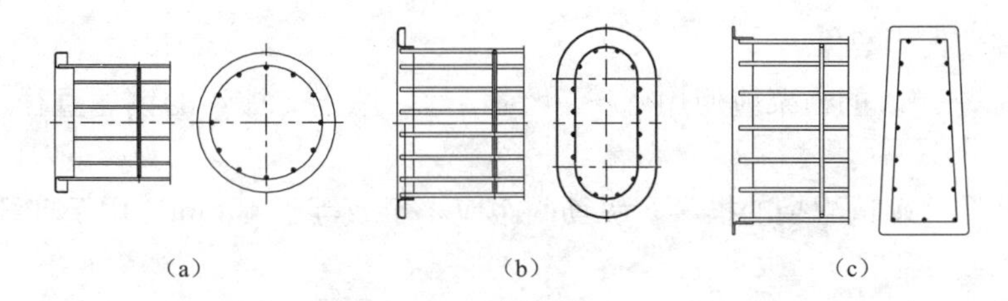

图 2-21 常见框架形式

(a) 圆形框架；(b) 腰圆形框架；(c) 梯形框架

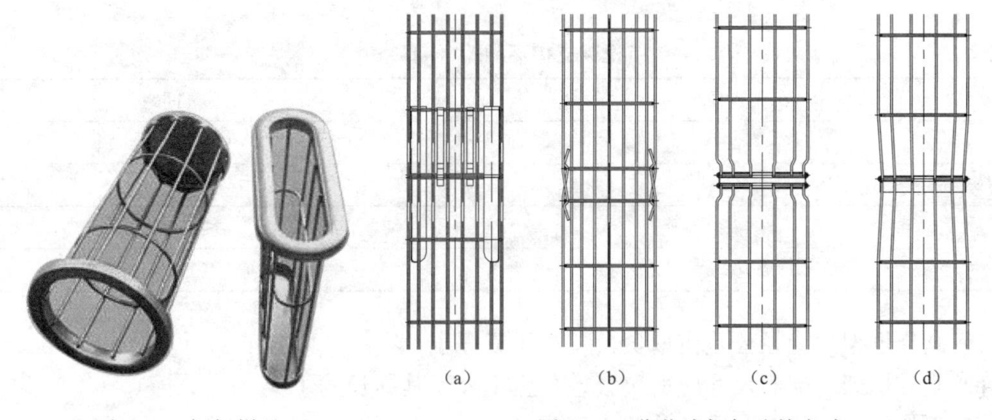

图 2-22 框架样品

图 2-23 分节式框架连接方式

(a) 插板式；(b) 交插式；(c) 卡圈式；(d) 短管式

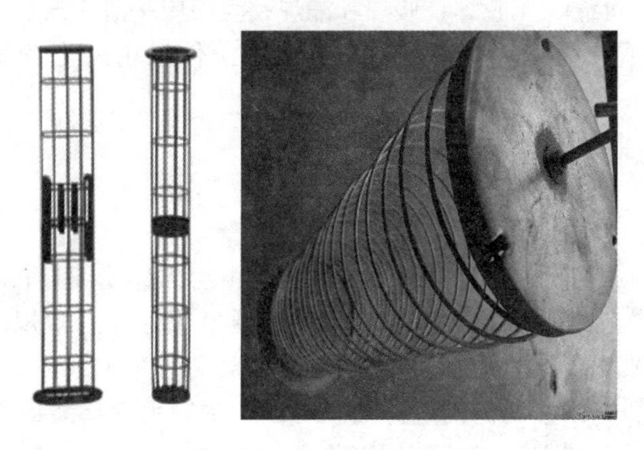

图 2-24 常见的框架样品

二、框架制作工艺

圆形框架和异形框架中的腰圆形、梯形等框架主体是由纵筋和支撑环纵横叠交焊接成的笼形件，俗称袋笼或笼骨。异形框架中的扁形框架主体是由纵横钢丝加密叠交焊接成的网格形件，俗称平板形或信封形框架。框架制造的主要设备是专用的自动多头焊接机。

框架两端一般都有短管、法兰和底盘等配件，需要用专用模具冲压制成。这些配件在与主体框架焊接之前，所有锋利的边缘都应修磨使之钝化，以防止在安装时损坏滤袋和损伤安装人员。

三、框架制造技术要求

（1）长度为 2～6m 的框架应使用 $\phi3\sim\phi4$ 的钢丝，用于支撑环的钢丝直径应大于纵向钢丝直径。

（2）用于合纤针刺毡滤袋的框架，纵筋间距应小于或等于 40mm；用于玻纤滤袋的框架，纵筋间距应小于或等于 20mm。

（3）信封形、平板形框架纵向钢丝间距应小于或等于 50mm，横向钢丝间距应小于或等于 100mm。

（4）框架支撑环的间距应根据框架直径决定，见表 2-11。

表 2-11　　框架支撑环间距（mm）

框架直径	支撑环间距
≤120	≤250
≤140	≤200
≤160	≤150
≥160	≤100

（5）圆袋框架的直径公差应取负公差小于或等于 1%。

（6）扁袋框架的端面尺寸应取负公差，应不大于其周长的 1%。

（7）框架的长度公差应取负公差小于或等于 0.2%。

（8）框架的垂直度公差应小于或等于 0.2%。

（9）框架的焊接应可靠，无脱焊、假焊和漏焊；表面应平滑光洁；无凹凸不平和毛刺。

（10）框架表面防腐蚀处理。应根据除尘器工况条件采用磷化、镀锌或有机硅喷涂等工艺。

第四节　滤　　筒

滤筒是将滤料预制成筒状的过滤元件，其滤料是由纺黏聚酯细旦长纤维或短纤维经分层络合、高温延压制成的三维结构毡，也可以选用经硬挺化处理的常规针刺毡，表面予以覆膜。滤料在滤筒的外圆和内圆之间反复折叠，形成多褶式结构（见图 2-25），样品见图 2-26，因而过滤面积大大增加。一些滤筒的过滤面积可以达到同尺寸滤袋的 5～30 倍，但该类滤筒仅适用于含尘浓度很低的空气过滤，用于除尘的滤筒面积通常为同尺寸滤袋的 2～3 倍。为了保持滤筒的形状和尺寸，在筒体的外部和内部均设有金属支撑网。

滤筒所用滤料多为表面过滤材料，表面孔的径为 0.12～0.6μm，可阻留大部分亚微米级尘粒于滤料表面。

根据所用滤料材质及胶粘剂的不同，滤筒的工作温度有小于或等于 130℃和小于或等于 190℃两个档次。通过防油防水、消静电等处理工艺，滤筒可具有相应的特种功能。

滤筒具有以下特点：

（1）滤筒的折叠构造使过滤面积相当于同尺寸滤袋的 2～3 倍，有利于缩小除尘器体积，适用于安装空间受限制的场合。

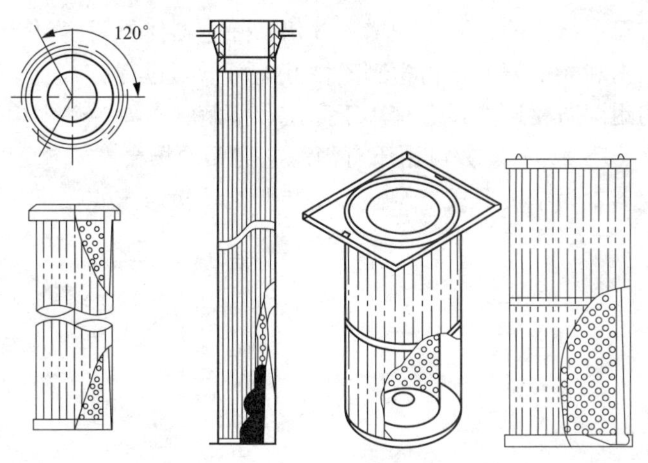

图 2-25 几种不同形式的滤筒

(2) 多数产品为表面过滤材料，粉尘捕集率高，一般为 99.95%，覆膜滤筒可达 99.99%。对于微细粉尘也有很好的捕集效果，因而可获得高效率、低阻力的效果。

(3) 滤筒刚性好，不需要框架支撑，在过滤和清灰时变形较小，有利于延长使用寿命。

(4) 滤筒的皱折深部容易积尘，不易被清除，导致部分过滤面积失效。

(5) 常用于空气净化，适宜处理粉尘浓度较低的气体。

(6) 由于滤筒的长度受限，一般用于处理风量较小的烟气净化，否则滤筒除尘器的体积过大，费用相对较高。

图 2-26 滤筒样品图

第五节 塑 烧 板

一、塑烧板构造

塑烧板属刚性过滤元件，由几种高分子化合物粉体经严格组配、混匀、铸型，烧结成多孔的母体，并在表面喷涂 PTFE 树脂，形成微孔薄膜，并用特殊粘合剂固定而制成。塑烧板母体孔径为 50～80μm，而表面孔径为 2～4μm。

塑烧板的内腔有棱形和梯形两种形式，外表面呈波纹形状，内腔作为净气及清灰气流的通道，并保持塑烧板的刚性，塑烧板内不需框架支撑。塑烧板的样品见图 2-6。

选用不同的母体材质，塑烧板已形成常温（70℃）、中温（110℃）、高温（160℃）等多种系列产品，还有消静电型塑烧板。

二、塑烧板的性能特点

(1) 塑烧板属于表面过滤，粉尘捕集率高达 99.99%，特别是对于微细粉尘有很高的捕集效率。

(2) 塑烧板的波浪形结构使过滤面积增大3倍，除尘器体积紧凑。

(3) 具有刚性结构和光滑表面，粉尘剥离性好，可低阻运行。

(4) 具有优良的耐湿防腐性能，适宜用于高湿、潮解、高腐蚀性烟尘治理。

(5) 适用温度为70～160℃，并可用于有消静电需要的场合。

(6) 塑烧板除尘器常为单机形式，运输、安装及维护检修方便，正常使用寿命长。

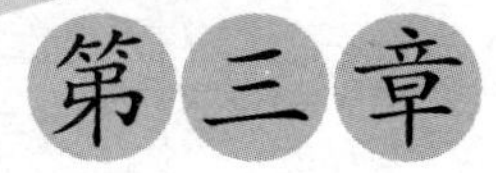
第三章

袋式除尘器工作原理

第一节 工作原理概述

袋式除尘是采用过滤技术从气体中分离固体颗粒物的过程。袋式除尘器（袋式收尘器）是采用过滤技术进行气固分离的设备，其利用棉、毛、合成纤维或人造纤维，以及金属或陶瓷等制成的袋状过滤元件，对含尘气体进行过滤。

当含尘气体通过洁净的滤袋时，由于滤料本身的孔隙较大（一般为 20～50μm），所以除尘效率不高，大部分微细粉尘会随气流从滤袋的孔隙中穿过，粗大的尘粒靠惯性碰撞和拦截被阻留。随着滤袋上截留粉尘的增加，细小的颗粒靠扩散、静电等作用也被捕获，并在孔隙中产生“架桥”现象。含尘气体不断通过滤袋的纤维间隙，纤维间粉尘“架桥”现象相应加强，一段时间后，滤袋表面积聚成一层粉尘，称为“一次粉尘层”。在随后的除尘过程中，“一次粉尘层”便成为滤袋的主要过滤层，而滤料则主要起到支撑骨架的作用。

滤袋捕集粉尘的过程如图 3-1 所示。

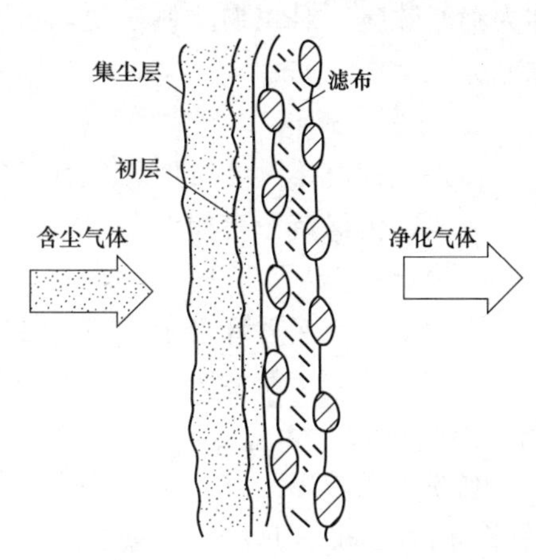

图 3-1 滤袋捕集粉尘的过程

随着滤袋上捕集的粉尘量不断增加，粉尘层不断增厚，过滤效率随之提高，但除尘器的阻力也逐渐增加，通过滤袋的风量则逐渐减少，此时需要对滤袋进行清灰。清灰的目标是既要尽量均匀地除去滤袋上的积灰，又要避免过度清灰，保留“一次粉尘层”，保证工况稳定且高效运行。

袋式除尘器正是在不断过滤和不断清灰的过程中持续工作的。

第二节 过 滤 机 理

一、纤维过滤机理

袋式除尘器对含尘气体的过滤主要有纤维过滤、粉尘层过滤和薄膜过滤。其除尘机理是筛滤、惯性碰撞、钩附、扩散、重力沉降和静电等效应综合作用，其中以“筛滤效应”为主。纤维体捕集粉尘机理见图 3-2。

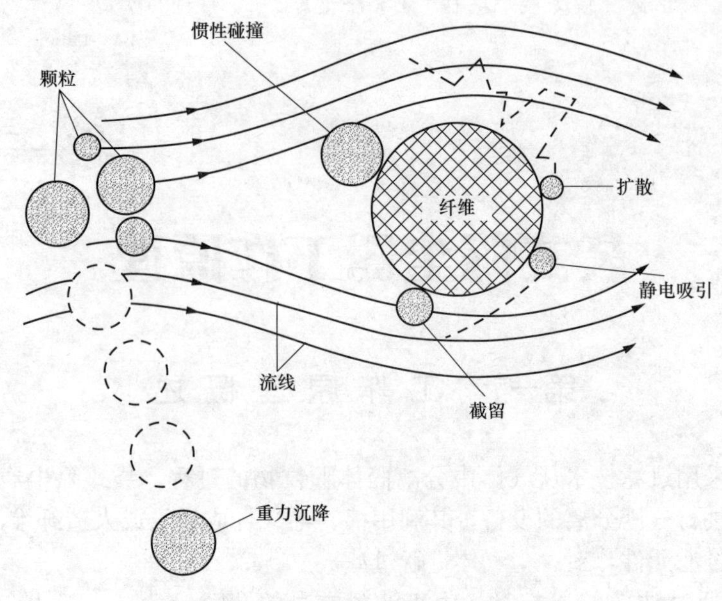

图 3-2 纤维体捕集粉尘机理

1. 筛滤效应

当粉尘的颗粒直径较滤料纤维间的空隙或滤料上粉尘间的空隙大时，粉尘被阻留下来，称为筛滤效应。对织物滤料来说，这种效应很小，仅当织物上沉积大量的粉尘后，筛滤效应才充分显示。

2. 碰撞效应

当含尘气流接近纤维时，气流绕过纤维。但 1μm 以上的较大颗粒由于惯性作用，偏离气流流线，仍保持原有的方向，撞击到纤维上而被捕集下来，称为碰撞效应。

3. 钩附效应

当含尘气流接近纤维附近时，细微的粉尘仍保留在流线内，这时流线比较紧密。如果粉尘颗粒的半径大于粉尘中心到纤维边缘的距离，粉尘即被捕获，称为钩附效应。

4. 扩散效应

当粉尘颗粒极为细小（0.5μm 以下）时，会在气体分子的碰撞下偏离流线做不规则运动(也称布朗运动)。这增加了粉尘与纤维接触而被捕获的机会。粉尘颗粒越小，运动越剧烈，与纤维接触的机会也越多。

碰撞、钩附及扩散效应均随纤维的直径减小而增加，随滤料的孔隙率增加而减少。因此，所采用滤料的纤维越细，纤维层越密实，滤料的除尘效率越高。

5. 重力沉降

颗粒大、相对密度大的粉尘，因重力的作用而沉降下来。这与借助沉降室捕集粉尘的机理相同。

6. 静电作用

气流冲刷纤维体时，摩擦作用可使纤维产生电荷。某些粉尘颗粒在运动中也会带上电荷。如果纤维经过树脂浸渍，电荷作用会加强。在外界不施加静电场时，由于捕集体的导电、离子化气体的经过、带电颗粒的沉降，以及放射性的照射作用，会使电荷慢慢减少。

当粉尘与滤料的荷电性质相反时，粉尘易于吸附在滤料上，从而提高除尘效率，但被吸附的粉尘难以被剥离。反之，当两者的荷电相同时，则粉尘受到滤料的排斥，效率会因此而降低，但粉尘容易从滤袋表面剥离。此外，如果颗粒荷电，捕集体为中性，就会在捕集体上产生诱导电荷，两者产生静电吸引力；如果捕集体荷电而颗粒为中性，二者也会相互吸引。

二、粉尘层与纤维层过滤机理

袋式除尘器的过滤效果主要依赖粉尘层，滤料的过滤效果是有限的，主要起到形成粉饼的作用。

织造滤料的孔隙主要存在于经、纬纱之间（纱线直径一般为300～700μm，间隙为100～200μm），其次存在于组成纱线的纤维之间，这部分孔隙占总量的30%～50%。在滤尘的初期，粉尘大多从经、纬纱之间的孔隙通过，只有小部分粉尘进入纤维间的孔隙，粗颗粒尘便嵌进纤维间的孔隙内；非织造针刺毡（水刺毡）的纤维互相抱合，纤维之间呈三维空隙分布，孔隙率高，孔道弯曲，含尘气流通过时受筛分、惯性、滞留、扩散等综合作用，部分粉尘被分离，与纤维层共同形成过滤层。经长期过滤和清灰的过程，该过滤层逐渐形成“一次粉尘层”。

随着滤尘的进行，滤料逐渐对粗、细粉尘颗粒都产生有效的过滤作用，形成“一次粉尘层”（或称为“尘膜”），其厚度为0.3～0.5mm，于是粉尘层表面出现以筛滤效应为主捕集粉尘的过程。此外，对粒径小于纤维直径的粉尘，碰撞、钩附、扩散等效应增加，除尘效率提高。滤料本身的除尘效率为85%～90%，效率比较低，但当滤料表面形成一次粉尘层后，除尘效率可达99.5%以上。滤袋清灰应适度，应尽量保留一次粉尘层，以防止除尘效率下降。粉尘层的形成与过滤风速有关。过滤风速较高时，粉尘层形成较快；过滤风速较低时，粉尘层形成较慢。

三、薄膜过滤机理

薄膜过滤材料的典型代表是覆膜滤料，亦即表面覆以一层透气的微孔薄膜而制成的滤料。PTFE薄膜是应用最多的膜材料，其孔隙率为85%～93%，孔径为0.05～3μm。即使对1μm以下的微细粒子，PTFE薄膜也有很高的捕集率。因此，覆膜滤料对粉尘的捕集主要依靠其表面薄膜的过滤作用，即表面过滤，很少依赖一次粉尘层。

在膜过滤机理中，筛滤作用非常重要；另外，粒子与孔壁之间的相互作用有时较孔径大小显得更为重要。膜的各种截留作用如图3-3所示。

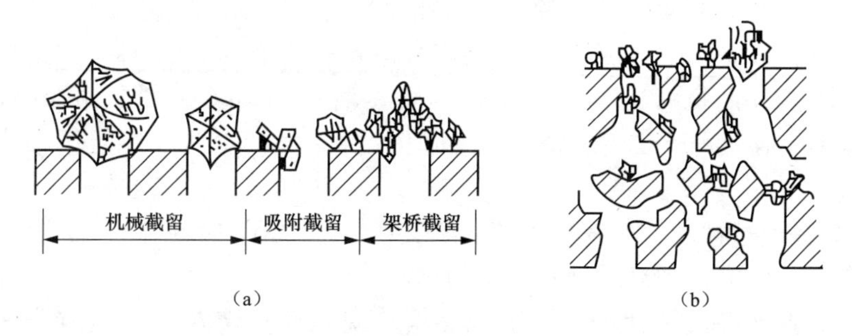

图3-3 膜的各种截留作用

（a）在膜的表面层截留；（b）在膜内部的网络中截留

微孔滤膜的过滤机理大致有以下几种：

(1) 机械截留作用。是指膜具有截留大于或等于其孔径微粒的作用，即通常所说的筛滤作用。

(2) 吸附及静电作用。在微孔内部会有粒子被捕集，普什（Pusch）认为这是由于吸附和静电的作用所致。

(3) 扩散作用。对于直径为 0.1μm 以下粒子，由于扩散作用被微孔壁捕获也被认为是机理之一。

(4) 架桥作用。通过电镜可以观察到，在孔的入口处，微粒因为架桥作用而被截留。

四、超细面层过滤机理

研究表明，降低单纤维直径、增加滤料接尘面的致密度是提高滤料过滤效率的途径。因此，在普通滤料表面敷设一层超细纤维面层（如海岛纤维），形成表面过滤，超细纤维之间可形成更小、更致密的空隙，可以有效阻隔细颗粒物进入滤袋内部，防止其穿透、逃逸，从而提高对细颗粒物的捕集效率。超细面层滤料结构见图 3-4，超细面层滤料的过滤效果见图 3-5。

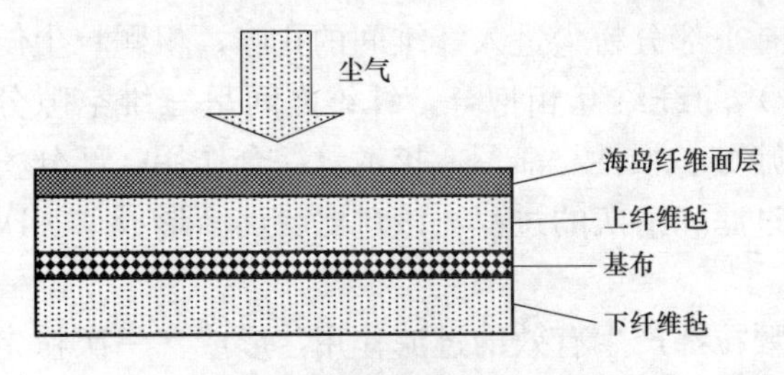

图 3-4 超细面层滤料结构

图 3-5 超细面层滤料的过滤效果

第三节 清灰机理

堆积在一次粉尘层上面的粉尘称为“二次粉尘层”。随着过滤的进行，滤料表面的粉尘层越来越厚，设备阻力越来越大，处理风量也越来越小，此时必须进行清灰，清灰是使袋式除尘器能长期持续工作的决定性因素。清灰的对象是“二次粉尘层”，其基本要求是从滤袋上迅速而均匀地清除粉尘，同时保持一次粉尘层，并且不损伤滤袋和消耗较少的动力。

清灰的原理是通过振动、逆气流或脉冲喷吹等外力作用，使黏附于滤袋表面的尘饼受冲击、振动、形变、剪切应力等作用而破碎、崩落。

清灰方式主要有机械振动清灰、脉冲喷吹清灰和反吹清灰等。也有袋式除尘器采用两种以上清灰方式联合清灰，例如反吹风和机械振动联合清灰，还有反吹风联合声波清灰等。

一、机械振动清灰

机械振动清灰是利用机械装置（电动、电磁或气动装置）使滤袋产生振动，致使滤袋表面的尘饼崩落。机械振动清灰机理主要有加速度、剪切、屈曲-拉伸、扭曲等协同作用。其中，加速度对清灰起主要作用。机械振动清灰方式如图 3-6 所示。机械振动包括水平方向振动和垂直方向振动，也可以利用偏心轮高频振动。

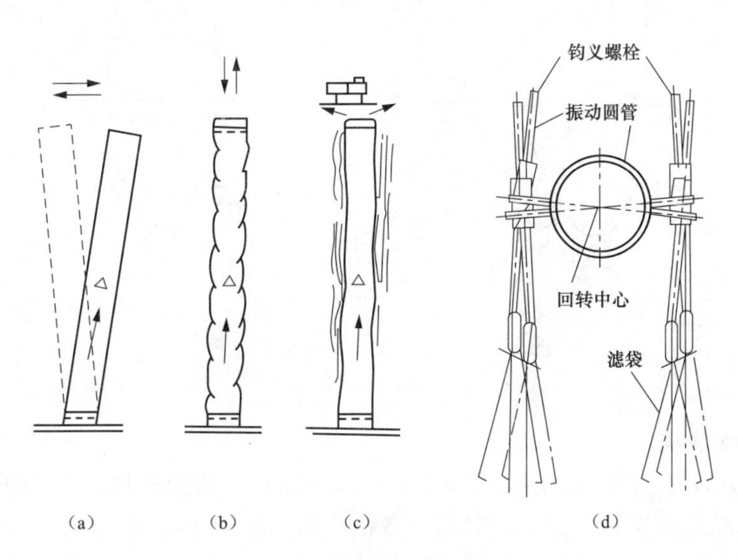

图 3-6 机械振动清灰

(a) 水平振动；(b) 垂直振动；(c) 快速振动；(d) 复合振动

机械振动清灰时，需要停止过滤，在离线状态下清灰以增强清灰效果，且设计时应选择较低的过滤风速。

机械振动清灰装置构造简单，但清灰强度较弱，而且往往会损伤滤袋，因此使用得越来越少。

二、反吹清灰

反吹清灰也称逆气流清灰，是利用切换装置停止过滤气流，并借助除尘器本身的工作压力或外加动力形成反向气流，使滤袋产生胀、缩变形导致粉尘层脱落的一种清灰方式。

反吹风清灰有分室反吹和回转反吹两种型式。

分室反吹类采取分室结构，反吹风清灰大多在离线状态下进行。利用阀门或回转机构逐室地切换气流，将大气或除尘后的洁净气体导入袋室进行清灰。反向气流可由系统主风机供给，也可由专设风机供给。反向气流在滤袋上分布均匀，振动不剧烈，对滤袋的损伤较小，滤袋寿命较长，但清灰作用较弱。因此，应选择较低的过滤风速，一般为 0.6～0.9m/min。

分室清灰工作制度有二状态与三状态之分：二状态由“过滤”和“反吹”两个环节组成，需要重复多次动作；三状态由“过滤”“反吹”和“沉降”三个环节组成（见图 3-7）。

反吹风清灰还包括机械回转反吹的方式，即除尘器在过滤状态下通过回转反吹装置对箱体内部分滤袋顺序清灰的一种在线清灰方式。除尘器结构不分室。

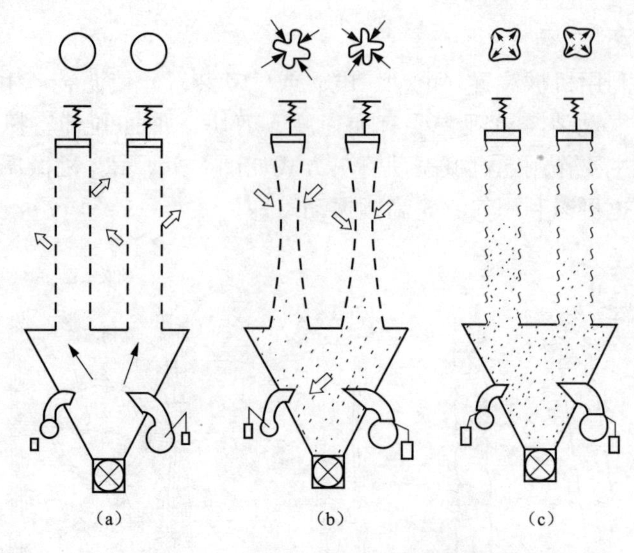

图 3-7　分室三状态反吹清灰过程

(a) 过滤；(b) 反吹；(c) 沉降

三、脉冲喷吹清灰

脉冲喷吹清灰以压缩气体（压力为 0.08～0.7MPa）为清灰介质，在很短的时间内（不超过 0.2s）将压缩气体快速释放，同时诱导数倍于压气流量的常压气体，形成高压气团喷入滤袋，使滤袋内的压力急速上升，由袋口至底部依次产生急剧的膨胀和冲击振动，造成附着在滤袋表面的粉尘层剥离和脱落（见图 3-8）。有研究表明喷吹时反向气流对粉尘的剥离作用非常小，粉尘从滤袋表面脱落主要是由于滤袋表面受到冲击和振动的结果，即滤袋的快速膨胀与收缩产生的变形。因此，滤袋与滤袋框架之间保持适度的间隙是必要的。由于脉冲喷吹是属于强力清灰，所以喷吹压力和喷吹频率与滤袋的寿命有直接的关系。

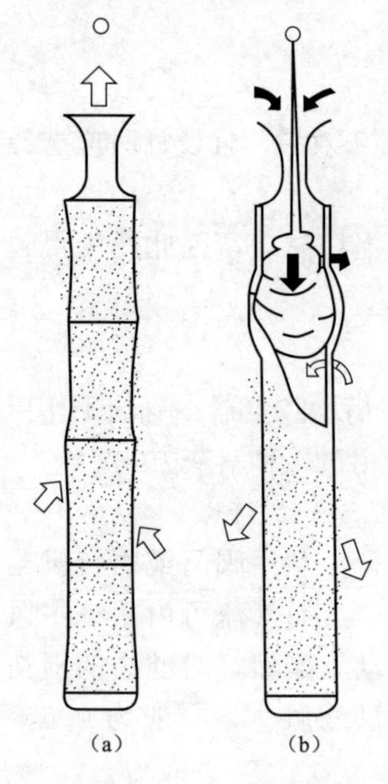

图 3-8　脉冲喷吹清灰

(a) 过滤；(b) 喷吹

喷吹时，虽然被清灰的滤袋不起过滤作用，但因喷吹时间很短，被清灰的滤袋占滤袋总数的比例很小，所以几乎可以将过滤作用看成是连续的。因此，除尘器通常不采取分室结构，称为在线清灰。但脉冲袋式除尘器也有采取分室结构的，在隔断过滤气流的条件下，对清灰仓室的滤袋进行脉冲喷吹，清灰逐室顺序进行。

在常见的清灰方式中，脉冲喷吹具有最强的清灰能力，清灰效果好，可允许较高的过滤风速，一般适用于粉尘粒径小、黏性大的炉窑粉尘清灰。在处理相同风量的情况下，脉冲喷吹清灰的滤袋面积少于机械振动和反吹风清灰方式。但脉冲喷吹需要充足的压缩空气，当压缩空气压力不能满足喷吹要求时，清灰效果将大大降低。

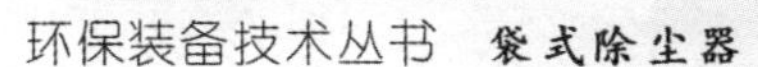

第四章

袋式除尘器结构型式

第一节　袋式除尘器分类

一、按清灰方式分类

清灰是使袋式除尘器能长期持续工作的决定性要素。清灰方式的特征是袋式除尘器分类的主要依据，不同的清灰方式决定了不同的袋式除尘器结构。我国国家标准 GB/T 6719—2009《袋式除尘器技术要求》将袋式除尘器按清灰方式的不同分为四类：机械振打类、反吹风类、脉冲喷吹类、复合清灰类。

1. 机械振打类袋式除尘器

利用机械装置（电动、电磁或气动装置）使滤袋产生振动而清灰的袋式除尘器，有适合间歇工作的停风振打和适合连续工作的非停风振打两种构造型式。

停风振打袋式除尘器，是指使用各种振动频率在停止过滤状态下进行振打清灰；非停风振打袋式除尘器，是指使用各种振动频率在连续过滤状态下进行振打清灰。

机械振打类袋式除尘器利用机械装置振打或摇动悬吊滤袋的框架，使滤袋产生振动而清落积灰。它包括手动、气动、电动及电磁等机械装置，振动频率有低频、中频和高频。

水平方向振打清灰方式通常在上部振打，对滤袋的损害较轻。垂直方向振打清灰方式多使用凸轮机构，可产生低频垂直振动；或使用偏心轮旋转机构，可产生较高频率垂直振动。低频大振幅清灰效果较好，但易损害滤袋；高频振动虽不易损害滤袋，但清灰效果较差。

2. 反吹风类袋式除尘器

切断过滤气流，在反吹气流作用下迫使滤袋缩瘪与鼓胀而清灰的袋式除尘器。

（1）分室反吹类。除尘器采取分室结构，利用阀门或回转机构逐室切换气流，将大气或除尘系统后洁净循环烟气等反向气流引入袋室进行清灰。分室反吹多采用内滤式。

大气反吹风袋式除尘器，是指除尘器处于负压（或正压）状态下运行，将室外空气引入袋室进行清灰。

正压循环烟气反吹风袋式除尘器，是指除尘器处于正压状态下运行，将系统中净化后的烟气引入袋室进行清灰。

负压循环烟气反吹风袋式除尘器，是指除尘器处于负压状态下运行，将系统中净化后的烟气引入袋室进行清灰。

清灰分“二状态”和“三状态”两种清灰制度，见图 3-7。分室反吹清灰能力较弱，设计过滤风速较低，设备阻力较大。

（2）喷嘴反吹类。以高压风机或压气机提供反吹气流，通过移动或转动的喷嘴进行反吹，使滤袋变形抖动而清灰的袋式除尘器。这类除尘器均为外滤式，滤袋呈圆形或扁袋形状，结构上不分室，属于在线清灰方式。

机械回转反吹风袋式除尘器是该类产品的典型代表，其喷嘴为条口形或圆形，通过回转装置做圆周运动，依次与各个滤袋净气出口相对，进行反吹清灰。

此外，该类除尘器还有气环反吹、往复反吹、脉动反吹等形式，但现在已很少使用。

3. 脉冲喷吹类袋式除尘器

以压缩气体为清灰动力，利用脉冲喷吹机构在瞬间放出压缩空气，高速射入滤袋，使滤袋急剧鼓胀，依靠滤袋受冲击振动而清灰的袋式除尘器，见图 3-8。该类除尘器均属于外滤式。

根据喷吹气源压强的不同可分为低压喷吹（低于 0.25MPa）、中压喷吹（0.25～0.5MPa）和高压喷吹（高于 0.5MPa）。

脉冲喷吹属于强力清灰，清灰效果好，过滤阻力低，可选用较高的过滤风速，多用于粉尘细和黏的烟气过滤清灰。

脉冲喷吹类袋式除尘器是目前最常用的一种类型，根据喷吹机构和喷吹形式的不同，可分为以下几种形式：

（1）行喷式脉冲袋式除尘器。以压缩气体通过固定式喷吹管对滤袋进行喷吹清灰的袋式除尘器。滤袋按照行和列方阵布置，喷吹时，对滤袋逐行进行清灰。

（2）回转式脉冲袋式除尘器。以同心圆方式布置滤袋，配置 1 个大型脉冲阀，喷吹装置做回转运动，1 根或数根喷吹管在回转状态下，对不同圆周上的滤袋进行清灰。

（3）气箱式脉冲袋式除尘器。除尘器为分室结构，清灰时将喷吹气流喷入单个箱室的净气箱，按程序逐室停风、喷吹清灰。

脉冲喷吹时间短，清灰的滤袋数量占比较少，因此可以采用在线清灰，除尘器的结构可以不分室；对于密度小、黏性大的细颗粒物场合，也可采用离线清灰，除尘器为分室结构。

4. 复合式清灰类

采用两种以上清灰方式联合清灰的袋式除尘器，称为复合清灰袋式除尘器。例如机械振打与反吹风复合袋式除尘器、声波清灰与反吹风复合袋式除尘器、脉冲清灰与声波清灰复合袋式除尘器等。

二、根据袋式除尘器结构特点划分

1. 按除尘器进风口位置划分

（1）上进风。含尘气流入口位于箱体上部，气体自上而下流入袋区，气流与粉尘沉降方向一致。上进风可以有效减少粉尘的二次黏附，有利于除尘器的清灰。有的除尘器含尘气流入口设于箱体下部，但箱体内设有导流板，将含尘气流引到袋区上部再分散，应属上进风式。

（2）下进风。含尘气流入口位于箱体下部或灰斗，气体自下而上流入袋区，气流与粉尘沉降方向相反。

（3）侧向进风。含尘气流从袋室的侧面进入，气流沿水平方向接触滤袋。

2. 按过滤元件型式划分

（1）圆袋袋式除尘器。过滤元件为圆筒形滤袋，通常直径为 120～300mm，袋长 2～

10m。圆筒形滤袋受力均匀，支撑框架结构简单，容易获得较好的清灰效果，滤袋之间的间隙空间较大，不易被粉尘堵塞。

（2）扁袋袋式除尘器。过滤元件为平板形（信封形）、梯形、菱形、人字形、楔形、椭圆形，以及非圆筒形的其他型式。扁袋的断面以扁圆形、菱形、楔形和平板形比较常见。与圆袋相比，在同体积箱体内扁袋可布置的过滤面积能增加 20%～40%，这有利于减少除尘器占地面积和钢耗量；但是扁袋之间空间狭窄，容易被粉尘堵塞，影响清灰效果及增加阻力，滤袋支撑框架的制造及安装也较为复杂。

（3）折叠滤筒袋式除尘器。过滤元件为褶皱式圆筒状。

3. 按除尘器工作压力划分

（1）负压式袋式除尘器。除尘器设在风机的负压侧，即在负压下工作，含尘气体先经过除尘器，再进入风机。该类除尘器要求严密性高，尽量减少漏风。由于风机输送的是净化后的气体，不易出现叶轮被粉尘黏附或磨损等故障，所以在工程中被广泛采用，见图 4-1（a）。

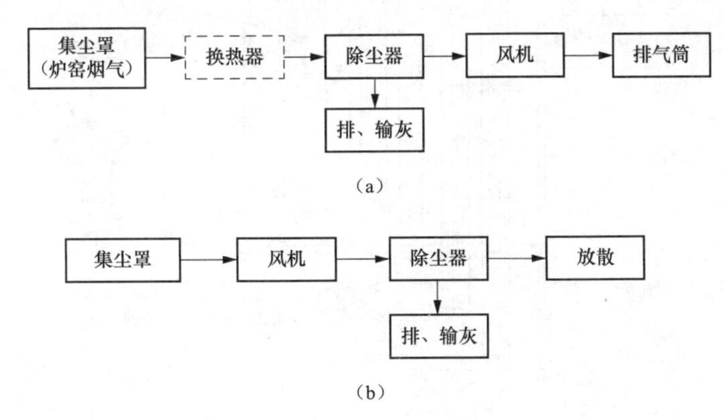

图 4-1 负压和正压袋式除尘

（a）负压式袋式除尘工艺；（b）正压袋式除尘工艺

（2）正压式袋式除尘器。除尘器设在风机的出口正压侧，即在正压下工作。含尘气体先经过风机，然后进入除尘器。由于风机在含尘气体中工作，所以对于粉尘黏附性、磨琢性较强或含尘浓度过高的烟气，不宜采用正压式袋式除尘器，见图 4-1（b）。

在净化后的气体可以直接排入大气的条件下，正压式除尘器出口可以不设排风筒；对于有毒、有害和不宜直接排入大气的气体，则除尘器出口仍需要设置排气筒。

4. 按容尘面方向划分

（1）外滤式袋式除尘器。含尘气体由滤袋外侧向内侧流动，粉尘被阻留在滤袋外表面。滤袋可采用圆袋或扁袋，滤袋内需要设置支撑框架，以防滤袋被吸瘪。其清灰多采用脉冲喷吹或喷嘴反吹方式。

（2）内滤式袋式除尘器。含尘气体由滤袋内侧向外侧流动，粉尘被阻留在滤袋内表面。滤袋多采用圆袋，一般不需要袋内支撑框架。其清灰多采用机械振动或分室反吹风方式。因滤袋外侧是清洁气体，所以当气体无毒且温度不高时，操作人员可以在不停机状况下进入袋室检修；另一方面，由于滤袋内是含尘气体，所以当其流速过高时会磨损滤袋，特别是袋口更容易磨损。清灰方式多采用机械振动和分室反吹。

第二节　脉冲喷吹类袋式除尘器

一、中心喷吹与低压喷吹脉冲袋式除尘器

中心喷吹脉冲袋式除尘器结构如图 4-2 所示，是我国第一代脉冲喷吹技术，其特征是采用直角式脉冲阀，高压喷吹，在滤袋口设有文丘里管，袋长较短，一般不超过 3m。因此，该类除尘器的处理风量较小，常做成单机形式。

该类除尘器主要由上箱体、中箱体、下箱体、喷吹装置等部分组成。

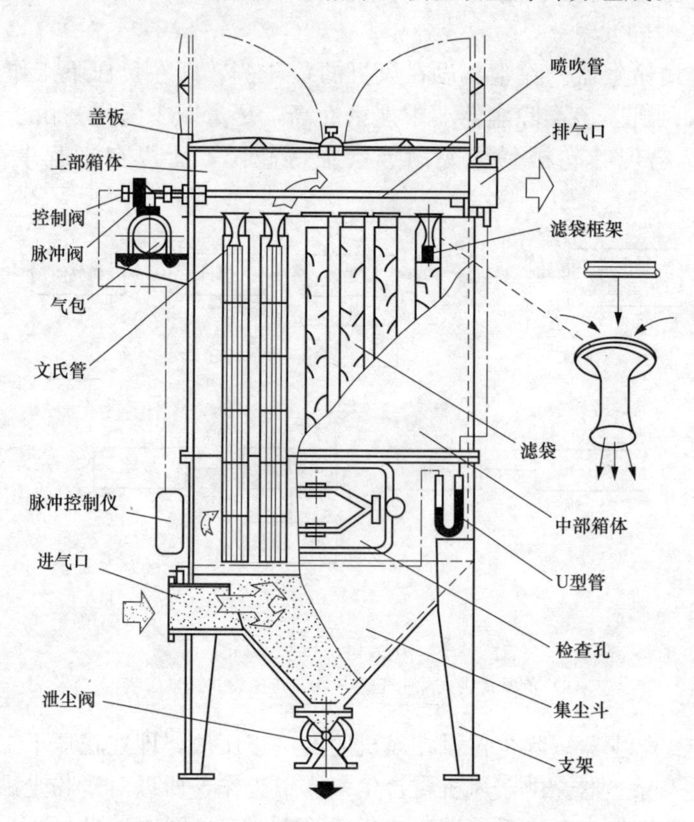

图 4-2　中心喷吹脉冲袋式除尘器

上箱体为净气室，喷吹装置也安装在上箱体中。中箱体为尘气箱，内装有滤袋，在上箱体和中箱体之间有花板分隔。花板有两个作用，一是分隔含尘气体与净化后气体，二是作为滤袋安装的生根部位。下箱体为灰斗，灰斗下方连有卸灰阀和输灰系统。

含尘气体由进气管道进入尘气箱，过滤后的气体经袋口汇集到净气箱后排出。粉尘附着于滤袋外表面。

除尘器上箱体内，在每排滤袋的上方均设一根喷吹管，管上有喷嘴（孔）正对每条滤袋中心。各喷吹管经由脉冲阀与气包相连。当控制仪输出信号开启脉冲阀时，气包内的压缩气体便被释放，并在 0.1～0.2s 的瞬间由喷嘴（孔）射向滤袋，同时诱导约为自身 5～7 倍的周围气体一并进入袋内。滤袋壁受到强烈冲击而急剧鼓胀变形，积于滤袋表面的粉尘便被清落。一排滤袋清灰后间隔一定时间，下一排滤袋开始清灰，依次逐排进行。落入灰斗的灰尘

由卸灰阀排出。

脉冲喷吹装置由气包、控制阀、脉冲阀、喷吹管等组成，早期控制阀有电动、气动和机控等多种形式。

清灰周期应随含尘浓度、过滤风速、粉尘性质、气体特性、除尘器结构等因素的不同而调节，以保持除尘器阻力在合理范围内。

脉冲喷吹清灰的程序控制包括定时控制和定压差控制两种方式，控制仪的驱动多为电控，也有少数为气控。

该类除尘器具有如下特点：

（1）过滤风速高，因而可减少过滤面积，使设备紧凑。

（2）设备阻力低，运行能耗少。

（3）除尘器内活动部件少，维修工作量小。

（4）高压（0.5～0.7MPa）喷吹型的清灰能耗高。

（5）滤袋长度仅为2～2.6m，处理风量大时，会失去占地面积小的优点。

（6）脉冲阀数量过多，早期的脉冲阀膜片寿命较短，维修工作量大。

低压喷吹脉冲除尘器是对中心喷吹脉冲除尘器的改进，设备结构大致相同。低压喷吹的主要特征为：将原来的单膜片直角脉冲阀改为淹没式脉冲阀，喷吹压力降至0.2～0.3MPa；以喷嘴取代传统的喷孔，喷吹管可以拆卸，滤袋更换方便；进风方式由原来的灰斗进风改为中箱体上部进风等。

二、环隙喷吹脉冲袋式除尘器

环隙喷吹脉冲袋式除尘器以其采用环隙引射器而命名。该类型除尘器的主要特点之一是脉冲阀更新。脉冲阀为双膜片型式，当电磁阀开启时，通过控制膜片的动作而带动主膜片开启。与传统直角式脉冲阀另一不同之处在于其淹没式结构，省去了原有的阀体，使脉冲阀结构大为简化，喷吹压力得以降低，过滤风速也得以提高。

与中心喷射的文丘里管不同，压缩空气由环隙引射器内壁的一圈缝隙喷出，而被引射的二次气流则由引射器的中心进入。这种除尘器没有喷吹管，而是由多段插接管将各引射器连接在一起，从而将脉冲阀释放的压缩气体输送到每条滤袋。滤袋靠缝在袋口的钢圈悬吊在花板上，不用绑扎。滤袋框架与环隙引射器嵌接，当滤袋在花板上就位后，将框架插入，引射器的翼缘便压住袋口，并以压条、螺栓压紧。换袋操作在开启顶盖后在花板上进行。滤袋框架连同引射器抽出后，含尘滤袋不向上抽出，而是由袋孔投入灰斗，再集中取出。

上盖不设压紧装置，靠负压和自重压紧保持密封。除尘器停止运行后，箱体内的负压卸除，上盖可以方便地开启。

环隙喷吹脉冲袋式除尘器喷吹结构较为复杂，目前工程上运用较少。

三、长袋低压脉冲袋式除尘器

长袋低压脉冲袋式除尘器是全面克服了中心喷吹脉冲袋式除尘设备的诸多缺点而发展出的新型脉冲袋式除尘设备，其技术进步表现在：将原有的直角脉冲阀改为淹没式脉冲阀；以喷嘴取代传统的喷孔，喷嘴直径扩大，从而降低喷吹压力；突破了滤袋长度的限制，袋长可达6m以上，其结构如图4-3所示。目前该类除尘器是在工业领域应用最广、使用最多的主流设备。

该类除尘器由上箱体、中箱体、灰斗等部分组成，采用外滤式结构，滤袋内装有袋笼，

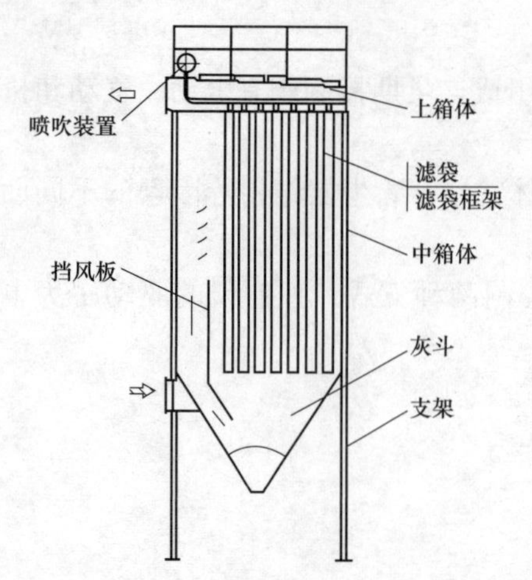

图 4-3 长袋低压脉冲除尘器结构

含尘气体由中箱体下部引入，经挡板导向中箱体上部进入滤袋。净气由上箱体排出。

脉冲阀是长袋低压脉冲袋式除尘器的核心部件，是脉冲喷吹袋式除尘器清灰气流的发生装置。脉冲阀有多种结构形式和尺寸，其分类有多种形式，按先导控制方式分为电控脉冲阀和气控脉冲阀；按气流输入、输出端位置分为直角阀、淹没阀和直通阀；按脉冲阀的接口形式分为内螺纹接口、外螺纹双闷头接口、法兰接口和嵌入式接口。

电磁脉冲阀有多种型式和结构见图 4-4。以淹没式脉冲阀为例，其工作原理是：膜片把脉冲阀分成前、后两个气室，当接通压缩气体时，压缩气体通过节流孔进入后气室，此时后气室的压力推动膜片向前紧贴阀的输出口，脉冲阀处于“关闭”状态；接通电信号，驱动电磁先导头衔铁移动，阀的后气室放气孔被打开，后气室迅速失压使膜片后移，压缩气体通过输出口喷吹，脉冲阀处于“开启”状态。电信号消失，电磁先导头衔铁复位，后气室放气孔被堵住，后气室的压力又使膜片向前紧贴阀的输出口，脉冲阀处于“关闭”状态。

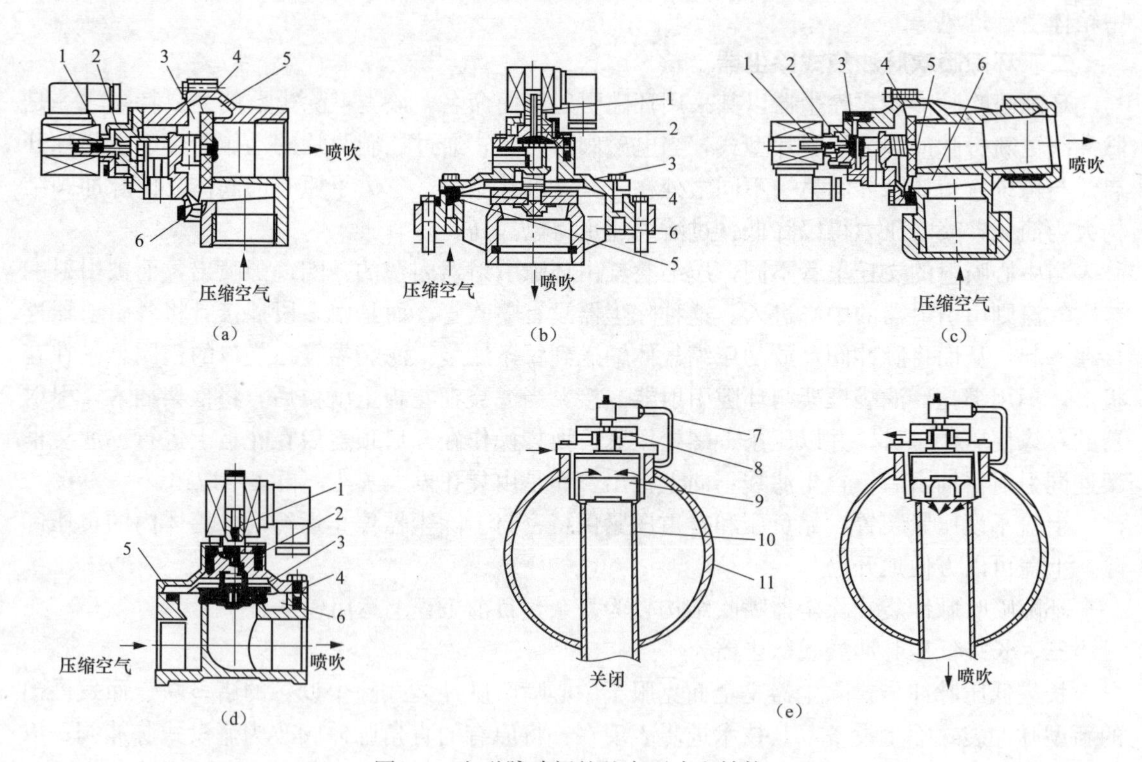

图 4-4 电磁脉冲阀的基本型式和结构

(a) 直角式 T 型接口；(b) 淹没式 MM 型座；(c) 直角式 DD 型接口；(d) 直通式 T 型接口；(e) 活塞式 MM 型座

1—动铁芯；2—放气孔；3—后气室；4—膜片；5—节流孔；6—前气室；

7—电磁铁；8—阀体；9—活塞；10—输出管；11—气包

用喷吹装置对滤袋进行清灰，控制系统发出指令，脉冲阀开启，气包内的压缩空气快速释放，通过喷吹管对滤袋逐排清灰，使粉尘脱离滤袋落入灰斗。袋口不设引射器，喷吹气流通过袋口引射二次气流。脉冲阀与喷吹管的连接采用插接方式，喷吹管上设有孔径不等的喷嘴，对准每条滤袋的中心。该类除尘器对喷吹装置的加工和安装要求很高，不允许有偏差，否则会吹破滤袋。喷吹所用的压缩空气应做脱油脱水处理。

脉冲阀每次喷吹时间为65～100ms，比之前的脉冲清灰方式短50%，能产生更强的清灰能力。清灰一般采用定压差控制方式，也可采用定时控制。

滤袋的固定是依靠装在袋口的弹性胀圈和鞍形垫，将滤袋嵌入花板的袋孔内（见图4-5）。安装滤袋时，先将滤袋的底部和中部放入花板的袋孔，当袋口接近花板时，将袋口捏扁成“凹”字形，并将鞍形垫形成的凹槽贴紧花板袋孔的边缘，然后逐渐松手，袋口随之恢复成圆形，最后完全镶嵌在花板的袋孔中。换袋时，将袋口捏扁成“凹”字形，并将含尘滤袋由袋孔投入灰斗中，待所有含尘滤袋都投入灰斗后，由灰斗的检查门集中取出。

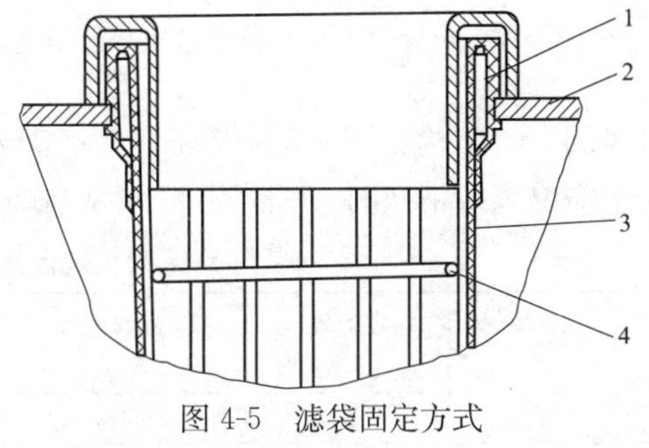

图4-5 滤袋固定方式

1—弹性胀圈；2—花板；3—滤袋；4—滤袋框架

滤袋框架直接支承于花板上。安装时，待干净滤袋就位固定后，再将框架插入滤袋中。

长袋低压脉冲袋式除尘器有以下显著特点：

（1）喷吹装置自身阻力小，脉冲阀启闭迅速，因而喷吹压力低至0.15～0.25MPa，喷吹时间短促。

（2）滤袋长度为6～9m，占地面积小，处理风量大。

（3）可以在较高的过滤风速下运行，设备结构紧凑。

（4）设备压力损失低，且清灰能耗大幅度下降，因而运行能耗低于分室反吹袋式除尘器。

（5）滤袋拆换方便，人与含尘滤袋接触少，操作条件改善。

（6）同等条件下，脉冲阀数量只有传统脉冲袋式除尘器的1/7，维修工作量小。

（7）滤料多采用针刺毡（水刺毡）。

根据处理风量的大小，长袋低压脉冲袋式除尘器有单机、单排分室结构、双排分室结构三种结构形式，见图4-6和图4-7。随着工业生产规模的扩大，袋式除尘设备的规格也相应

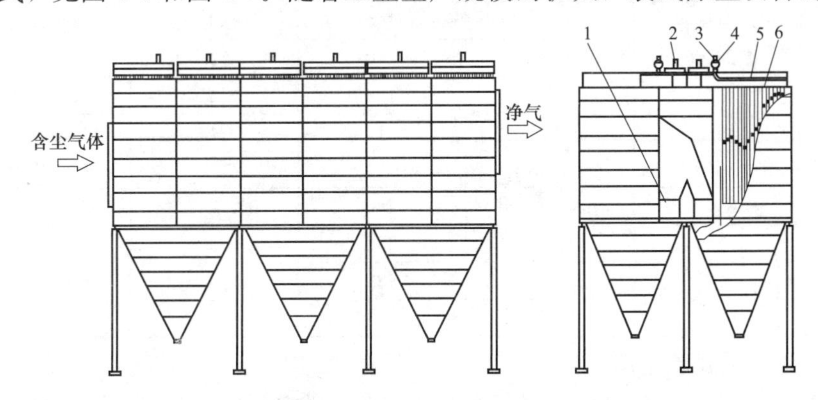

图4-6 双排分室结构长袋低压脉冲袋式除尘器

1—进气阀；2—离线阀；3—脉冲阀；4—气包；5—喷吹管；6—滤袋及框架

图 4-7 长袋低压脉冲袋式除尘器应用

扩大，表 4-1 所示为 CD 系列长袋低压脉冲袋式除尘器的主要规格，其中最大处理风量为 $170\times10^4m^3/h$，根据需要还可扩大规模。

滤袋直径为 120～130mm，长度为 6m，根据需要，滤袋直径可扩大为 150～160mm，长度延长至 8～9m。

大型长袋低压脉冲除尘器属于分室结构，为满足用户离线检修或离线清灰的需要，在各仓室的进口设有切换阀门，在上箱体出口设有停风阀，其结构见图 4-8。当某个仓室需要在线检修时，同时关闭进出口阀门即可；当某个仓室需要离线清灰时，关闭出口停风阀即可。

表 4-1　CD 系列长袋低压脉冲袋式除尘器的规格参数

型号	滤袋数量(条)	过滤面积(m^2)	脉冲阀数量(个)	压气耗量(m^3/min)	外形尺寸 $L\times B\times H$ (mm)
CDⅡ-A-1	204	460	12	≤0.6	3050×3750×13550
CDⅡ-A-2	408	920	24	≤0.9	6100×3750×13550
CDⅡ-A-3	612	1380	36	≤1.2	9150×3750×13550
CDⅡ-A-4	816	1840	48	≤1.5	12200×3750×13500
CDⅡ-A-5	1020	2300	60	≤1.6	15250×3750×13550
CDⅡ-A-6	1224	2760	72	≤1.8	18300×3750×13550
CDⅡ-A-7	1428	3220	84	≤2.0	21350×3750×13550
CDⅡ-B-2	408	920	24	≤0.9	6100×3750×13550
CDⅡ-B-3	612	1380	36	≤1.2	9150×3750×13550
CDⅡ-B-4	816	1840	48	≤1.5	12200×3750×13550
CDⅡ-B-5	1020	2300	60	≤1.6	15250×3750×13550
CDⅡ-B-6	1224	2760	72	≤1.8	18300×3750×13550
CDⅡ-B-7	1428	3220	84	≤2.0	21350×3750×13550
CDⅡ-C-6	1224	2760	72	≤1.8	9150×10300×13550
CDⅡ-C-8	1632	3680	96	≤2.0	12200×10300×13550
CDⅡ-C-10	2040	4600	120	≤2.5	15250×10300×13550
CDⅡ-C-12	2448	5520	144	≤3.0	18300×10300×13550
CDⅡ-C-14	2856	6440	168	≤3.5	21350×10300×13550
CDⅡ-C-16	3264	7360	192	≤4.0	24400×10700×13550
CDⅡ-C-18	3672	8280	216	≤4.5	27450×10700×13550
CDⅡ-C-20	4080	9200	240	≤5.0	30500×10700×13550
CDⅡ-D-40	8160	18400	480	≤10.0	30500×21400×13550
CDL-117	5184	11700	288	≤6.0	
CDL-159	7020	15865	432	≤9.0	
CDL-260	9000	25740	600	≤12.0	

四、气箱脉冲袋式除尘器

气箱脉冲袋式除尘器主要由上箱体、袋室、灰斗、进出风口和气路系统等组成（见图 4-9）。上箱体分隔成若干小室，每室出口处有一个停风阀（提升阀），以实现停风清灰。

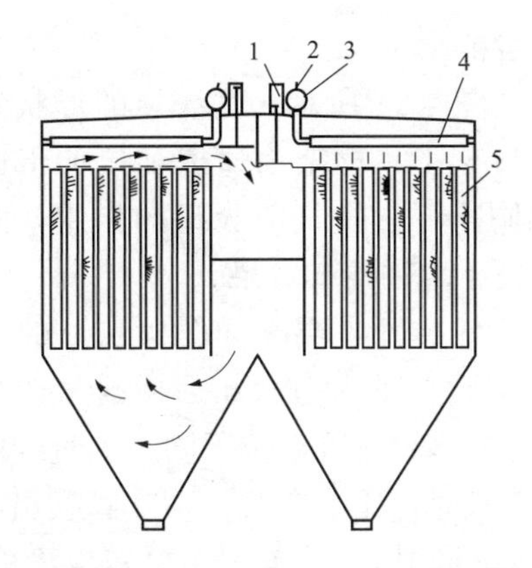

图 4-8 停风清灰长袋低压大型脉冲袋式除尘器

1—停风阀；2—脉冲阀；3—稳压气包；

4—喷吹管；5—滤袋

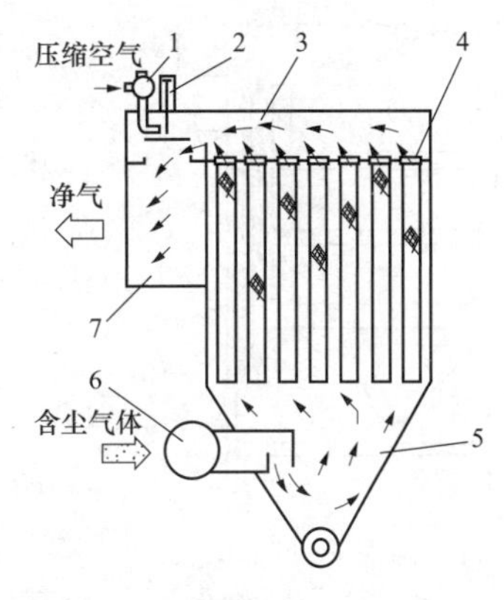

图 4-9 气箱脉冲袋式除尘器结构

1—喷吹装置；2—停风阀；3—上箱体；4—滤袋；

5—灰斗；6—进风管；7—出风管

每个仓室根据需要配置 1～2 个脉冲阀。滤袋上方不设喷吹管和引射器，由脉冲阀喷出的清灰气流直接进入上箱体，造成仓室的上箱体和滤袋内部形成瞬时正压，从而清落滤袋上的粉尘。某室清灰时，该室的停风阀关闭，停止过滤；喷吹结束后，停风阀开启，恢复过滤；随后另一室的停风阀关闭并开始清灰。清灰控制方式有定时和定压差两种。

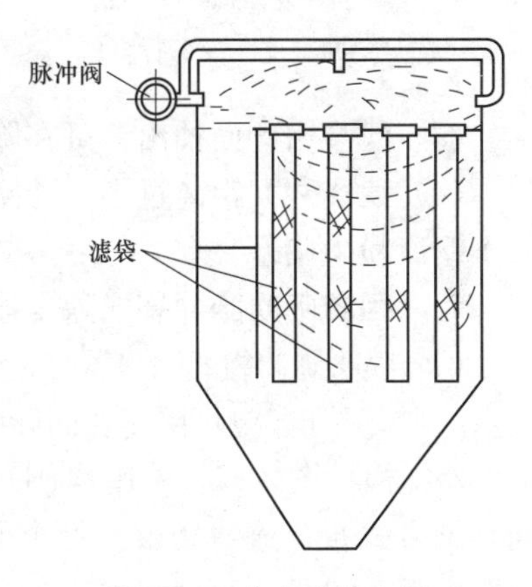

图 4-10 多点喷吹布置

气箱脉冲袋式除尘器的喷吹方式有单点和多点之分，其中后者为改进型。单点喷吹型每个分室只有一个喷吹口（见图 4-9），多点喷吹型每个分室可有多个喷吹口（见图 4-10）。单点喷吹会产生上箱体内压力分布不均的现象，使得部分滤袋下部及箱体周边滤袋清灰不彻底，采用多点喷吹后情况有所改善。

气箱脉冲袋式除尘器滤袋直径为 130mm，长度多为 2450mm，部分型号的袋长为 3150mm。滤袋以缝在袋口的弹性涨圈嵌在花板的袋孔内，滤袋框架（袋笼）在滤袋就位后再插入袋内。滤袋的检查和更换都是开启上盖板后在花板上操作。

气箱脉冲袋式除尘器主要有以下特点：

（1）清灰装置不设喷吹管和引射器，结构较简单，便于换袋。

（2）脉冲阀数量较少，维修工作量小。

（3）喷吹所需的气源压力高（0.5～0.7MPa）。

（4）仓室内各滤袋之间清灰强度分布不均。

（5）设备阻力较高。

（6）滤袋长度短，占地面积较大，不宜用于处理风量大的场合。

气箱式脉冲袋式除尘器有一种高浓度的型式，其入口含尘浓度最高可达 1300g/m^3，主要用于水泥磨的物料回收和尾气净化；也有配置防爆措施的类型，用于煤磨系统的物料回收和尾气净化。

由于气箱式脉冲袋式除尘器的结构上存在不足，目前使用量逐渐减少，多用管式喷吹脉冲除尘器替代。

五、扁袋脉冲除尘器

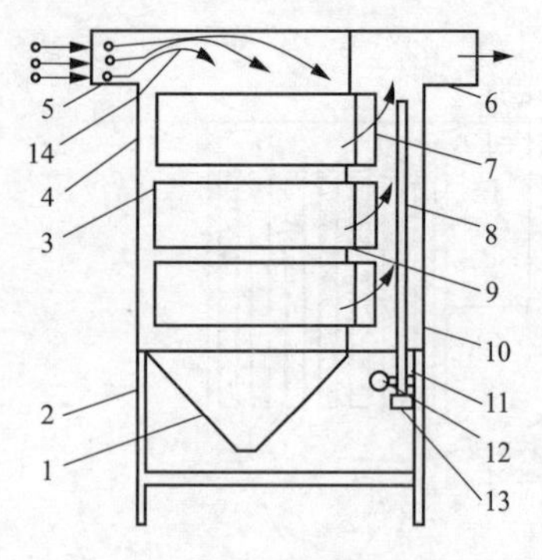

图 4-11　扁袋脉冲除尘器

1—灰斗；2—支架；3—滤袋；4—尘气室；5—进风口；6—排风口；7—文氏管；8—喷吹管；9—隔板；10—净气室；11—脉冲阀；12—气包；13—气动阀；14—导流板

扁袋脉冲除尘器如图 4-11 所示，其滤袋的形状为扁平信封状。滤袋套在支撑框架上，框架由边框和拉伸于边框上的弹簧组成。弹簧起到防止滤袋被气流吸瘪的作用，而在滤袋清灰时弹簧抖动，有助于增加清灰效果。

扁袋脉冲除尘器的扁袋开口端与同样扁长形的文氏管相接，净化后的气体经文氏管进入净气箱后由排气管排出。滤袋沿除尘器箱体垂直方向多层排列，位于同一垂直线的数条滤袋共用一根喷吹管。清灰时，压缩空气由喷吹管喷出，经扁长形文氏管引射周围气体一同射向滤袋，使滤袋得以清灰。

扁袋脉冲除尘器具有以下特点：

（1）采用扁袋结构能充分利用箱体的空间，在同样尺寸的箱体内，扁袋的总过滤面积大于圆袋，因而占地面积较小。

（2）箱体内含尘气流的方向自上而下，有利于粉尘沉降。

（3）滤袋由侧面抽出，可在除尘器外更换滤袋，在车间层高受限时使用。

（4）滤袋之间距离过小，清灰时粉尘不易落入灰斗，相邻两滤袋之间容易贴合，导致清灰不畅、粉尘堵塞。

六、回转喷吹脉冲袋式除尘器

回转喷吹脉冲袋式除尘器是近年来引进的新技术，主要用于发电厂除尘。回转喷吹脉冲袋式除尘器结构见图 4-12。采用扁圆型滤袋，并按同心圆方式布置成滤袋束。每个滤袋束最多可布置上千条滤袋，每个滤袋束的总过滤面积可达数千平方米。滤袋长度为 8m，其扁圆形断面等效圆直径为 127mm。采用弹性圈和密封垫与花板固定。滤袋内部以扁圆型框架支撑。为便于安装，框架分为三节，以降低所需的安装高度。除尘器采取模块化设计，整机可设计成单室、双室和多室，每室可设一个或多个滤袋束。

图 4-12　回转喷吹脉冲袋式除尘器

1—净气室；2—出风烟道；3—进风烟道；4—进口风门；5—花板；6—滤袋；7—检修平台；8—灰斗；9—吹扫装置；10—清灰臂；11—检修门

回转脉冲喷吹装置由气包、脉冲阀、垂直导风管和喷吹管组成，每个袋束配置一套喷吹装置（见图 4-13）。按照袋束的大小，喷吹管可设 2～4 根不等，其最大回转直径可达 7m。喷吹管上有一定数量的喷嘴，对应按同心圆布置的滤袋。每个袋束由一个脉冲阀供气。视袋束大小，脉冲阀口径可为 150～350mm，喷吹压力为 0.08MPa。清灰时，旋转机构带动喷吹管连续转动，脉冲阀则按照设定的间隔进行喷吹，在一个周期内使全部滤袋都得到清灰。喷吹气源由罗茨风机提供，供气系统不需设除水等装置。

该类除尘器上箱体高度为 3～4m（见图 4-14），高于许多其他类型的除尘器。虽然增加了结构质量，但检查和更换滤袋可在净气室内完成。整个净气室仅需一个检修门，有利于降低除尘器漏风率。同时，上箱体内净气流速较低，有利于滤袋束的气流分布和降低设备阻

图 4-13 同心圆布置的滤袋及喷吹管

力。上箱体侧壁设计了配备照明的密封观察窗，便于在运行过程中观察除尘器的工作状况。

除尘器清灰有定压差和定时两种控制方式，旋转机构的转速可以调整，脉冲阀的喷吹时间也可以进行调整。

回转喷吹脉冲袋式除尘器的特点：

(1) 脉冲阀数量少，维护工作量小。

(2) 脉冲阀口径大，喷吹气量大，喷吹压力低，通常小于或等于 0.09MPa。

(3) 不需要压缩空气，采用罗茨风机即可。

(4) 袋长可达 8m，扁圆形截面，节省占地。

(5) 存在旋转机构部件，有一定的维护工作量。

(6) 清灰强度中等，适用于粉尘粒径较粗、黏性小的场合，如燃煤电厂。

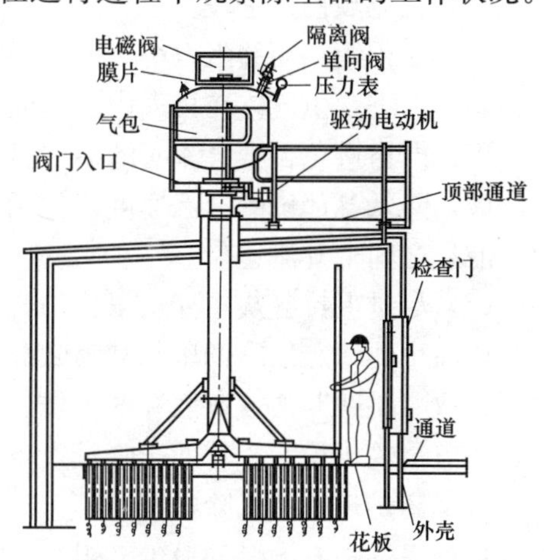

图 4-14 上箱体及喷吹装置结构

七、直通均流式脉冲袋式除尘器

直通均流式脉冲袋式除尘器是对传统袋式除尘器结构改进而研制的新型袋式除尘器。其结构如图 4-15 所示，由上箱体、喷吹装置、中箱体、灰斗和支架、自控系统组成。

上箱体包括花板、净化烟气出口和阀门等，带有喷吹管的喷吹装置安装在上箱体内。中箱体包括烟气进口喇叭、气流分布装置等，滤袋和滤袋框架吊挂在中箱体内。灰斗设有料位计、振动器等。与常规的袋式除尘器不同，直通均流式脉冲袋式除尘器不设含尘烟气总管和支管，气体的输送是通过进口喇叭内的气流分布装置，将含尘气流从正面、侧面和下面输送到不同位置的滤袋，既避免含尘气流对滤袋的冲刷，也减缓含尘气流自下而上的流动，从而减少粉尘的再次附着。

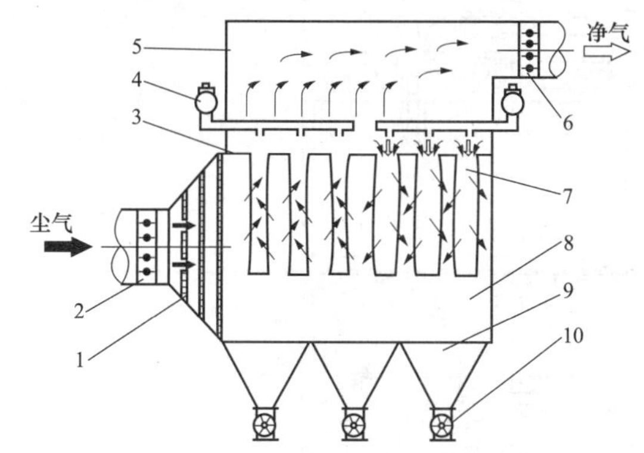

图 4-15 直通均流脉冲袋式除尘器结构
1—气流分布装置；2—进口烟道阀；3—花板；4—喷吹装置；5—上箱体；6—出口烟道阀；7—滤袋及框架；8—中箱体；9—灰斗；10—卸灰装置

该除尘器从侧面进风，过滤后的烟气汇集到进气室，从前向后水平流动，侧面出风，构成“直进直出”的流动模式，显著地降低了除尘器的结构阻力，相当于电除尘器的阻力（小于或等于 300Pa）；在脉冲喷吹清灰条件下，滤袋的阻力不会超过 900Pa，因而设备阻力很容易控制在 1200Pa 以下。

由于结构上的变化，避免了传统袋式除尘器局部阻力大的缺点，同时省去了弯头、入口阀门、出口提升阀等部件，结构更为简化，降低成本。

上箱体可以做成小屋结构，空间高度为 4～4.5m，滤袋安装和检修均可在小屋内进行，滤袋框架制作成两节。由于小屋整体密封，所以漏风率小。上箱体设有人孔门和通风窗，便于检查和维护。

气流分布尤为重要，应遵循以下技术要点：

（1）设置导流板和流动通道，组织气流向滤袋均匀输送和分配。

（2）气流顺畅、平缓。

（3）流程短，局部阻力小。

（4）促进含尘气体在袋束内自上而下地流动，利于粉尘沉降。

（5）严格避免含尘气流对滤袋的直接冲刷。

（6）降低各部位的气流速度，包括通道内和滤袋区下部空间的流速、滤袋之间的水平流速、滤袋之间上升流速。

（7）尽量保持各灰斗存灰量均匀，避免灰斗空间产生涡流，消除粉尘二次飞扬。

该除尘器清灰依靠低压脉冲喷吹装置，采用固定式喷吹管在线清灰。在清灰程序的设计中，采取“跳跃”加“离散”的编排，从而避免清灰时相邻两滤袋互相干扰，并使除尘器各区域的流量趋于均匀，有助于降低设备阻力。

八、高炉煤气袋式除尘器

高炉煤气含有大量的粉尘，煤气压力为 0.2MPa，高效除尘是高炉煤气的回收和能源利用的前提。

高炉煤气袋式除尘器是以长袋低压脉冲除尘技术为基础而拓展的特殊设备，属于压力容器，其结构设计成圆筒形，具有耐压和防爆功能。该类除尘器属于正压运行，因此对设备的严密性要求很高，见图 4-16。

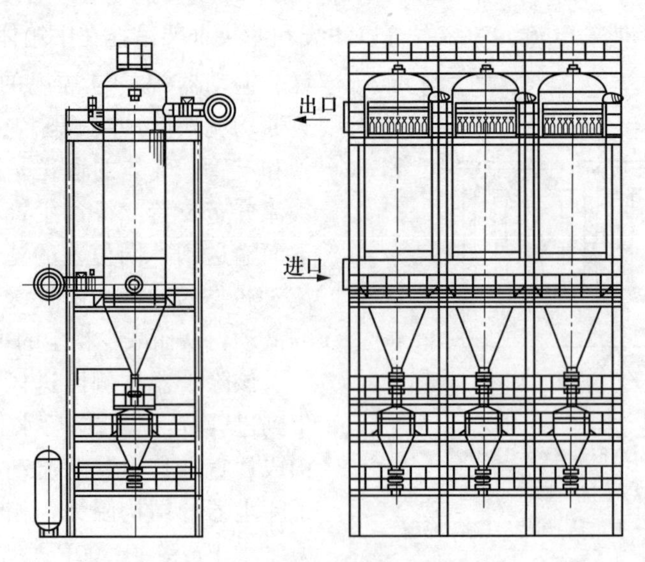

图 4-16　高炉煤气袋式除尘器

由荒煤气主管来的荒煤气（260℃）经支管进入袋式除尘器的下部箱体，进行机械分离之后，煤气向上经过滤，微细粉尘附着在滤袋表面，净煤气通过滤袋汇集到上箱体，经净煤气支管排出。清灰时一个筒体出口支管气动碟阀和上球阀自动关闭，脉冲阀开启，滤袋外表面的粉尘落入下部锥形灰斗，直到最后一个脉冲阀喷吹结束，除尘器继续保持静止状态，使筒体内较细的粉尘有一个静止沉降的过程。该过程结束，出口支管气动蝶阀和上球阀开启，除尘器进入正常过滤状态。

清灰方式为低压脉冲，清灰压力比煤气工作压力高0.15～0.2MPa，清灰气源通常为氮气；筒体的上部设有防爆阀，整体设备应静电接地；除尘器箱体内应消除平台和死角，防止积灰；滤料选用消静电的过滤材料，如P84与超细玻纤复合针刺毡等，袋长一般为6～8m，滤袋框架可制作为2～3节；煤气净化的效率要求很高，通常要求小于10mg/m^3，特殊时小于5mg/m^3；过滤风速取值较低，可在0.6m/min左右。

随着高炉的大型化，煤气脉冲袋式除尘器的筒体直径也将增大，最大可达6m，由于单个筒体处理煤气量有限，工程中通常将多个筒体并联使用，有单排和双排两种布置形式。每个筒体的进口和出口均设有蝶阀和眼镜阀，任何一个筒体均可离线检修，并可离线清灰。设备布置见图4-17。

图4-17 多筒体除尘器布置图

由于煤气带有压力，卸灰时不能直接与大气连通，多采用中间仓隔离的卸灰方式，防止煤气泄漏；也可采用发送罐气力输灰的方式。

高炉煤气袋式除尘器具有以下特点：

（1）净化效率高，净煤气含尘浓度为5～10mg/m^3。

（2）运行稳定，长期可靠。

（3）多筒体并联可实现离线检修，不影响生产。

（4）干法净化，不产生废水和污泥。

第三节 反吹风类袋式除尘器

一、分室反吹风袋式除尘器

分室反吹风袋式除尘器的滤袋室通常划分为若干仓室，各仓室都由过滤室、灰斗、进气管、排气管、反吹风管、切换阀门组成，如图4-18所示。

该类除尘器的滤袋长度可达10～12m，直径小于或等于300mm。采用内滤式，滤袋下端开口并固定在位于灰斗上方的花板上，封闭的上端则悬吊于箱体顶部。安装时需对滤袋施加一定的张力，使其张紧，以免滤袋破损和清灰不良。为防止滤袋在清灰时过分收缩，通常沿滤袋长度方向每隔1m设一个防缩环。

含尘气体从灰斗进入，经挡板改变流动方向，并分离出部分粗粒粉尘后，由花板进入滤袋。干净气体穿出滤袋向上流动，粉尘被阻留在滤袋的内表面。

分室反吹形式和机构决定了分室反吹除尘器的类型，从而派生出多种分室反吹袋式除尘

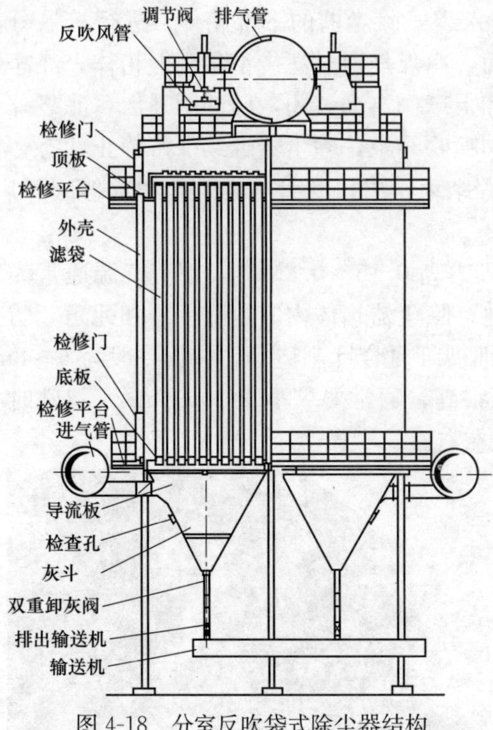

图 4-18　分室反吹袋式除尘器结构

器形式。

分室反吹风袋式除尘器有负压和正压两种类型。无论哪种形式，均是各仓室轮流清灰。每个仓室都设有烟气阀门和反吹阀门，负压式的阀门位于仓室出口，而正压式则位于仓室进口。某仓室清灰时，该室的烟气阀关闭，而反吹阀开启，反吹气体便由外向内通过滤袋，使滤袋缩瘪，积附于滤袋内表面的粉尘受挤压而剥落。当一个仓室清灰时，其他仓室仍进行正常过滤。

1. 正压分室反吹袋式除尘器

正压分室反吹袋式除尘器在风机的出口工作，含尘气体先经过风机再进入除尘器，该除尘器（见图 4-19）不设净气管道，净化后的气体经袋室上部百叶窗排入大气。该除尘器每个仓室的进风阀和反吹阀设在仓室的入口，当某袋室清灰时，其进风阀关闭，而与引风机负压段相通的反吹阀门则开启，该室灰斗便处于负压状态；又由于箱体设有隔板，顶部空气得以进入该室，并使其滤袋缩瘪而清灰。脱离滤袋的粉尘多数落入灰斗，部分粉尘随清灰气流经过反吹阀门到达引风机的负压段，与含尘气流混合并进入其他仓室净化后排放。也有仓室间不设隔板的，利用系统内的烟气循环反吹，没有冷风进入，可避免结露。

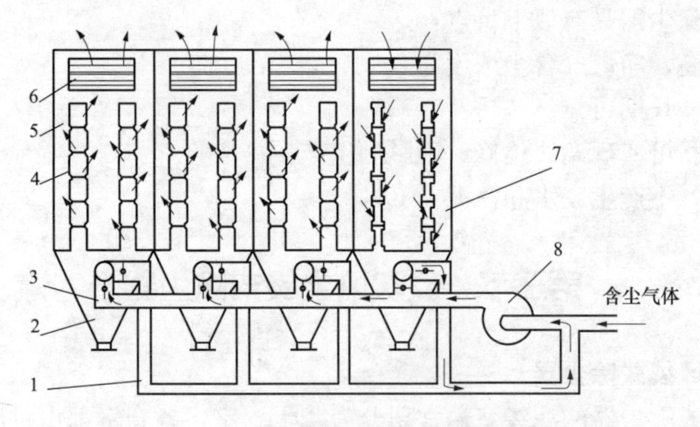

图 4-19　正压循环烟气反吹清灰方式

1—反吹风管；2—灰斗；3—含尘气体管道；4—滤袋；5—过滤状态的袋室；6—百叶窗；7—清灰状态的袋室；8—主风机

正压分室反吹袋式除尘器每个仓室进口处的进气阀和反吹阀可以设计成一体，即三通切换阀，见图 4-20。该机构是一个圆筒形的阀体，内设含尘气流通道、反吹风通道和可移动的盘式阀板，并设两个阀座，由气缸带动盘式阀板上下移动。当阀板关闭上阀座时，含尘气流进入除尘器仓室，除尘器处于过滤状态，如图 4-20（a）所示；当阀板关闭下阀座时，含尘气流被隔断，反吹气流从除尘器仓室经反吹气流通道流出，如图 4-20（b）所示。

该设备的缺点在于，含尘气体经过风机，不能用于含尘浓度高、粉尘颗粒粗而硬度大的场合，也不适用于黏性粉尘，否则风机易受磨损，或者风机叶轮因粉尘黏附而失衡。正压反吹袋式除尘器应用较少。

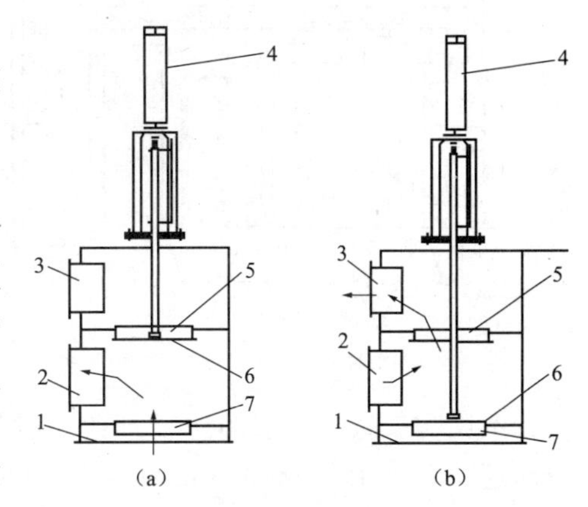

图 4-20 用于正压反吹的三通切换阀结构和原理

(a) 关闭上阀座；(b) 关闭下阀座
1—含尘气流通道（来自尘气总管）；
2—含尘气流通道（通向仓室）；
3—反吹气流通道；4—气缸；
5—上阀座；6—阀盘；7—下阀座

2. 负压式分室反吹袋式除尘器

负压式分室反吹袋式除尘器结构与正压式分室反吹袋式除尘器结构大致相同，区别在于负压式反吹除尘器布置在风机的入口段，工作压力为负压，除尘器各仓室之间完全分隔，出气阀和反吹阀设置在除尘器的出口，见图 4-21。

含尘气体从各室的进风管道进入灰斗，分离粗粒粉尘后，经滤袋下端的袋口进入袋内，通过滤袋净化后粉尘被阻留于滤袋内表面。当某一袋室清灰时，设于仓室出口的阀门关闭，含尘气流不进入箱体，同时反吹阀开启，使该仓室与大气相通，外部空气经反吹风管流入该室，并由滤袋外侧穿过滤袋进入袋内，此时滤袋由膨胀转为缩瘪而得以清灰。清落的粉尘大部分落入灰斗，其余粉尘随清灰气流，经进气管道流入其他仓室过滤。负压分室反吹除尘器的出口处设出气阀和反吹阀，两者可以设计为一体，也就是三通切换阀，见图 4-22。该阀有三个通道，即仓室通道、净气通道和反吹通道。仓室通道与除尘器的箱体相连，反吹通道与反吹管道相连，净气通道与引风机的入口管道相连。除尘器工作时净气通道开启，反吹通道关闭，如图 4-22（a）所示；清灰时，反吹通道开启，净气通道关闭，反吹气体在除尘器负压作用下进入除尘器的箱体，如图 4-22（b）所示，完成清灰过程。

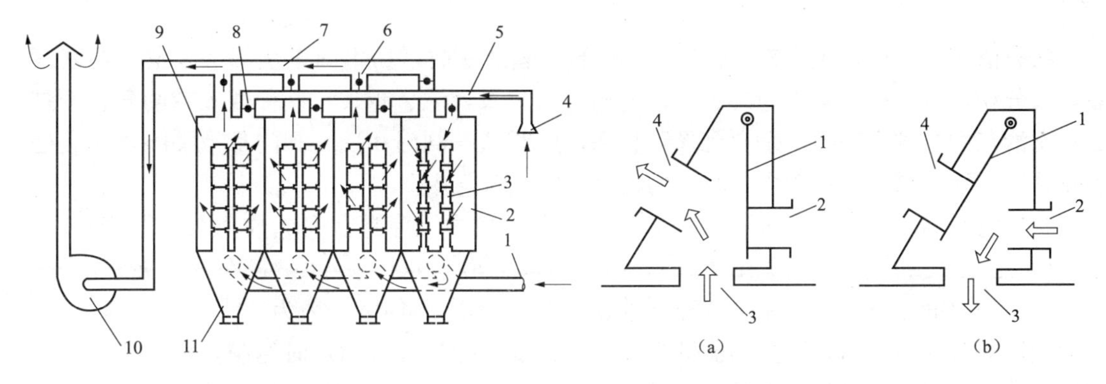

图 4-21 负压大气反吹清灰方式

1—含尘气体管道；2—清灰状态的袋室；3—滤袋；
4—反吹风吸入口；5—反吹风管；6—净气出口阀；
7—净气排气管；8—反吹阀；9—过滤状态的袋室；
10—引风机；11—灰斗

图 4-22 三通切换结构示意

(a) 反吹通道关闭；(b) 反吹通道开启
1—阀板；2—反吹通道；
3—仓室通道；4—净气通道

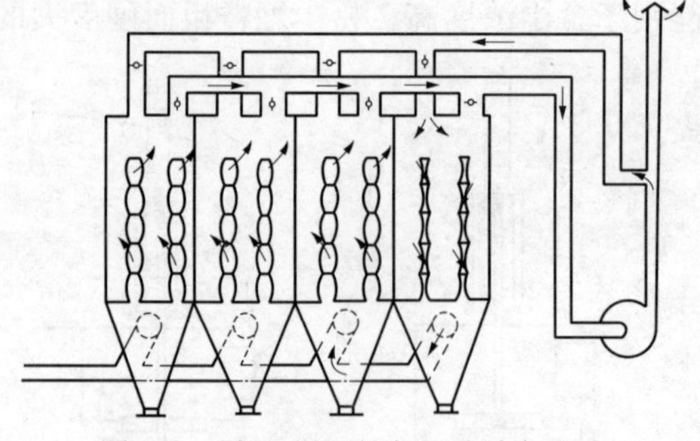

图 4-23　负压循环烟气反吹清灰方式

负压反吹风袋式除尘器应用较为普遍，但在室外空气温度低、烟气含湿量较高的场合不宜采用大气反吹，否则容易导致除尘器内结露。

为避免大气反吹造成的结露问题，反吹风源可以利用净化后的烟气循环，即将引风机出口管道中净化后的烟气引入袋室进行反吹清灰。由于循环烟气温度较高，可有效防止烟气结露，同时减少气体排放，见图 4-23。当引风机的压头不足时，可在循环管路上增设反吹风机。

分室反吹袋式除尘器的滤袋直径一般为 0.18～0.3m，袋长为 10m，长径比为 25～40，袋口风速一般控制在 1～1.5m/s。为避免袋口磨损，应选择较低的过滤风速。

3. 反吹清灰制度

反吹清灰制度有“二状态”（过滤-清灰）或“三状态”（过滤-清灰-沉降）之分。

二状态清灰是使滤袋交替地缩瘪和鼓胀的过程（见图 4-24），通常进行两个缩瘪和鼓胀过程。缩瘪时间和鼓胀时间各为 10～20s。

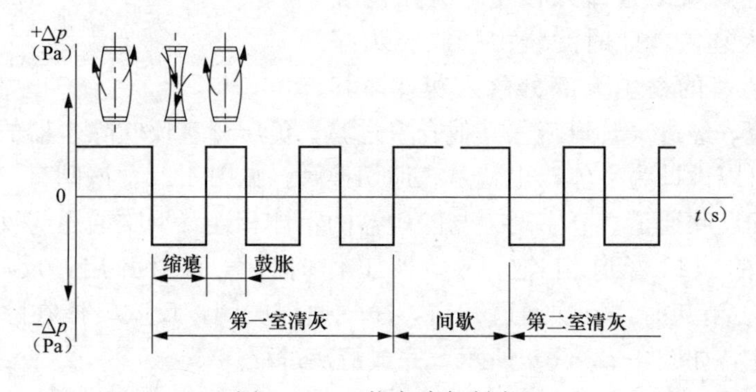

图 4-24　二状态清灰制度

三状态清灰的提出，主要考虑长 5～10m 的滤袋清灰时，粉尘尚未全部落入灰斗便恢复过滤，部分粉尘再次被吸附于滤袋表面，削弱清灰效果，滤袋越长，这种现象越明显。于是在二状态清灰的基础上增加一个“沉降”状态，此时烟气阀门和反吹阀门都被关闭，滤袋处于静止状态，使清离滤袋的粉尘有较多的机会沉降到灰斗内。

三状态清灰制度又有集中沉降和分散沉降两种。集中沉降是在完成数个二状态清灰后，集中一段时间，使粉尘沉降（见图 4-25），持续时间一般为 60～90s。分散沉降是在每次胀、缩后，安排一段静止时间，使粉尘沉降（见图 4-26），其持续时间一般为 30～60s。

除尘器的反吹清灰由程序控制器进行控制。传统的控制方式为定时控制，现在已出现分室定压差控制方式，即每一室装设一个微差变送器。控制器巡回检测各袋室的压差，当某个袋室的压差达到限定值时，控制器便发出信号，使该室的阀门切换而开始清灰，直到清灰结束，恢复过滤状态。

4. 分室反吹袋式除尘器的主要特点

（1）滤袋过滤和清灰时不受强烈的摩擦和皱折，不易破损。

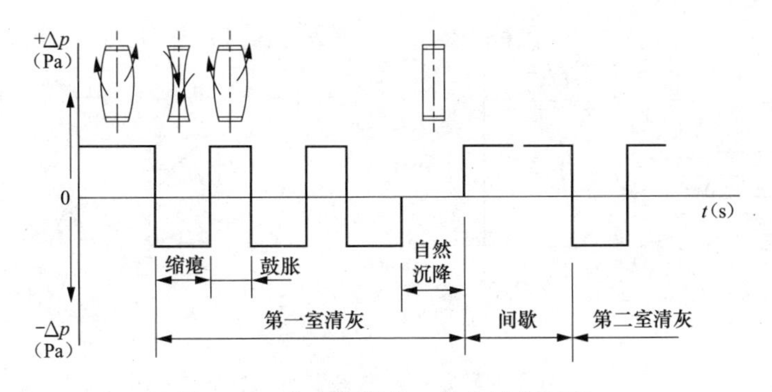

图 4-25 集中沉降的三状态清灰制度

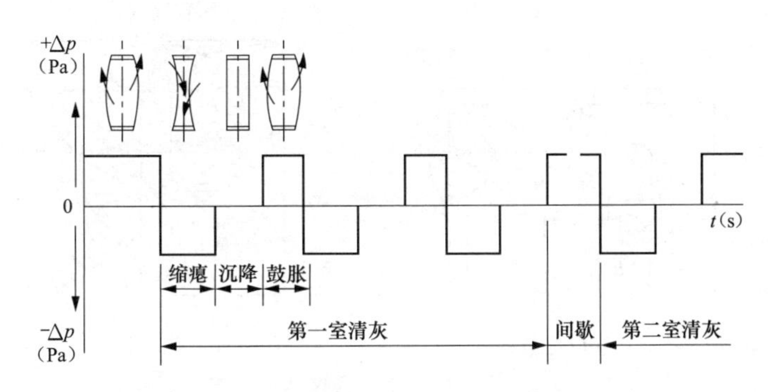

图 4-26 分散沉降的三状态清灰制度

(2) 分室结构可以实现不停机下，某个仓室离线检修。

(3) 过滤风速低，设备庞大，造价高。

(4) 清灰强度弱，过滤阻力高。

(5) 滤袋更换需在箱体内部进行，粉尘大，操作麻烦。

二、分室回转反吹袋式除尘器

分室回转反吹袋式除尘器是针对分室反吹类袋式除尘器切换阀门多、故障率高、运行不可靠而开发的。它用一阀代替多阀，实现分室切换定位反吹清灰。回转切换阀具有结构简单、布置紧凑、控制方便、运行可靠等优点。

该类除尘器的核心机构是回转切换阀，内部分隔成若干个小室，分别连接到袋式除尘器的各个仓室。除尘器正常工作时，回转反吹管不与任何一个小室相接，各仓室过滤后的干净气流经回转切换阀汇集并流向净气总管［见图 4-27（a)］；清灰时，回转反吹管转动到与某一小室出口相接的位置，并在此停留一定时间，与该小室连接的仓室被阻断，反吹气流从回转反吹管流向该仓室而实现清灰［见图 4-27（b)］；该仓室清灰结束后，回转反吹管转动到下一小室的出口位置，使下一仓室清灰。该过程持续到全部仓室都实现清灰为止。

分室回转切换定位反吹风袋式除尘器还有另外一种型式，该装置采用多单元组合结构，一台除尘器可以有若干个独立的仓室，各仓室的入口和出口设有烟气阀门，入口还设有导流装置。每个仓室有一定数量的过滤单元，每个单元分隔成若干个滤袋室，滤袋室的顶部有净气出口，如图 4-28 所示。

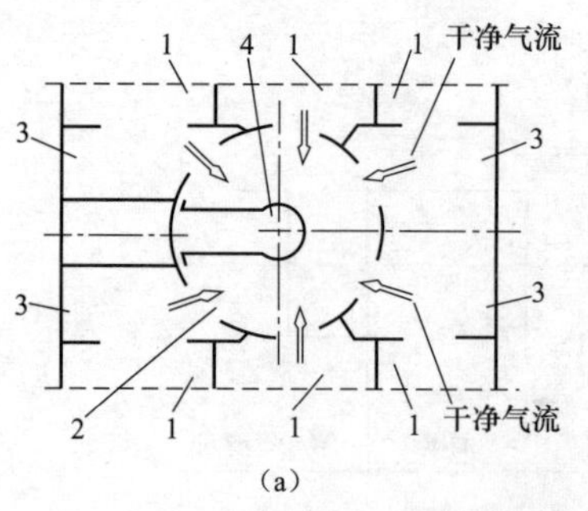

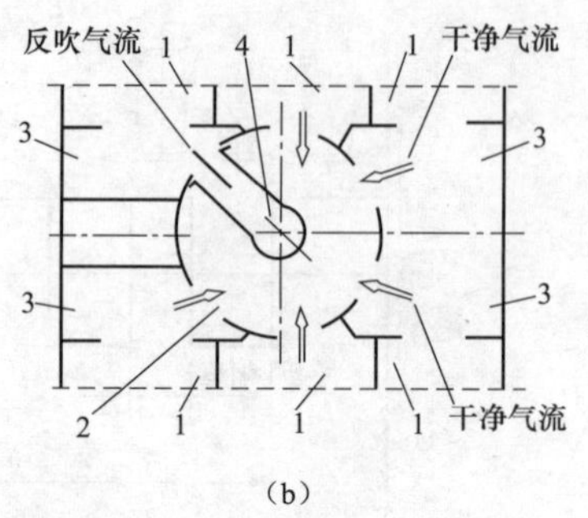

图 4-27　分室回转定位反吹装置（回转阀切换型）

(a) 除尘器正常工作；(b) 清灰时

1—仓室；2—回转切换阀；3—净化通道；4—回转反吹管

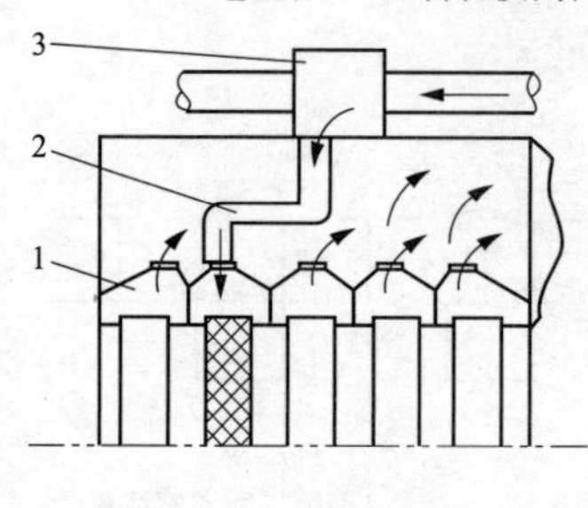

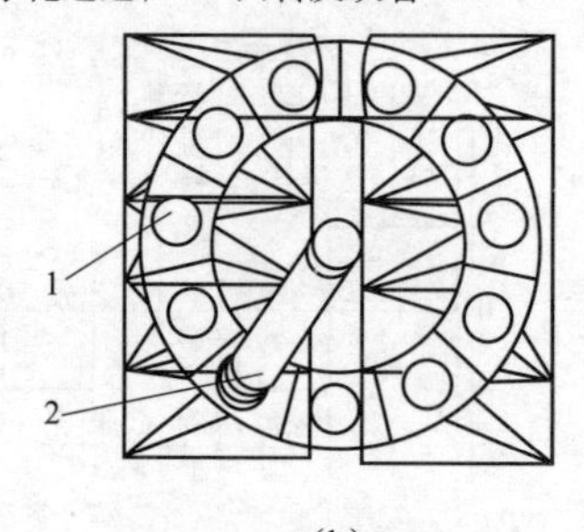

图 4-28　分室回转定位反吹装置（回转臂切换型）

(a) 立面图；(b) 平面图

1—袋式净气出口；2—回转反吹管；3—回转机构

图 4-29　旁插扁袋除尘器构造

1—观察门；2—进气口；3—上箱体；4—框架；5—滤袋；6—滤袋室；7—下箱体；8—卸灰阀；9—净气室；10—检修门；11—梯子平台；12—反吹、排气接管；13—切换阀；14—排气孔

滤袋为矩形断面、外滤式。清灰依靠分室定位反吹机构来实现，每一个过滤单元设有一套反吹机构，10 个滤袋室的净气出口布置在一个圆周上，反吹风管制作成弯管型，带有反吹风口。清灰时，控制系统发出指令，反吹风管旋转，并使反吹风口对准 1 个滤袋的出口，持续时间为 13～15s，该袋室便在停止过滤的状态下实现清灰。各袋室的清灰逐个依次进行。反吹风动力是除尘系统主风机出口的压力，必要时增设反吹风机。

该类型除尘器属于弱清灰，主要用于燃煤锅炉烟气除尘，滤袋寿命较长。早期因清灰装置机械故障率高，维修频繁，现做了一些技术上的改进，可靠性显著提高。

三、旁插扁袋除尘器

旁插扁袋除尘器由若干个独立的仓室组成，滤袋呈扁平状，从箱体的侧面插入安装，滤袋内装有框架，属于外滤式。传统的阀门切换型旁插扁袋除尘器主要由滤袋室、净气室、灰斗、切换阀等组成，如图 4-29 和图 4-30 所示。

含尘气体由箱体上部进入，经滤袋过滤后流入侧部净气室，再通过反吹风控制阀进入下部排气总管。旁插扁袋除尘器清灰逐室进行，清灰时关闭某一个室的净气出口阀，同时打开反吹阀，借助箱体的负压导入空气，使滤袋鼓胀，附着在滤袋外表面的粉尘抖落，反吹气流进入其他滤袋箱室进行过滤，如此反复 2～3 次，完成清灰过程。

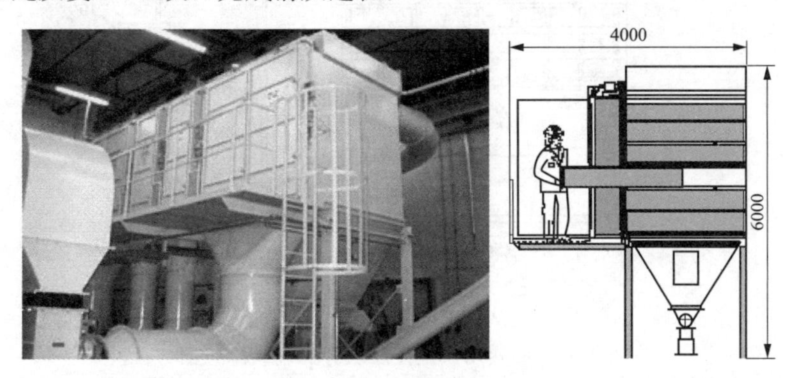

图 4-30 旁插扁袋除尘器应用

在净气室设有密封门，供滤袋拆装之用。扁袋的滤袋尺寸一般为 1450mm×1450mm×26mm，过滤面积为 3.86m²，袋内用扁平框架支撑，安装时滤袋连同框架横向插入位于侧面的花板，再用扁杆压紧，换袋操作在除尘器外部进行。

切换阀可由气缸或链条机构控制。通常将整个除尘器分隔为若干个仓室，逐室轮流清灰，清灰风量为每室过滤风量的 0.5～1.0 倍。

阀门切换型旁插扁袋除尘器具有以下特点：

（1）滤袋及框架从侧面装入和取出，可用于空间高度受限或室内场合。

（2）采用扁袋，在相同箱体容积内，比圆形滤袋可布置更多的过滤面积，占地面积小。

（3）由于采用相同的过滤单元结构，可以根据处理风量的不同，组成单层、双层和多层不同规格的组合形式，便于设计选型及运输安装。

（4）采用上进风、下排风方式，含尘气体自上而下流动，有利于粉尘沉降。

（5）更换滤袋可在滤袋室外的侧面进行，改善了劳动条件，减少了换袋工人接触粉尘的危害。

（6）滤袋之间距离较小，清灰时滤袋膨胀导致与邻近滤袋表面相贴，阻碍了粉尘的剥离和沉降，从而削弱清灰效果，并容易出现粉尘堵塞现象。

（7）切换装置阀板启闭不到位，阀门密封性差，容易漏气，反吹清灰效果差，运行阻力高；链条机构容易卡塞，故障率高。

（8）检查门过多，漏风率高。

在工程应用中，因清灰不力和粉尘堵塞等缺陷，阀门切换型旁插扁袋除尘器整体失效的实例较多。针对这些缺点，技术人员对清灰的型式和装置进行了改进，研制了回转切换定位反吹旁插扁袋除尘器，见图 4-31。

回转切换反吹旁插扁袋除尘器采用的是回转切换定位反吹脉动清灰装置，它包括电动回转切换阀和放射型气流分布箱，形成不同的清灰机构，实现多种清灰制度；采用排气侧循环气体实现两个状态定位反吹；在回转切换阀的反吹风入口管路上设置三通脉动阀，实现了三状态定位脉动反吹。采用特殊加工的密封材料，解决了仓室和净气室之间的漏风问题，该材料具有软密封、耐老化、耐高温和自锁功能。在相邻滤袋之间增设了隔离弹簧，可以防止清灰时滤袋间的贴附，保障了清灰效果。

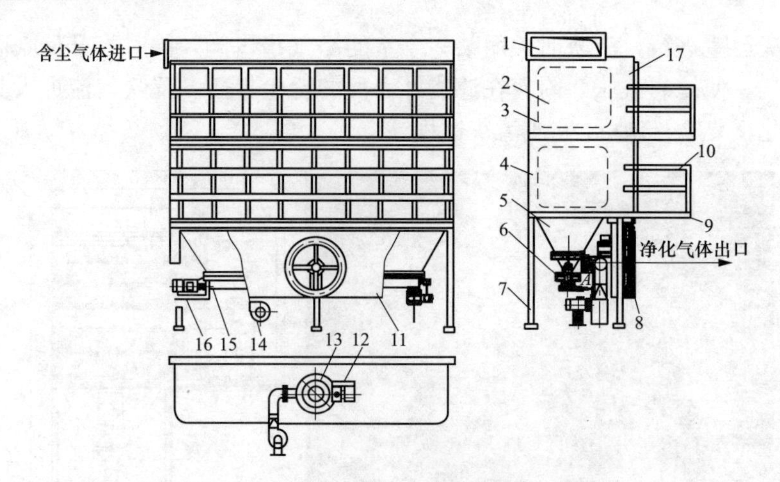

图 4-31　回转切换定位反吹旁插扁袋除尘器

1—进气口；2—滤袋；3—上箱体；4—中箱体；5—灰斗；6—卸灰阀；7—支架；8—排气口；9—平台；10—扶手；11—切换阀总成；12—减速器；13—回转切换阀；14—反吹风机；15—螺旋输送机；16—减速器；17—净气室

四、菱形扁袋除尘器

菱形扁袋除尘器采用外滤形式。滤袋为菱形，沿扁长形滤袋的垂直方向缝成多个通道，并以叉形框架撑开，其断面形成一个个相连的菱形。每条滤袋的过滤面积达 11m^2，比其他形状的滤袋面积大得多，可充分利用箱体空间。滤袋借助密封条、压板固定在花板上。

滤袋清灰采用风机反吹方式。清灰装置由脉动反吹阀、电磁三通阀、反吹风机和反吹箱体组成。清灰时，反吹气流从袋口向下进入滤袋，并通过脉动反吹阀的作用使滤袋产生振动。当除尘器在高温条件下运行时，通常将反吹风机进口与主风机出口管道相连接，以实现热风反吹，防止结露。

滤袋清灰逐室进行，因而除尘器设计成分室结构。

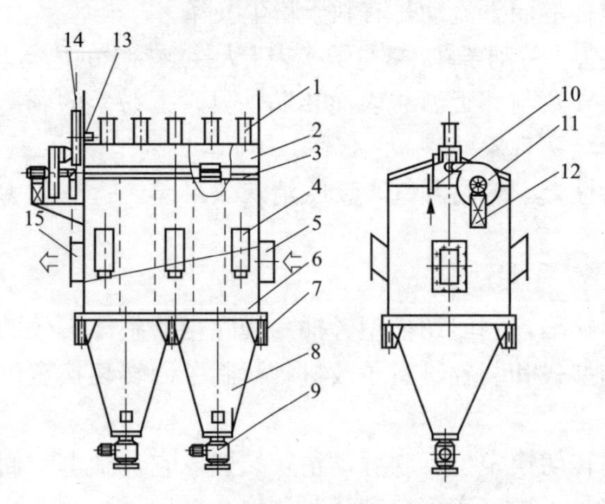

图 4-32　菱形扁袋除尘器

1—停风阀；2—反吹风箱体；3—上箱体；4—防爆阀；5—进风口；6—中箱体；7—支架；8—灰斗；9—卸灰阀；10—压气管路；11—反吹风机；12—风机平台；13—脉动阀电动机；14—脉动阀；15—排风口

该产品有 LBL 和 LPL 两种型式。其中，前者为防爆型，设有泄爆阀，采用消静电滤料，箱体内设吹扫管，并采取静电接地等措施。

菱形扁袋除尘器的主要特点如下：

（1）滤袋断面为菱形，占地面积小，设备紧凑。

（2）每条滤袋的过滤面积很大，滤袋数量较少。

（3）采用脉动反吹清灰，以反吹风机驱动。

（4）清灰能力弱。主要用于铝电解烟气净化，氧化铝流动性好，可弥补其清灰能力不足的缺陷。LBL 型除尘器的外形如图 4-32 所示。

第四节 喷嘴反吹类袋式除尘器

喷嘴反吹类袋式除尘器的典型代表是机械回转反吹袋式除尘器，其结构如图 4-33 所示。该种除尘器由圆筒形箱体和圆锥灰斗两大部分组成，圆筒形箱体又被花板分成两部分，上部为净气室，其中设有清灰装置，下部为装有滤袋的过滤室。

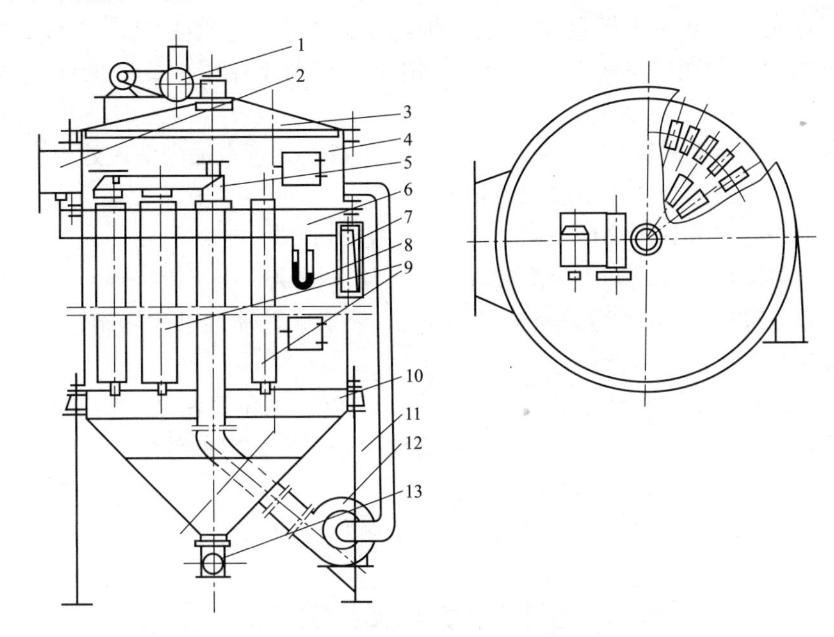

图 4-33 机械回转反吹扁袋除尘器结构

1—减速机构；2—出风口；3—上盖；4—上箱体；5—反吹回转臂；6—中箱体；7—进风口；8—压差计；9—滤袋；10—灰斗；11—支架；12—反吹风机；13—排灰装置

在圆形花板上沿着同心圆周布置若干排滤袋，滤袋断面为梯形，滤袋边长 320mm，上下底边分别为 40mm 和 80mm，滤袋长度为 3～5m，滤袋内以同样断面的框架做支撑，后来滤袋也有圆形和椭圆形。

含尘气体沿切线方向进入滤室，在离心力的作用下，部分粗粒粉尘被分离，其余粉尘被阻留在滤袋的外表面。净气在滤袋内向上经袋口到达净气室，然后排出。

滤袋以袋口嵌入花板袋孔的方式固定，用密封压圈压紧或直接以框架压紧。换袋时将滤袋上口的密封压圈卸掉，向上抽出框架和滤袋。

换袋操作在花板上进行。目前有三种操作方式：一种是靠专用机械将上盖揭起并移开；另一种是顶盖可以做 360°旋转，使顶盖上的人孔可以对准任何需拆换的滤袋；第三种是将框架做成分段结构，并增加净气室的高度，直接在净气室内换袋操作。

机械回转反吹袋式除尘器的清灰过程为：除尘器清灰时，清灰气流通过中心管送至反吹回转臂，回转臂设有与滤袋圈数相同的反吹风嘴，回转臂围绕中心管回转运动，同时将反吹气流连续依次送入各条滤袋，从而清除滤袋表面的粉尘。

大多数回转反吹袋式除尘器采用循环气反吹，即风机吸入口与净气室相通，反吹系统自成回路，消除了漏气现象和结露的危险。

反吹机构的设计出现了多种改进：①反吹风机设在顶盖上，由顶盖转动使反吹臂向各排滤袋送入反吹气流。②取消除尘器中心的反吹风管，在反吹风管上加脉动阀，形成脉动反吹，增加清灰效果。③反吹风嘴设有橡胶条，减少反吹风量的漏损，改善清灰效果。

回转反吹清灰多采用定压差控制方式。在除尘器上设一差压传感器，当阻力达到设定值时，控制器发出信号，反吹风机和回转臂同时启动，进行清灰。

回转反吹的一项改进技术称为步进定位反吹。清灰时，回转臂定位于某一组滤袋上方并持续一段时间，完成反吹后再转到下一组滤袋，以此类推。它借助槽轮而拨动定位机构，定位时间根据外圈滤袋数量确定为3～5s。定位反吹有助于克服内、外圈滤袋清灰不均的缺点。

此外，有的反吹装置采用脉动阀使反吹气流产生扰动，意在加强清灰效果。

机械回转反吹袋式除尘器主要有以下特点：

(1) 采用扁袋可充分利用筒体断面，占地面积较小。

(2) 自身配备反吹风机，不需另配清灰动力，便于使用。

(3) 每一时刻只有1～2条滤袋处于清灰状态，不影响总体的过滤功能。

(4) 筒体为圆筒形，抗爆性能好。

(5) 由于不同直径的同心圆上滤袋数量不等，所以不同位置滤袋的清灰机会相差较多，靠近外围的滤袋往往清灰效果欠佳。一种缓解办法是增加回转臂的数量。

(6) 受回转半径的限制，单体的处理风量比较小。

(7) 清灰能力较弱，一般适合于原料除尘和大颗粒除尘。

第五节　机械振动清灰类袋式除尘器

机械振动清灰类袋式除尘器是指采用机械振打装置，周期性地振打或振动滤袋，进行清灰的袋式除尘器。按照清灰方式可分为7类：低频振动、中频振动、高频振动、分室振动、手动振动、电磁振动和气动振动。

低频振打是指以凸轮机构传动的振打清灰方式，振打频率不超过60次/min；中频振打是指以偏心机械传动的摇动式清灰方式，摇动频率一般为100次/min；高频振打是用电动振动器传动的微振幅清灰方式，频率一般在700次/min以上。

一、凸轮机械振打装置

依靠机械力振打滤袋，将黏附在滤袋上的粉尘层抖落下来，使滤袋恢复过滤能力。该方式对小型滤袋效果较好，对大型滤袋效果较差。其参数一般为：振打时间1～2min；振打冲程30～50mm；振打频率20～30次/min。

凸轮机械振打装置如图4-34所示。

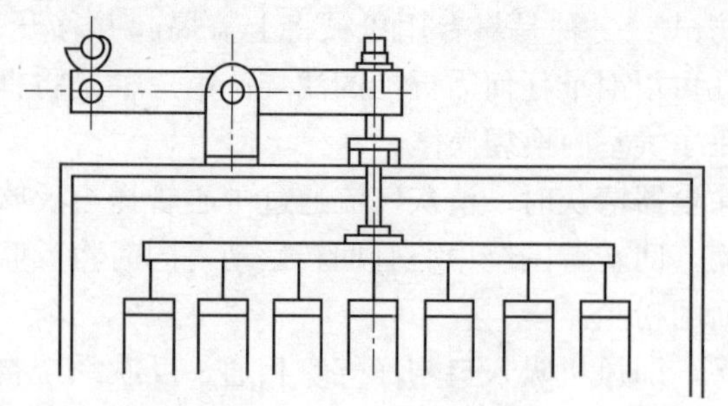

图4-34　凸轮机械振打装置

二、压缩空气振打装置

以空气为动力，采用活塞上、下运动来振打滤袋，以抖落粉尘。其冲程较小而频率很高，振打结构如图4-35所示。

三、电动机偏心轮振打装置

以电动机偏心轮作为振动器，振动滤袋

框架，以抖落滤袋上的粉尘。由于无冲程，所以常与反吹风联合使用，适用于小型滤袋，其结构如图 4-36 所示。

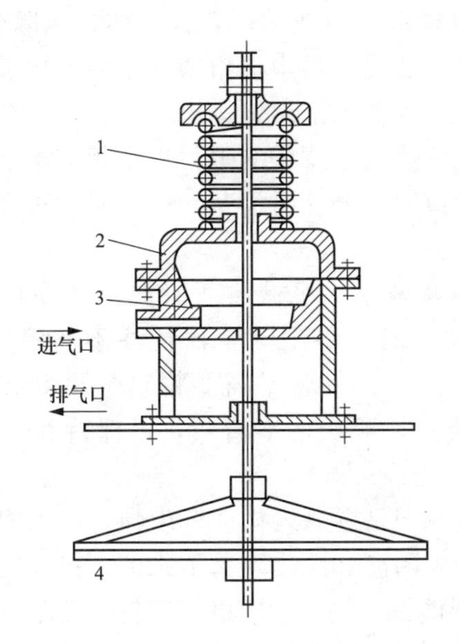

图 4-35 压缩空气振打装置

1—弹簧；2—气缸；3—活塞；4—滤袋吊架

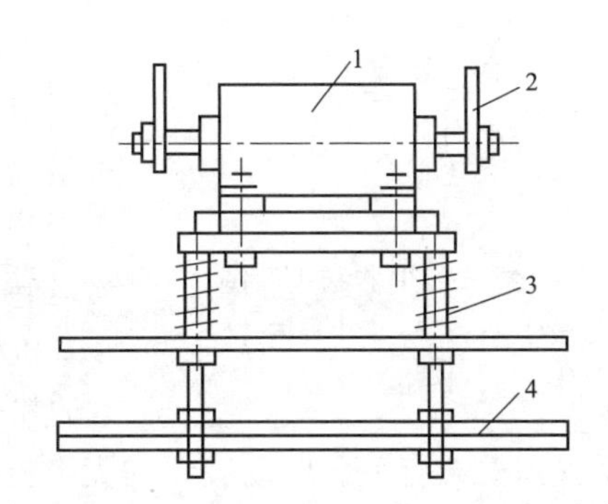

图 4-36 电动机偏心轮振打装置

1—电动机；2—偏心轮；3—弹簧；4—滤袋吊架

四、横向振打装置

依靠电动机、曲柄和连杆推动滤袋框架横向振动。该方式可以在安装滤袋时适当拉紧，不致因滤袋松弛而使滤袋下部受积尘冲刷磨损，其结构如图 4-37 所示。

五、振动器振打装置

振动器振打清灰是常用的振打方式（见图 4-38）。这种方式装置简单，传动效率高。根据滤袋的大小和数量，只要调整振动器的激振力大小就可以满足机械振动清灰的要求。

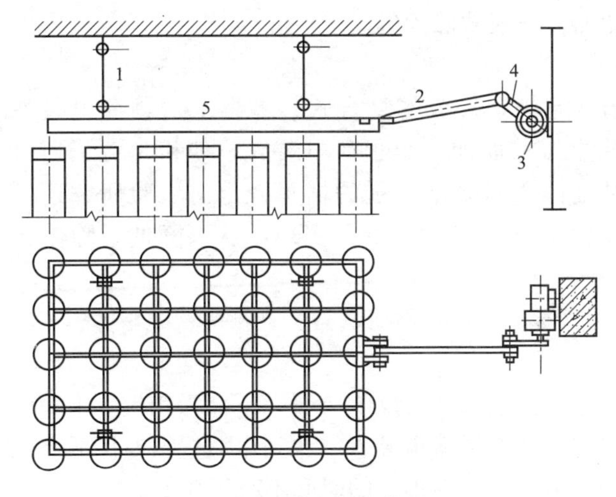

图 4-37 横向振打装置

1—吊杆；2—连杆；3—电动机；4—曲柄；5—框架

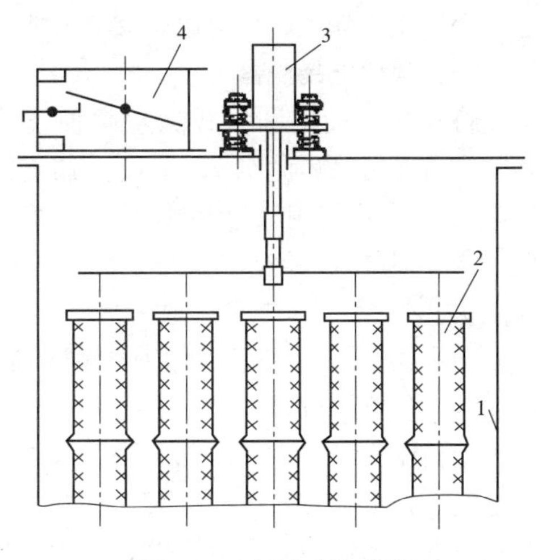

图 4-38 振动式除尘器

1—壳体；2—滤袋；3—振动器；4—配气阀

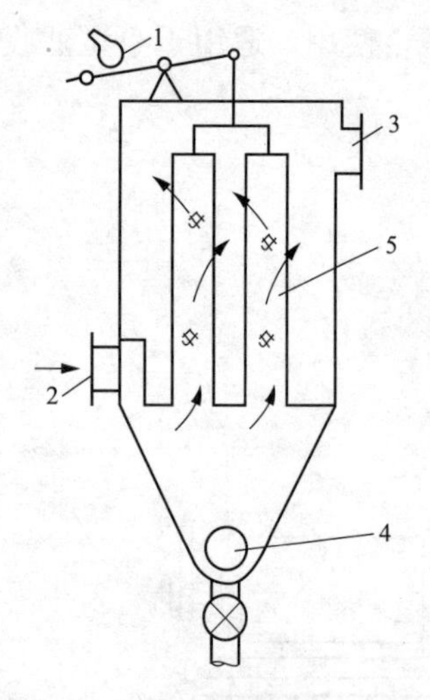

图 4-39 袋式除尘器结构简图
1—凸轮振打机构；2—含尘气体进口；
3—净化气体出口；4—排灰装置；5—滤袋

机械振打方式决定了机械振打袋式除尘器的结构。图 4-39 所示为机械振打类袋式除尘器的工作原理，是通过凸轮振打机构进行清灰的。含尘气体进入除尘器后，通过并列安装的滤袋，粉尘被阻留在滤袋的内表面，净化后的气体从除尘器上部出口排出。随着粉尘在滤袋上的积聚，含尘气体通过滤袋的阻力也会相应增加。当阻力达到一定数值时，要及时清灰，以免阻力过高，造成风量减少。

为改善清灰效果，机械清灰时要求在停止过滤状况下进行振动。但对小型除尘器往往不能停止过滤，除尘器也不分室。因此常常需要将整个除尘器分隔成若干袋组或袋室，顺次逐室清灰，以保持除尘器的连续运转。

机械清灰原理是靠滤袋抖动产生弹力使黏附于滤袋上的粉尘及粉尘团离开滤袋降落下来的，抖动力的大小与驱动装置和框架有关。驱动装置力大，框架传递能量损失小，即机械清灰效果好。

根据机械振打清灰的部位，常见的除尘器型式有顶部振打袋式除尘器、中部振打袋式除尘器和整体框架振打式扁袋除尘器。

机械清灰方式的特点是构造简单、运转可靠，但清灰强度较弱，因此只能允许较低的过滤风速，例如一般取 0.5～0.8m/min。振动强度过大会对滤袋有一定的损伤，增加维修和换袋的工作量。这正是机械清灰方式逐渐被其他清灰方式所代替的原因。

第六节 复合式除尘器

袋式除尘器可以与其他类除尘器进行复合，形成一体化装置，如重力除尘＋袋式除尘、电除尘＋袋式除尘、预荷电＋袋式除尘、电凝并＋袋式除尘等。

一、预荷电袋滤器

将粉尘预荷电和袋式除尘两种技术结合起来，形成的复合式袋滤器。对预荷电袋滤器的研究始于 20 世纪 70 年代，在袋式除尘器前面加一个预荷电装置，使粉尘粒子通过荷电发生凝并作用，然后由滤袋捕集，从而改善对微细粒子的捕集效果。试验研究还发现，粒子荷电后附着在滤袋表面形成的粉尘层质地疏松，阻力变小，从而降低了除尘器的阻力。

图 4-40 所示为基于这种理念的预荷电袋滤器，主要由预荷电器、上箱体、中箱体、灰斗及反吹风装置组成。

上箱体为净气室，内部分隔为若干个小室，其顶部装有反吹装置，下部为花板。中箱体为尘气室，不分室，内有滤袋，在侧面进风口处装有预荷电装置。预荷电装置由专用的高压电源供电。为使粉尘充分荷电，含尘气体在预荷电装置中停留的时间不小于 0.1s。

滤袋上端开口固定在花板上，下端固定在活动框架上，并靠框架自重拉紧。滤袋在一定间隔上装有防瘪环，袋内不设支撑框架。

上箱体顶盖可以揭开，便于将滤袋向上抽出，换袋操作在除尘器外进行。

含尘气体由中箱体侧面进入，在预荷电装置中粉尘荷电后，由外向内穿过滤袋，粉尘被阻留在袋外，净气在袋内向上流动，经袋口到达上箱体，再经塔式回转阀的出口排出。清灰时，电控仪启动反吹风机，清灰气流经塔式回转阀的反吹风箱进入，同时启动回转阀将反吹风口对准上箱体某个小室的出口并定位，该小室对应的一组滤袋即停止过滤，反吹气流令其处于膨胀状态，附着于滤袋外表面的粉尘被清离而落入灰斗。该小室清灰结束后，回转阀将反吹风口移至下一小室的出口并定位，按此顺序对上箱体各个小室进行清灰。灰斗集合的粉尘由螺旋卸灰器卸出。

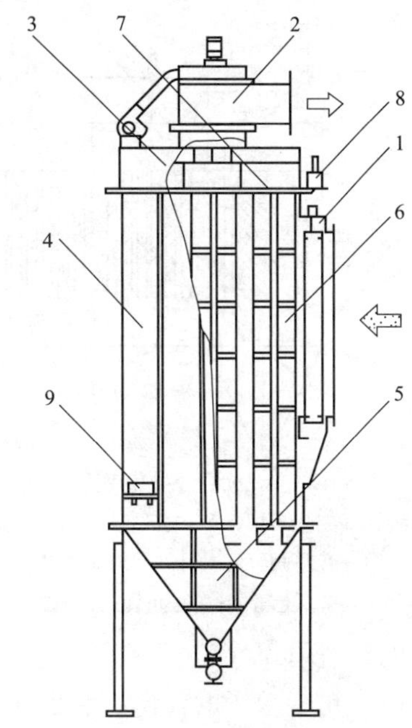

图 4-40　预荷电袋滤器
1—预荷电装置；2—塔式回转阀；3—上箱体；4—中箱体；5—灰斗；6—滤袋；7—滤袋紧固装置；8—高压电源；9—控制器

目前预荷电袋滤器在技术上有了新的突破。首先在清灰方式上，用脉冲喷吹清灰替代了过去的反吹风清灰；其次在除尘器结构上，用直通均流式袋式除尘器结构替代了过去的圆筒体结构；再次除尘器的处理风量由过去的 $10^5 m^3/h$ 提高到 $10^6 m^3/h$。预荷电脉冲袋式除尘器结构见图 4-41。

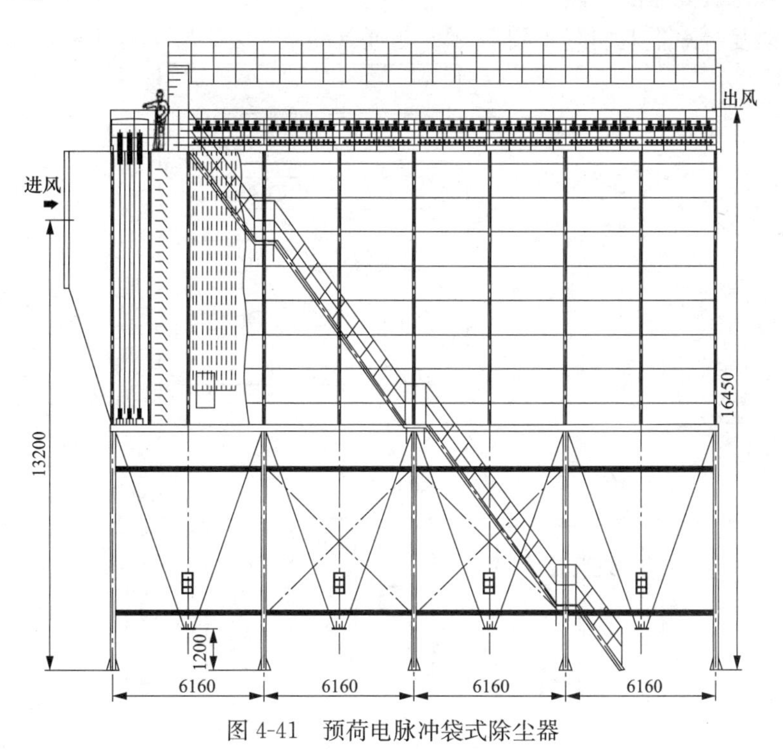

图 4-41　预荷电脉冲袋式除尘器

二、电袋复合除尘器

电袋复合除尘器是将电除尘和袋式除尘复合为一体的装置，如图 4-42 所示。其前部为静

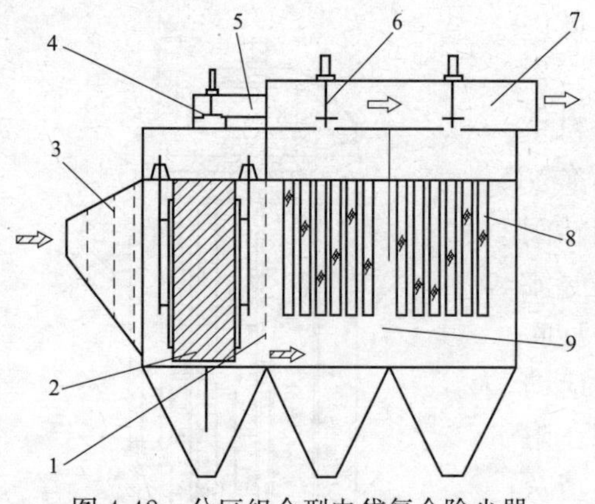

图 4-42　分区组合型电袋复合除尘器

1—袋区气流分布板；2—电区；3—电区气流分布板；
4—旁路阀；5—旁路；6—出口提升阀；
7—上箱体；8—滤袋；9—袋区

电除尘器的电场，称为“电区”；后部为袋式除尘器，称为“袋区”。

含尘气体从进口喇叭进入，经气流分布板到达电除尘区。电除尘器可采用双芒刺电晕线，有利于避免电晕闭塞现象的发生，提高粉尘荷电及收尘效果。极板可采用C型板。设计者要求电除尘区捕集80%以上的粉尘。未被捕集的粉尘随气流运动到袋式收尘器区由滤袋捕集，净化后的气体由除尘器尾部排出。

电袋复合除尘器的主要特点如下：

(1) 在电区除去大部分粉尘，使进入袋区的粉尘浓度降低，加上粉尘荷电的作用，滤袋的清灰周期显著延长，有利于延长滤袋寿命，提高除尘器的运行可靠性。

(2) 粉尘粒子的荷电，有助于提高除尘效率、降低设备阻力。

(3) 除尘效果不受粉尘比电阻影响。

(4) 主要用于高浓度的烟气净化，如燃煤电厂锅炉烟气净化。

(5) 适合电除尘器的提效改造。

三、嵌入式电袋复合除尘器

嵌入式电袋复合除尘器如图4-43所示。与通常的电袋复合除尘器不同，这种除尘器将电

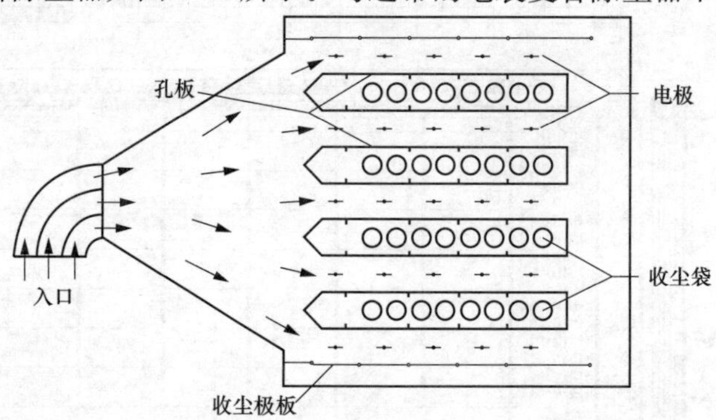

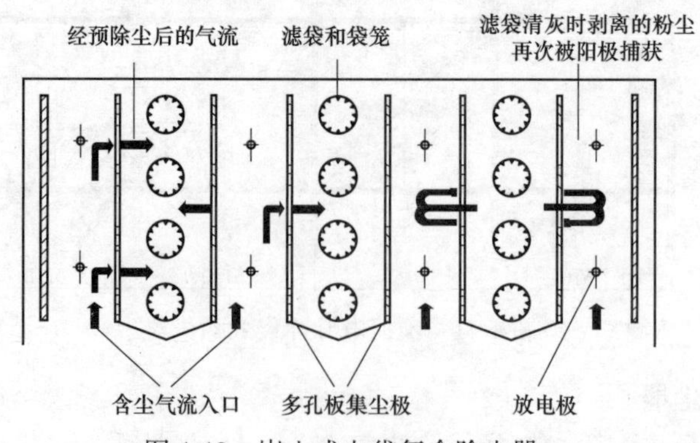

图 4-43　嵌入式电袋复合除尘器

除尘器的极板、极线与袋式除尘器的滤袋紧密地融合在一起。极板做成多孔形式，每一排滤袋两侧都有极板和极线组成的电场。含尘气体首先经过电场，约90%的粉尘被静电场捕集，其余的粉尘随气流穿过极板上的孔洞到达滤袋。滤袋常用玻纤覆膜滤料制作，采用外滤结构，粉尘被阻留在滤袋外表面，干净气体进入滤袋内部并从净气室排出。清灰采用在线脉冲喷吹方式。清灰时，大部分粉尘落入灰斗，未落入灰斗的粉尘因清灰的惯性而进入电场，被极板捕获。

这种除尘器对细颗粒物捕集效率高，可采用较高的过滤风速，可达3.7m/min，设备阻力为1500～1900Pa。

这种除尘器的缺点是结构比较复杂，拆换滤袋和维护检修工作量大，在电力行业燃煤锅炉和水泥行业有应用。

第七节 其他特殊用途袋式除尘器

一、防爆、节能、高浓度煤粉脉冲袋式收集器

传统的煤磨系统，原煤在磨煤机中一边烘干，一边磨细，成品煤粉由气体带出磨煤机，并以气固分离设备收集。磨煤机尾气含尘浓度最高可达1400g/m³（标准状态），传统的收尘工艺设有三级（或两级）收尘设备，收尘流程复杂，普遍存在污染严重、安全性差、能耗高、故障多、运转率低等缺点。“防爆、节能、高浓度煤粉袋式收集器”将煤粉收集和气体净化两项功能集于一身，能够直接处理从磨粉机排出的高含尘浓度气体，从而以一级设备取代原有的三级设备，是典型的清洁生产技术工艺。

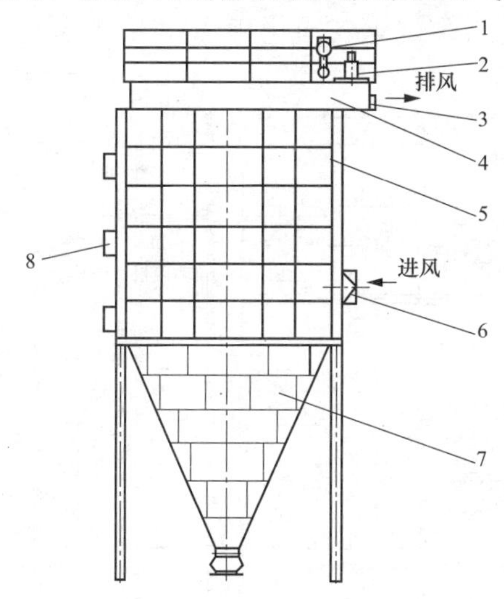

图4-44 高浓度煤粉脉冲袋式收集器

1—喷吹装置；2—停风阀；3—排风口；4—上箱体；5—中箱体；6—进风口；7—灰斗；8—泄爆阀

“防爆、节能、高浓度煤粉袋式收集器”以长袋低压脉冲袋式除尘器的核心技术为基础，强化了过滤能力、清灰能力和安全防爆功能，其结构如图4-44所示。含尘气体由中箱体下部进入收集器，经缓冲区的作用使气流趋于均匀，然后由外向内进入滤袋，煤粉被阻留在袋外。进入袋内的净气由上部的袋口汇入上箱体，进而通过气动停风阀排出。

一台收集器通常分隔成若干个仓室，与一般的袋式除尘器相比，每个仓室设置的滤袋数量较少（随处理风量的不同而变化），以便收集器有足够多的仓室。由于其集生产设备和环保设备于一身，所以当某一局部出现故障而生产又不允许停止运行时，可以关闭部分仓室而不影响生产。

高浓度袋式收集器可直接处理浓度为1400g/m³（标准状态）的含尘气体，并达标排放；同时具有强劲的清灰能力，从而保持较低的设备阻力（小于或等于1400Pa）；此外，为提高设备的防爆能力，除尘器设计成框架结构；滤料选用抗静电的针刺毡；在每一仓室的中箱体设泄爆阀，保障收尘设备和系统安全运行；除尘器的内部光滑，防止煤粉堆积；采用连续输灰，降低爆炸概率。工程应用照片见图4-45。

图 4-45　防爆节能高浓度煤粉脉冲袋式收集器工程应用

二、垃圾焚烧烟气袋式除尘器

按照国家技术标准要求，垃圾焚烧烟气净化必须采用袋式除尘器。垃圾焚烧烟气具有以下特点，也是袋式除尘器选用和运行的难点：

（1）烟尘危害性强，烟气和粉尘中含有二噁英等物质，因而污染控制标准十分严格，往往要求颗粒物排放浓度小于或等于 5mg/m^3（标准状态）。

（2）烟气含湿量高达 30%，且含 HCl、SO_2 等酸性气体，因此酸露点往往高于 140℃，容易酸结露。

（3）烟气温度波动范围大，高温大于或等于 230℃，低温小于或等于 140℃。

（4）粉尘主要成分为 $CaCl_2$、$CaSO_3$ 等，吸湿性和黏性很强。

（5）烟尘颗粒细，密度小。

（6）烟气腐蚀性强。

为在上述条件下能够正常运行并获得良好效果，垃圾焚烧烟气净化用袋式除尘器（见图 4-46）应符合以下要求：

（1）该除尘器基于长袋低压脉冲袋式除尘的核心技术，采用脉冲强力清灰方式，以便在易结露、易糊袋的条件下得到良好的清灰效果，保证除尘器正常持续运行。

（2）除尘器整机分隔成若干独立的仓室，每个仓室的进口和出口皆设阀门，在运行过程中可以单独对某个仓室进行离线检修和换袋操作。

（3）滤袋材质可选 PTFE 针刺毡覆膜滤料、玻纤布覆膜滤料、P84/PTFE 面层的针刺毡等。为保证净化效率，应选用较低的过滤风速。

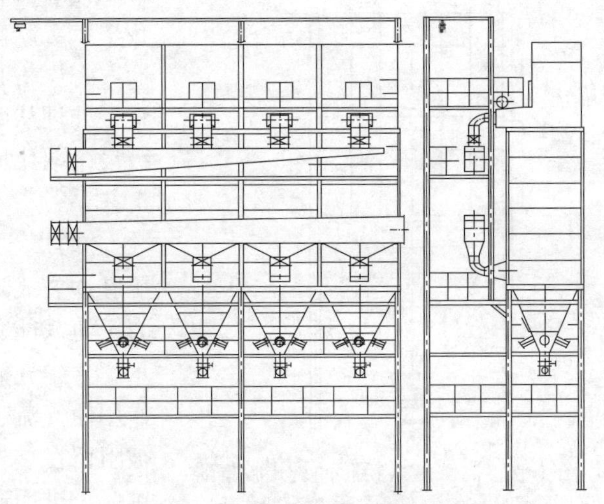
图 4-46　垃圾焚烧烟气袋式除尘器

除滤料选择之外，实现低浓度排放的其他途径是严格保证除尘器加工和安装质量，并在整机和滤袋安装完成后，以荧光粉检漏。

（4）滤袋框架可选用不锈钢丝、碳钢有机硅涂层制作，以适应垃圾焚烧烟气腐蚀性强的特点。

（5）设有热风循环系统。在除尘系统启动前，该系统先行工作，通达加热器和热风循环风机使各仓室加热，至露点温度以上时，烟气方可进入各仓室。在运行过程中若遇烟气温度过低，热风循环系统也将启动，以避免结露。在除尘器正常运行中，为防止烟气渗入处于关闭状态的热风系统，该系统所设的辅助加热器和辅助阀开始工作，引入适量的空气并加热，以保护加热器、风机和阀门等。

（6）除尘器整体以矿棉保温；各仓室之间的隔板加以矿棉保温层，用于离线检修时防止结露和保护操作人员不致烫伤。

（7）对于除尘器箱体和结构可能产生的“冷点”，采取隔绝措施，防止该处结露。

（8）垃圾焚烧烟气净化后的粉尘具有很强的黏性，容易在箱体和灰斗内附着，并随着时间的推移而硬结和形成堵塞。为避免这种情况，应采取相应措施，如箱体和灰斗夹角圆弧化、灰斗的锥度为65°～70°、连续输灰、灰斗保温、灰斗设仓壁振动器、除尘系统启动前进行预喷涂等。

三、滤筒式除尘器

滤筒式除尘器的最大特点是以滤筒代替滤袋作为过滤元件，即将滤料预制成筒状褶皱结构，在其内外设有金属保护网，形成刚性过滤元件。其特点是大幅度增加了过滤面积。

滤筒式除尘器的结构是由进风管、排风管、箱体、灰斗、清灰装置、导流装置、气流分流分布板、滤筒及电控装置组成。滤筒既可以垂直安装，也可以水平安装或倾斜安装。从清灰效果看，垂直布置较为合理。花板下部为过滤室，上部为脉冲室。在除尘器入口处装有气流分布板。滤筒多采用覆膜滤料，长度一般不超过2m，见图4-47和图4-48。

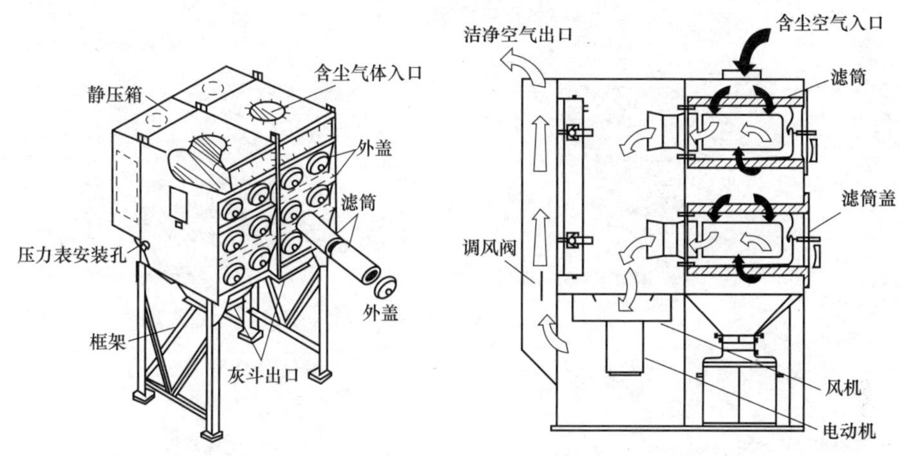

图4-47 滤筒式除尘器结构

含尘气体进入除尘器箱体后，由于气流断面突然扩大及气流分布板作用，部分粗大颗粒在重力和惯性力作用下沉降在灰斗，粒度细、密度小的尘粒通过布朗扩散和筛滤等组合效应沉积在滤料表面上，净化后的气体进入净气室由排气管经风机排出。阻力达到某一规定值时进行脉冲清灰。

滤筒式除尘器的过滤风速为0.3～0.75m/min；起始的设备阻力为250～400Pa，终阻力可达1250～1500Pa。

滤筒除尘器具有以下特点：

（1）由于滤料折褶成筒状使用，所以使滤料布置密度大，除尘器结构紧凑，体积小。

图4-48 滤筒式除尘器

(2) 同体积除尘器过滤面积相对较大，过滤风速较小，阻力不大。

(3) 滤筒按标准尺寸制作，采用快速拼装连接，使滤筒的安装、更换大为简化，相应减轻了劳动强度，改善了操作条件。

(4) 滤筒式除尘器适用于浓度低的含尘气体过滤。

(5) 处理风量小，除尘器多安装在车间内。

滤筒式除尘器存在以下主要缺点：

(1) 进入滤筒折皱中的粉尘不易被清除，从而损失了部分过滤面积。

(2) 一些横向放置、多层叠加的滤筒式除尘器清灰不彻底，上层滤筒清离的粉尘落在下层滤筒的表面，相当于损失了过滤面积。

四、陶瓷滤管除尘器

陶瓷滤管除尘器采用耐高温、耐腐蚀的微孔陶瓷作为过滤材料，这种材料已在发达国家的高温烟气净化方面得到应用，我国也已成功研制和应用。

由于微孔陶瓷管是刚性滤料，所以在除尘器的结构、密封、安装和制造等方面均与一般袋式除尘器有所不同。为了耐高温，壳体和结构件均用耐热钢制成，关键部件用不锈钢制作，密封件为陶瓷纤维制品。见图 4-49 和图 4-50。

图 4-49　陶瓷纤维滤管

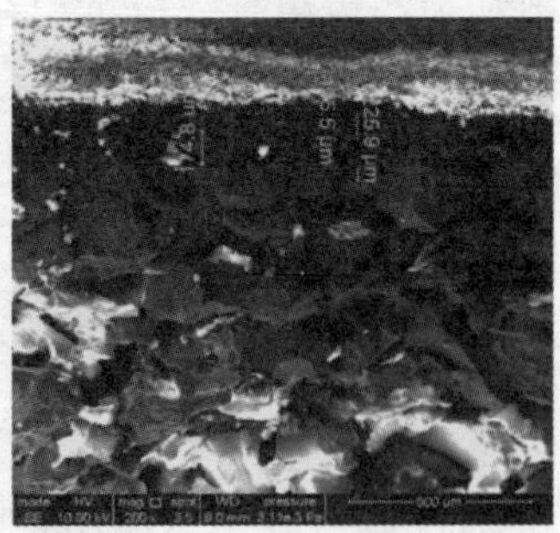

图 4-50　莫来石涂膜陶瓷管

该除尘器的工作原理与袋式除尘器基本相同。

为了避免粉尘堵塞滤管上的微孔，滤管迎尘面表层的孔隙直径很小，深层的孔径则较大，使得进入微孔的粉尘可以顺利排出。在温度不超过 260℃的条件下，还可以在迎尘面黏附 PTFE 微孔薄膜，既可避免粉尘堵塞滤管，又可提高除尘效率。

该除尘器具有耐高温、耐腐蚀、耐磨损、除尘效率高、使用寿命长、运行和维护简单等优点。其主要技术参数如下：

（1）过滤风速：1～1.5m/min。

（2）压力损失：2800～4700Pa。

（3）起始含尘浓度：小于 20g/m^3。

（4）耐温范围：小于 550℃。

五、塑烧板除尘器

塑烧板除尘器的过滤元件是塑烧波纹过滤板。塑烧板有若干不同的规格，可以组成不同规格的除尘器。清灰采用高压脉冲喷吹方式，喷吹压力为 0.5～0.6MPa。

塑烧板除尘器的外形和结构与一般的袋式除尘器大致相同（见图 4-51）。

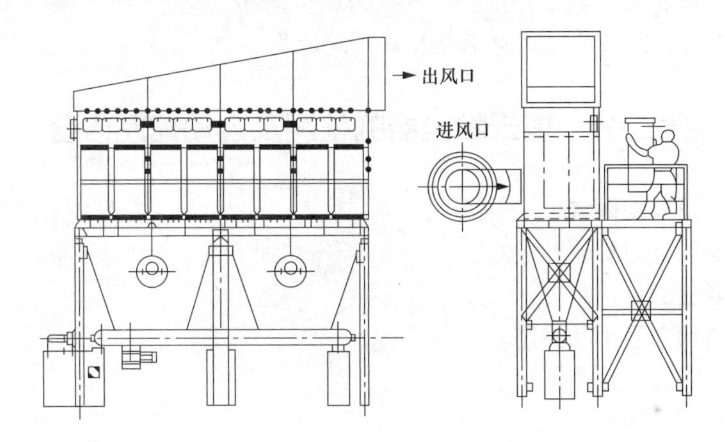

图 4-51 HSL 型塑烧板除尘器

第五章　袋式除尘器的控制

第一节　袋式除尘器工作特征

大、中型袋式除尘器通常设计为多仓室结构，各仓室根据需要可设置离线阀，也可不设。可采用在线清灰，也可离线清灰。当某一袋室离线清灰时，离线阀门关闭，该室脉冲阀按照预先设定的程序逐个喷吹而使滤袋清灰，随后离线阀开启，另一仓室进入清灰程序。落入灰斗的粉尘由卸灰和输灰装置外排。净气从袋内流向净气室，经由净烟气管道外排。

图 5-1 所示为常见的脉冲袋式除尘器及其系统流程。

第二节　袋式除尘器的检测及自动控制内容

一、基本检测及控制内容

(1) 袋式除尘器阻力检测及控制。

(2) 烟气温度检测及控制。

(3) 清灰系统状态显示及控制。

(4) 清灰气源压力的检测。

(5) 卸灰、输灰控制。

(6) 除尘器阀门开度显示。

(7) 除尘器配套件运行状态显示。

二、选择性检测及控制内容

(1) 袋式除尘器处理风量检测及调节。

(2) 除尘器灰斗温度检测及伴热系统的控制。

(3) 除尘器出口排放粉尘浓度检测。

第三节　袋式除尘器自动控制原理

一、袋式除尘自动控制系统的组成

袋式除尘自动控制系统包括控制对象和自动控制装置两大部分。控制对象是指被控制的机械设备。在袋式除尘器中，如气体阀门、仓壁振动器、卸灰和输灰机械、反吹风机电动机等，都是被控制的设备，也就是控制对象。

自动控制装置就是对控制对象进行自动控制的装置或工具，可以归纳为以下五类：

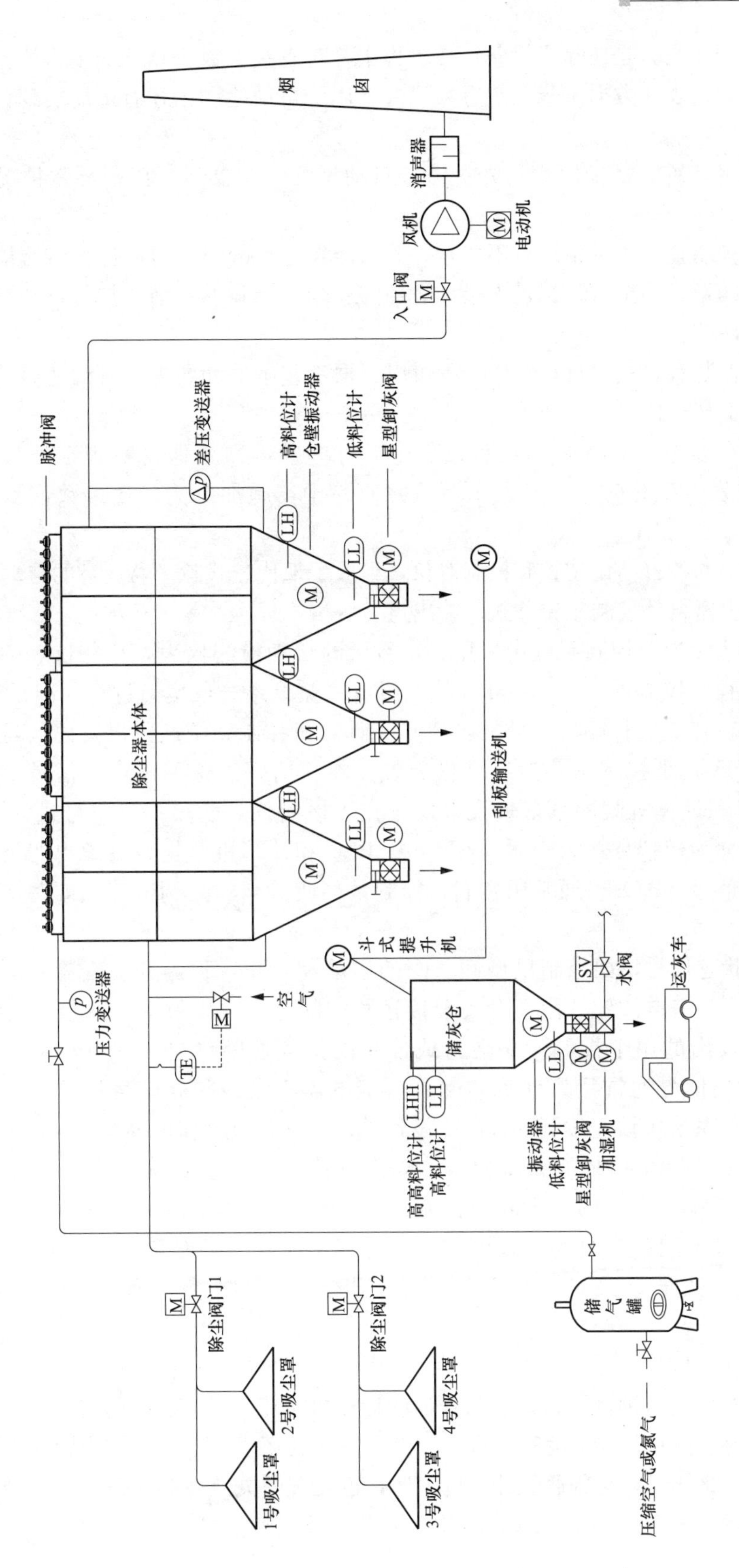

图 5-1 脉冲袋式除尘器系统流程

（1）自动检测装置。是在除尘设备运转过程中，对有关参数自动、连续检测及显示的装置，包括一次检测仪表、数据采集系统等。只有采用了自动检测，才有可能实现除尘器的自动控制。

（2）自动报警装置。是指用声、光等信号自动反映除尘器运行出现异常情况的自动化装置。

（3）自动保护装置。当设备运行不正常，有可能发生事故时，自动保护装置能自动采取措施，防止事故的发生和扩大，保护人员和设备的安全。实际上自动保护装置和自动报警装置通常是配合使用的。

（4）自动操作装置。利用自动操作装置可以根据工艺条件和要求，自动地启动或停止某台设备，或进行交替动作。

（5）自动调节装置。在除尘器运行过程中，有些参数需要保持在规定的范围内，当某种情况使参数发生变化时，自动调节装置将对除尘器施加影响，使参数恢复到原来的范围内。

袋式除尘器中的各自动化装置和控制对象，组成了现代袋式除尘器运行的自动化系统。

二、袋式除尘器自动控制系统输入、输出点

在大中型袋式除尘器控制系统中采用一定数量的自动检测仪表，这些仪表的输出信号都送入了由可编程序控制器（PLC）和计算机组成的监控系统或集散过程控制系统（DCS）进行显示、分析、存储、打印等。此外，PLC和计算机控制系统还可以发出信号（通常为4～20mA或1～5V）来控制某些连续动作装置，如阀门等。这种连续的信号，称为模拟量信号。对PLC和计算机监控系统来说，来自在线检测仪表的模拟量信号进入PLC和计算机监控系统，称为模拟量输入信号（AI）；从PLC和计算机监控系统发出的模拟量信号称为模拟量输出信号（AO），通常用它们来控制某些调节阀门、调节变频或调速装置的转速等。

还有另一种状态信号，如控制星型卸灰阀的启动和停止，称为开关量输入信号（DI）。开关量输入信号通常来自按钮、限位开关及接触器辅助点，一般采用无源触点。从PLC和计算机监控系统发出的用于控制设备运行或停止的接点通断信号，称为开关量输出信号（DO）。开关量输出信号通常用来触发接触器、继电器、电磁阀和信号灯等，使它们按照PLC和计算机监控系统中预先编制的程序对设备进行控制、显示和报警。

由此可见，一个除尘器控制系统输入、输出点数的多少基本反映了该系统规模的大小。当然，输入、输出点数的多少除与控制系统的处理能力有关外，还与处理工艺、设计思路、被控对象不同和对自动化程度的要求等因素有关。但是除尘器的控制过程都有一个共同的特点，就是开关量多而模拟量少，以逻辑顺序控制为主，闭环回路控制为辅。

三、PLC的基本构成

PLC也可以看成是一种计算机。它与普通的计算机相比，具有更强的与工业过程相连的接口、更直接适用于控制要求的编程语言、可以在恶劣的环境下运行等特点，因此在除尘工程中被普遍采用。此外，它与普通的计算机一样，也具有中央处理器（CPU）、存储器、I/O接口及外围设备等，图5-2所示为PLC的基本构成框图。

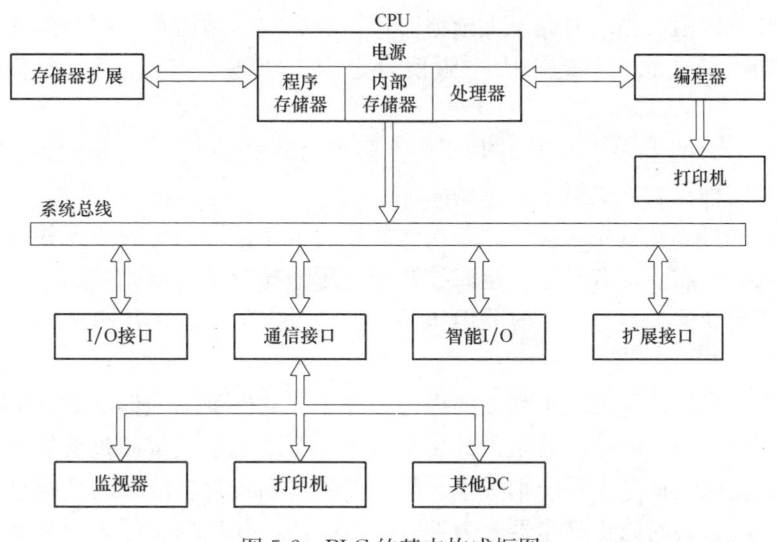

图 5-2 PLC 的基本构成框图

第四节 袋式除尘器的检测及控制

一、袋式除尘器阻力检测及控制

1. 袋式除尘器阻力检测

袋式除尘器的阻力是指其进、出口之间的压差，称为设备阻力。通常可以分解为两个部分：一部分是含尘气体流经滤袋时的过滤阻力，另一部分是除尘器自身的结构阻力。

除尘器的阻力检测可以通过差压变送器直接检测得到除尘器进出口的压差；或通过分别设置在除尘器进口、出口的压力变送器测得前后的压力，将压力值送入除尘器控制系统，经比较计算得到除尘器进出口的压力差，即为除尘器的阻力值。

2. 清灰控制

除尘器的阻力需控制在一定的范围内，例如 700～1200Pa。袋式除尘器的阻力控制是通过控制清灰来实现的，所以阻力控制也常被称为清灰控制，这一过程由除尘器阻力检测、清灰控制装置、清灰执行机构等几个环节来完成。控制系统对检测到的除尘器进出口阻力进行分析判断，如果达到清灰设定值，控制系统通过数字量 I/O 接口模块输出动作指令，控制清灰执行机构动作，实现袋式除尘器的反吹或脉冲喷吹清灰动作。阻力控制区间越小，由清灰引起的系统阻力及处理风量波动就越小。在生产工艺不允许工况波动过大的条件下，应当缩小阻力控制区间。

清灰控制的基本任务是控制清灰装置适时工作。清灰周期是定时清灰模式时清灰控制的基本参数，一般指清灰装置两次启动工作的间隔时间。脉冲袋式除尘器的清灰控制参数还有喷吹压力、脉冲宽度（即脉冲持续的时间）、脉冲间隔等；反吹袋式除尘器的清灰控制参数还有反吹次数、反吹时间、过滤时间、沉降时间等。

常见的清灰控制方式有定时控制、定压差控制、智能控制等。

（1）定时清灰按照预先设定的清灰顺序和清灰周期控制清灰机构工作，属于开环控制，清灰参数不随除尘器阻力的变化而改变。

（2）定压差清灰根据除尘器实际阻力来控制清灰机构工作，也称为定阻力清灰。通常设

定阻力的上限和下限值，当阻力高至上限值时，清灰机构开始清灰；而当阻力低至下限值时停止清灰。例如将袋式除尘器的阻力上限值设定为1.00～1.20kPa，下限值设定为0.7～0.8kPa。

也可仅设定阻力的上限值，当阻力高至上限值时开始清灰，全部仓室、滤袋清灰一遍后，停止清灰。这种控制方式属于简单的闭环控制。

定压差控制的可靠性首先取决于压差检测装置的可靠性。考虑到压差检测可能出现的偏差，为确保清灰的可靠性，有时也将定时控制和定压差控制结合起来使用。例如在定压差方式下设最大清灰周期保护，当较长时间内压差未达到设定值时，利用最大清灰周期启动清灰执行机构。

(3) 智能控制采用计算机人工智能的理论和方法，从保证除尘器高效、低耗、长期稳定运行的角度，综合考虑影响除尘器阻力的多个因素，特别是烟气量和过滤风速的影响，设计阻力控制模式。例如根据除尘系统烟气量、除尘器入口烟气含尘浓度的变化量及除尘器阻力变化的梯度等参数，实时修正除尘器阻力控制的目标值，并根据实际阻力与阻力控制目标值的偏差控制清灰机构的工作频率。

为方便除尘器的检修和调试，也可设置单仓清灰（也称单室清灰）。它是指采用手动或自动控制，对某个仓室单独清灰一次或数次。

二、烟气温度检测及控制

1. 烟气温度检测

作为袋式除尘器核心部件之一的滤袋，只有在适当的温度范围内才能长期有效地工作。烟气温度过高或过低，都将影响滤袋的使用寿命，甚至使滤袋失效。除尘系统处理的烟气温度有可能随着工艺生产的波动出现异常，因此将烟气温度控制在适当范围内至关重要。

烟气温度检测通常采用铠装耐磨型铂热电阻。

2. 烟气温度的调节控制

根据滤袋的长期工作温度、瞬时耐温限度，设定烟气温度控制的目标值区间。以滤袋瞬时耐温限度作为温控的上上限值，以滤袋长期工作温度作为温控的上限值，以烟气露点温度作为温度控制的下限值。当烟气温度超过滤料长期工作温度时，应给出声、光报警信号；而在烟气温度达到上上限值或下限值时，则应立即输出指令，要求生产工艺系统采取措施，甚至要求停机。

温度控制多数是指对烟气进行降温。常见的降温工艺有余热利用、空气冷却器降温、喷雾降温、混冷风降温等。烟气温度低而需采用加热等方式提高烟气温度的情况较少。

温度控制系统需要采集炉窑冶炼工况，检测炉窑排烟口、降温装置前端、降温装置后端、除尘器入口、除尘器出口等各点的温度。按照设定的控制规律（或称控制方式）使降温装置投入工作，并根据烟气温度的变化及时调节降温幅度。当除尘器入口温度高于上上限或低于下限时发出报警，并将实时的温度及报警信息传送给工艺监控系统。

常见的温度控制有以下三种方式：

(1) 开关式两位控制。当烟气温度高至上限设定值时启动降温装置，如开始喷雾或开启混风阀。当烟气温度低至下限时停止降温装置工作，如停止喷雾或关闭混风阀。

(2) 比例或准比例控制。根据烟气温度及烟气流量计算降温介质加入量（例如喷雾量或混风量），并据此控制降温装置的投入幅度。采用比例调节规律可准确控制降温效果。当控制装置采用完全比例（积分）调节规律时，称为比例控制，在简单逻辑控制器上通过软件实现粗略的比例调节称为准比例控制。

（3）智能控制。采用计算机人工智能的理论和方法，从确保安全、降低能耗、经济运行的角度，综合检测炉窑冶炼工况、烟气系统多点温度及其变化趋势、梯度，设计温度控制模式，例如炼钢电炉除尘系统中采用温度模糊控制。

三、卸、输灰检测及控制

在大多数情况下，袋式除尘器灰斗内需要积存一定量的粉尘。积灰过多可能堵塞进风通道，甚至淹没滤袋；积灰过少则可能导致漏风。卸、输灰控制失效可能导致袋式除尘器停止运行，甚至出现除尘器垮塌事故。

1. 卸、输灰系统的检测

（1）灰斗或储灰仓的料位检测。在除尘器的灰斗或储灰仓设高、低料位检测装置，除尘控制系统根据监测的料位信号自动控制卸输灰设备的运行，或给出相应的报警信号，指导岗位操作人员进行卸输灰操作。

（2）刮板机、斗式提升机等的断链检测。通常采用接近开关检测刮板机、斗式提升机尾部链轮转动状况的方式，来判断是否断链。接近开关的信号进入除尘控制系统，通过程序进行比较判断，出现故障立即停机，同时给出报警信号，提示检修人员进行检修处理。

2. 卸、输灰控制

为防止除尘器灰斗内积存粉尘过多而产生堵塞、板结，或积灰过少而导致漏风，通常要求将灰斗的积灰控制在高料位和低料位之间。

在粉尘易燃、易爆而不允许在灰斗内聚集的条件下，卸、输灰设备必须连续运行，并监视其运行工况，发现故障时立即报警。对于黏性强、易板结的粉尘，也应连续卸灰和输灰，并监视其工况和故障报警。在这种情况下，卸灰和输灰设备应先于除尘器启动，与除尘器同步运行，并后于除尘器停机。

小型除尘器的卸、输灰设备少、流程短，只需要设灰斗料位检测，在控制室和机旁启、停控制卸灰和输灰设备即可。大型袋式除尘器的卸、输灰设备数量多，需按一定的流程来控制。一般要求开机时从卸、输灰装置的最末端开始，顺序联锁启动各设备；停机时逆序延时关停各设备。

卸、输灰设备控制通常采用以下四种方式：

（1）定时控制。按照预先设定的卸、输灰运行时间和周期控制卸、输灰设备工作。这种方式属于开环控制，不随除尘器灰斗的实际积灰情况而调节。

（2）定料位控制。在除尘器灰斗设高、低料位检测装置，当出现高料位信号时开始卸、输灰，当低料位信号消失时停止卸、输灰。

（3）连续料位控制。在除尘器灰斗设连续料位检测装置，连续料位信号实时传送至控制系统，控制系统可根据需要适时启动或停止卸、输灰设备。

（4）混合控制。将定时控制和定料位控制结合起来。“上料位信号”与“定时到信号”相“或”，来控制卸、输灰设备的启动；“低料位信号”与“卸、输灰设备运行时间到”相“或”，控制卸、输灰设备的停止。这种控制方式具有更高的可靠性。

四、除尘器运行参数检测及故障诊断

除尘器运行参数在线检测一般包括处理风量、除尘器阻力、各点温度、各点压力、清灰气源压力、粉尘排放浓度等。设备状态检测一般是指相关设备的运行状态，如脉冲阀喷吹状况，反吹阀、停风阀、混风阀门开度，反吹风机运行状态，以及卸灰阀运转状况等。

通过对运行参数和相关设备工况的在线检测，分析设备故障，发出警报并及时采取排除故障的措施。

工况检测及故障诊断通过硬件和软件的配合来实现。根据除尘系统监控的需求，设置各工作参数检测装置和各设备运行状态检测装置，控制系统实时采集、显示各工艺参数及设备状态。在软件上设计各类故障诊断程序，显示故障和报警，并输出故障处置措施。

工况检测、故障诊断有以下几种输出方式：

（1）显示和报警。采用数字、指示灯等方式显示工艺参数、设备运行状态，以声、光、语音等方式对故障进行报警。

（2）故障诊断。专家控制系统实时监控除尘器的运行工况，根据现场采集的信号，结合工艺专家和操作人员经验进行分析、推理，及时对故障发出报警，并判断故障原因、提出处理故障的方案，指导或指挥系统的运行。

五、除尘器处理风量调节

若随着生产工艺的变化，尘源点工作制为间歇式，或多个尘源点间歇交替工作，则除尘器的处理风量通常按生产工艺所需的最大风量来选取。对于多尘源点的除尘器，正常运行时，为了保证各个尘源点的正常抽风量，需要通过风量切换阀来实现风量的切换，停止对不工作的尘源点抽风。风量切换阀的监控包括阀门的全开、全关位置监控，阀门开关过程中的故障状态监控，以及远程、就地操作模式的监控等。

对于炉窑烟气袋式除尘，除尘器的风量呈周期性变化，可根据系统风量变化的特点，利用变频装置、液力耦合器、永磁调速器等对风机转速进行调节，以达到节能降耗的目的。

六、除尘器排放粉尘浓度检测

1. 排放粉尘浓度检测

根据环保监管的要求，需在线检测除尘器出口的粉尘排放浓度等参数，并将信号上传至厂区信息系统或环保监测部门。一旦发现粉尘排放浓度出现异常，需对粉尘浓度仪、除尘设备、工艺生产变化情况等逐一进行排查，及时消除故障。

2. 漏袋识别

漏袋是指袋式除尘器的滤袋经过一段时间运行后，由于滤料老化、局部疲劳、粉尘冲击与磨损，以及烟气腐蚀等原因，使布袋局部出现穿孔、破损或撕裂的状况，漏袋必然会导致粉尘跑漏、系统排放浓度超标等现象。

工业袋式除尘器的滤袋数量多、布袋箱光线暗、箱内充满粉尘，出现漏袋故障后必须尽快更换，如何方便快捷地发现故障、确定漏袋位置，即漏袋识别定位工作便显得尤为重要。

漏袋识别定位通常采用粉尘浓度检测分析定位法。粉尘浓度检测分析法主要利用粉尘浓度仪实时检测各仓室净气室的粉尘浓度（仓室离线），通过浓度的变化来判断滤袋是否穿漏，同时进行漏袋定位。

七、清灰气源系统的检测及控制

脉冲喷吹袋式除尘器以压缩气体作为清灰气源。气源压力必须保持在一定范围内，压力过低会使滤袋不能有效清灰，而压力过高又将影响滤袋和脉冲阀膜片的使用寿命。脉冲喷吹袋式除尘器要求监测喷吹气源的压力，根据脉冲阀的性能设置压力值控制区间，当压力高于上限或低于下限时，发出声、光报警。

对于依靠阀门切换实现清灰的分室反吹的袋式除尘器，以及所有配备气动阀门的袋式除尘器，也需监测压缩气源的压力。当压力过低而影响阀门启、闭时，发出声、光报警。

气源压力检测主要用于监控清灰气源（压缩空气、氮气等）的压力满足设计要求，保证清灰机构的清灰效果。低压脉冲袋式除尘器的清灰气源压力通常要求控制在 0.25～0.35MPa。

八、除尘器灰斗温度检测及伴热系统的控制

除尘器用于处理较高温烟气净化时，或被捕集的粉尘具有较强吸湿性和黏性时，需对灰斗设置伴热系统，以保持灰斗内有足够的温度，防止结露、腐蚀及粉尘板结堵塞。为了对伴热系统的运行进行监控，需要在除尘器各灰斗合适位置设置温度检测仪表。

灰斗伴热系统应在除尘系统投运前启动，通常运行 8～10h 后袋式除尘器方能开始运行。除尘系统正常投运后，灰斗伴热系统应根据灰斗温度的变化自动投入或停止运行。

第五节 自动控制系统的运行及维护

一、运行监控

（1）除尘器正常运行时，设备的运行参数、运行状态、故障信息等均应传送到集中监控计算机系统进行显示和监控。

（2）当监控计算机系统观察到除尘器故障或出现报警信息时，应及时安排检修，消除故障隐患，防止事故的发生。

（3）应定时巡视除尘器及其自动控制系统，观察除尘器的实际运行状况与监控计算机自控系统反映和记录的状况是否一致，若有偏差或异常，应及时分析原因，并予以解决。

（4）当温度低于下限或高于上限时，温度控制系统将实施控制。此时，操作监控人员应密切观察，若温度长时间达不到要求值，应分析原因并采取相应措施。

（5）当压缩气源压力低于下限或高于上限时，自动控制系统将报警，操作监控人员应立即分析原因并采取相应措施。

二、维护

（1）定期对一次检测仪表及二次仪表或 PLC，以及计算机模拟量输入/输出单元进行校检。

（2）定期对 PLC 或计算机开关量输入/输出点及输出继电器进行“通”、“断”检验。

（3）一般情况下，控制软件在系统调试阶段确定后，只要工艺控制要求未发生变化，就不需要维护。若工艺及控制要求发生变化，需要调整控制程序，则必须由专业人员在充分理解原软件结构及逻辑的基础上修改程序。程序修改后，必须对全部程序重新进行调试。

第六章

袋式除尘器设计选型

第一节　袋式除尘器的适用场合

袋式除尘器的选用取决于污染物的特性，下列场合和要求下应优先选用：

（1）粉尘排放浓度限值小于 20mg/m³。

（2）高效捕集微细粒子。

（3）含尘空气净化。

（4）炉窑烟气净化。

（5）粉尘具有回收价值，可综合利用。

（6）水资源缺乏或严寒地区。

（7）高比电阻粉尘或粉尘浓度波动较大。

（8）净化后气体循环利用。

下列场合通过技术措施处理后可以采用袋式除尘器：

（1）高温烟气通过冷却降温，满足滤料连续工作温度。

（2）净化相对湿度大的含尘气体（包括湿度大的高温烟气）时，除尘设备的外壳应进行保温处理，必要时应加热烟气，保证烟气高于露点温度15℃以上，防止结露。

（3）烟气含油雾，采取了预涂粉措施，或粉尘吸附措施。

（4）对含有火花的烟气，在袋式除尘器前进行预处理。

第二节　袋式除尘器主要性能指标

一、除尘效率

除尘效率是表示除尘器净化性能的重要技术指标，根据需要可分别选择“除尘器全效率”、“通过率”、“分级效率”进行描述。

1. 除尘器全效率 η(%)

全效率 η 是指在同一时间内除尘器捕集的粉尘质量占进入除尘器粉尘质量的百分数。全效率表示的是除尘装置的整体效果或平均效果，其表达式为

$$\eta=\frac{G_1-G_2}{G_1}\times 100\%=\left(1-\frac{Q_2C_2}{Q_1C_1}\right)\times 100\% \qquad (6\text{-}1)$$

式中　Q_1、Q_2——进口与出口气体流量，m³/s；

G_1、G_2——进口与出口粉尘质量流量，g/s；

C_1、C_2——进口与出口气体含尘浓度，g/m³。

若装置不漏风，且进出口状态相同，$Q_1=Q_2$，则有

$$\eta=\left(1-\frac{C_2}{C_1}\right)\times 100\% \tag{6-2}$$

2. 通过率 P(%)

通过率 P 是指在同一时间内，除尘器出口的粉尘质量与入口总粉尘质量之比，计算式为

$$P=\frac{G_2}{G_1}\times 100\% = 100\% - \eta \tag{6-3}$$

3. 分级效率

分级效率是指除尘装置对某一粒径 d_{Pi}（或粒径范围 Δd_P）粉尘的除尘效率，用 η_i 表示。分级效率表示的是净化设备对不同粒径粉尘分别捕集的效果，即

$$\eta_i=\frac{G_{3i}}{G_{1i}}=1-\frac{G_{2i}}{G_{1i}} \tag{6-4}$$

式中 G_{1i}、G_{2i}、G_{3i}——进口、出口和捕集的 d_{Pi} 颗粒质量流量，g/s。

4. 除尘效率的主要影响因素

袋式除尘器的除尘效率主要受粉尘特性、滤料特性、滤袋表面粉尘堆积负荷、过滤风速等因素的影响。

(1) 粉尘特性的影响。袋式除尘器的除尘效率与粉尘粒径的大小及分布、密度、静电效应等特性有直接关系。

粉尘粒径直接影响袋式除尘器的除尘效率。对于 1μm 以上的尘粒，除尘效率一般可达到 99.9%。小于 1μm 的尘粒中，以 0.2～0.4μm 尘粒的除尘效率最低，无论对清洁滤料或积尘滤料都有类似情况。这是因为对这一粒径范围内的尘粒而言，各种捕集粉尘方式的效应都处于低值区域。

尘粒的静电效应越明显，除尘效率越高。利用这一特性，可以预先使粉尘荷电，从而提高对微细粉尘的捕集效率。

(2) 滤料特性的影响。滤料的结构类型和表面处理的状况对袋式除尘器的除尘效率有显著影响。在一般情况下，机织布滤料的除尘效率较低，特别当滤料表面粉尘层尚未建立或遭到破坏的条件下更是如此；针刺毡滤料有较高的除尘效率；而最新出现的各种表面过滤材料和水刺毡滤料，则可以获得接近“零排放”的理想效果。

(3) 滤袋表面堆积粉尘负荷的影响。滤料表面堆积粉尘负荷的影响在使用机织布滤料的条件下最为显著。此时，滤料更多地起到支撑结构的作用，而起主要滤尘作用的则是滤料表面的粉尘层。在换用新滤袋和清灰之后的某段时间内，由于滤料表面堆积粉尘负荷低，除尘效率都较低。但对于针刺毡滤料，这一影响则较小。对表面过滤材料而言，这种影响不显著。

(4) 过滤风速的影响。过滤风速太高会加剧过滤层的“穿透”效应，从而降低过滤效率。过滤风速对除尘效率的影响更多表现在使用机织布滤料的情况下，此时较低的过滤风速有助于建立孔径小而孔隙率高的粉尘层，从而提高除尘效率。即使如此，当使用表面起绒的机织布滤料时，也可使过滤风速的影响变得不显著。当使用针刺毡滤料或表面过滤材料时，过滤风速的影响主要表现在除尘器的压力损失而非除尘效率方面。试验表明，对于绒布和毡料滤料，过滤风速增加，对除尘效率影响不大；但对于玻璃纤维和平绸滤料，其除尘效率随

过滤风速的增加而显著下降。

(5) 清灰的影响。滤袋清灰对除尘效率也有一定的影响。清灰可能破坏滤袋表面的一次粉尘层，从而导致粉尘穿透、排放浓度增加。

目前，“适度”清灰的概念受到关注，滤袋清灰并非越彻底越好，而应在实现除尘器低阻力的前提下，把清灰强度控制在合理的限度，减少对除尘效率的影响。

二、压力损失（设备阻力）

1. 袋式除尘器压力损失的构成

袋式除尘器的压力损失比除尘效率更值得给予高度的关注，它不但关系到能量消耗和运行费用，更关系到袋式除尘器系统能否正常运行。除尘器压力损失控制不当时，可能导致整个系统失效。

袋式除尘器总阻力由结构阻力、洁净滤料阻力及粉尘层阻力三部分组成，其表达式为

$$\Delta p = \Delta p_c + \Delta p_f + \Delta p_d \tag{6-5}$$

式 Δp——除尘器的总阻力，Pa；

Δp_c——除尘器的结构阻力，Pa；

Δp_d——滤袋上粉尘层的阻力，Pa；

Δp_f——洁净滤料的阻力，Pa。

除尘器的结构阻力 Δp_c 系指气流通过除尘器入口、出口及其他构件时，由于方向或速度发生变化而导致的压力损失，通常为 200～500Pa。该部分阻力不可避免，但可以通过优化结构和流体动力设计而尽可能降低，令结构阻力占除尘器总阻力的比例降到 20%～30%以下。

清洁滤料的压力损失与过滤风速成正比，即

$$\Delta p_f = \xi_f \mu \nu_c \tag{6-6}$$

式中 ξ_f——滤料的阻力系数，1/m（见表 6-1）；

μ——气体的动力黏性系数，Pa·s；

ν_c——过滤风速，m/s。

清洁滤料的阻力 Δp_f 一般很小，通常为 50～200Pa。一般长纤维滤料阻力高于短纤维滤料，不起绒滤料阻力高于起绒滤料；纺织滤料的阻力高于毡类滤料；较重滤料的阻力高于较轻滤料。表 6-1 所示为一些滤尘滤料的阻力系数。

表 6-1　清洁滤料的阻力系数（m^{-1}）

滤料名称	织法	ξ_f	滤料名称	织法	ξ_f
玻璃丝布	斜纹	1.5×10^7	尼龙 9A-100	斜纹	8.9×10^7
玻璃丝布	薄缎纹	1.0×10^7	尼龙 161B	平纹	4.6×10^7
玻璃丝布	厚缎纹	2.8×10^7	涤纶 602	斜纹	7.2×10^7
平绸	平纹	5.2×10^7	涤纶 DD-9	斜纹	4.8×10^7
棉布	单面绒	1.0×10^7	729-IV	2/5 缎纹	4.6×10^7
呢料		3.6×10^7	化纤毡	针刺	$(3.3\sim6.6)\times10^7$
棉帆布 No. 11	平纹	9.0×10^7	玻纤复合毡	针刺	$(8.2\sim9.9)\times10^7$
维尼纶 282	斜纹	2.6×10^7	覆膜化纤毡	针刺覆膜	$(13.2\sim16.5)\times10^7$

滤袋上粉尘的阻力 Δp_d 可按式（6-7）计算，即

$$\Delta p_d = \xi_d \mu \nu_c = \alpha m_d \mu v_c \tag{6-7}$$

式中 α——粉尘层的平均比阻力，m/kg；

ξ_d——堆积粉尘层的阻力系数，1/m；

m_d——堆积粉尘负荷，kg/m^2；

μ——气体的动力黏性系数，Pa·s；

v_c——过滤风速，m/s。

α 通常不是常数，它与粉尘的粒径、负荷、粉尘层空隙率及滤料特性有关。

Δp_d 随着除尘过程的进行而增加，当阻力到达预定值时，就需要对滤袋进行清灰，使 Δp_d 保持在适当的限度内。

2. 压力损失的影响因素

（1）过滤风速的影响。袋式除尘器的压力损失在很大程度上取决于过滤风速。除尘器结构阻力、清洁滤料阻力、粉尘层的阻力都随过滤风速的提高而增加。

（2）滤料类型的影响。滤料的结构和表面处理的情况对除尘器的压力损失也有一定影响。使用机织布滤料时阻力最高；毡类滤料次之；表面过滤材料有助于实现最低的压力损失。

（3）运行时间的影响。除尘器运行时间也是影响压力损失的重要因素。该影响体现在两方面：一方面压力损失随着过滤-清灰这两个工作阶段的交替而不断上升和下降（见图 6-1）；另一方面当新滤袋投入使用时，除尘器压力损失较低，在一段时间内增长较快，经 1～2 个月后趋于稳定，转为以缓慢的速度增长（见图 6-2）。

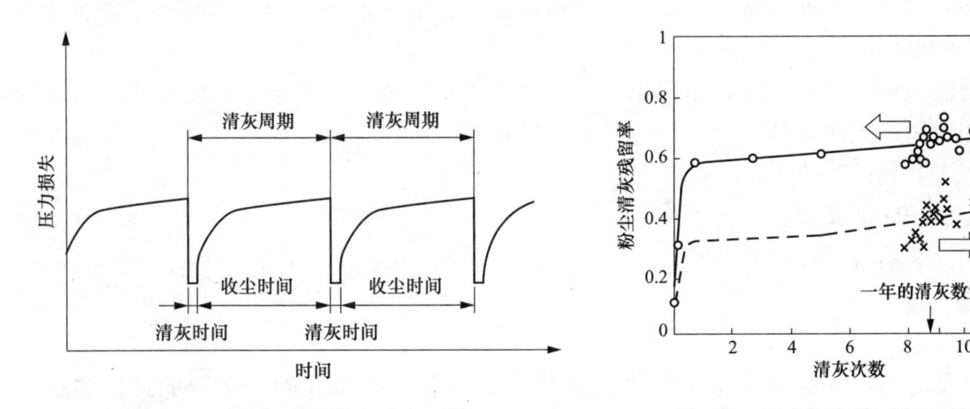

图 6-1 压力损失交替上升和下降

图 6-2 压力损失随时间延长而增长

（4）清灰方式的影响。清灰方式也在很大程度上影响着除尘器的压力损失。同等条件下，采用强力清灰方式（如脉冲喷吹）时压力损失较低，而采用弱力清灰方式（机械振动、气流反吹等）的压力损失则较高。

三、过滤风速

过滤风速系指含尘气体通过滤袋有效面积的表观速度。某种除尘器允许的过滤风速是衡量其性能的重要指标之一，它代表袋式除尘器处理气体的能力。其计算公式为

$$u_f = \frac{Q}{60A} \tag{6-8}$$

式中 u_f——过滤风速，m/min；

Q——气体的体积流量，m^3/h；

A——过滤面积，m^2。

过滤风速的高、低与清灰方式、清灰制度、粉尘特性、入口含尘浓度等因素有密切的关系。

第三节 设计选型依据

袋式除尘器的设备选型是根据使用要求和提供的原始参数来确定除尘器的主要参数和各部分结构。选择袋式除尘器时应考虑如下因素：

（1）处理风量、气体温度、湿度、含尘浓度、腐蚀性、爆炸性等理化性质。

（2）粉尘的粒径分布、密度、成分、黏附性、安息角、自燃性和爆炸性等理化性质。

（3）除尘器工作压力。

（4）排放浓度限值。

（5）除尘器占地、输灰方式。

（6）除尘器运行条件（水、电、压缩空气、蒸汽等）。

（7）用户要求的滤袋寿命。

（8）除尘器的运行维护需求及用户管理水平。

（9）粉尘回收利用及方式。

一、处理风量

处理风量是袋式除尘器设计选型中最重要的因素之一，袋式除尘器的规格取决于处理风量的大小。袋式除尘器处理风量按其进口工况体积流量计取，过滤面积计算时不考虑系统漏风。处理风量的单位多用 m^3/h 表示。

袋式除尘器风量的选取，应查阅原始资料，原始资料应真实、可靠，以测试报告、设计资料为主。如果用户无法提供，可以通过以下方式获得：

（1）委托专业测试单位进行测试。

（2）同类型、同规模项目类比。

（3）公式计算结合工程经验判断。

（4）模拟试验。

二、运行温度

运行温度是滤料选择必须考虑的首要因素之一，显著影响袋式除尘工程的造价和运行费用。

袋式除尘器的运行温度是指袋式除尘器入口含尘气体的温度，所选取的滤料必须与该温度相适应。在很多情况下，需要采取措施降低含尘气体的温度，从而选取适用和经济的滤料；在某些场合也需要提高含尘气体的温度。因此，袋式除尘器的运行温度往往需要通过技术经济比较确定，但确定的运行温度必须满足以下两个条件：

（1）其上限低于滤料材质所允许的最高承受温度。

（2）其下限高于含尘气体露点 15～20℃。

三、气体的理化性质

气体的理化性质除气体温度以外，还主要包括含湿量、气体组分、可燃性、腐蚀性、毒性等。

1. 含湿量

含尘气体的含湿量也是袋式除尘器设计选型的重要参数之一。在垃圾焚烧炉、各种工业窑炉等排放的废气中都含有水分，不仅影响过滤和清灰性能，还会影响滤袋的使用寿命。含湿量决定了除尘器中气体的露点温度，也关系到除尘器的腐蚀程度和粉尘的板结状况。含湿量可以通过实测或根据燃烧、冷却的物料平衡计算获得。

2. 气体组分

在常温情况下，袋式除尘器的处理气体可按空气设计选型。对于炉窑排放的烟气，在选择滤料时，应考虑烟气中的含氧量。较高的含氧量和 NO_x 将缩短 PPS 等滤料的使用寿命。在含可燃性气体或可燃性粉尘的条件下，也必须限制氧的含量，以保证袋式除尘系统的安全运行。

3. 可燃性气体

金属冶炼和化工生产的烟气中，常常含有一氧化碳、氢气、甲烷、丙烷和乙炔等可燃性气体，它们与氧或空气共存时，有可能形成爆炸性混合物。对于该类含尘气体，在设计选用袋式除尘器时，箱体结构应采用防爆设计，并采取多项防爆技术措施，包括设置可靠的监测系统。

在某些场合，还可以在系统中设置可燃性气体辅助燃烧器或阻火器等，确保除尘器的安全。

4. 腐蚀性气体

在垃圾焚烧炉烟气、燃煤锅炉烟气、工业窑炉烟气和化工生产废气中常含有硫氧化物、氯化氢、氟化氢、磷酸和氨等腐蚀性气体。

腐蚀性气体是选择除尘器材质、滤料材质及防腐方法时必须考虑的重要因素，也是确定运行温度的重要依据。

5. 有毒气体

在冶金窑炉、化工和农药生产排放的废气中，常含有 CO 及其他有毒气体。处理毒性气体的袋式除尘器必须采取严格密封的结构，并且应经常维护，定期检修。

四、粉尘的理化性质

粉尘的理化性质主要包括粒径分布、粒子形状、粉尘密度、附着性、凝聚性、吸湿性、潮解性等与袋式除尘器设计选型相关的物理、化学特性。

1. 粒径分布

粉尘的粒径分布主要影响袋式除尘器的排放浓度和阻力，特别是其中的微细粒子。所采用的粒度分布表示方法应便于了解微细粒子的组成，通常以小于某一粒径的尘粒所占百分比表示，如 PM2.5、PM10。

微细粉尘难以捕集，捕集后形成的粉尘层较密实，不利于清灰。粗颗粒粉尘容易捕集，捕集后形成的粉尘层较疏松，有利于清灰。从一定意义上来讲，粗细搭配的混合粉尘无论是对过滤过程还是对清灰过程都是有利的。采用预荷电、电凝并和喷雾增湿等新技术，可以强化微细粒子的凝并和捕集。

粗颗粒粉尘对滤料和设备都将产生磨损，尤其是磨琢性强的粉尘和入口含尘浓度高的粉尘。采用玻纤滤料时，应特别注意防止滤料的磨损。

2. 粉尘密度

对于多数粉尘而言，其密度对袋式除尘器的设计选型影响不大，但密度特别小的粉尘将增加清灰难度，因此应注重除尘器的进气方式、气流分布和清灰方式的选择，并采取较低过滤风速。在设计和选择卸、输灰装置时，也需加以考虑。

堆积密度是与粉尘粒径分布、凝聚性、附着性直接相关的测定值，关系到袋式除尘器的过滤面积和过滤阻力。堆积密度越小，清灰越困难，导致袋式除尘器的阻力增大，因而需要选用较大的过滤面积。堆积密度越小，粉尘的流动性越差，除尘器的灰斗夹角设计应考虑该因素。

3. 吸湿性和潮解性

吸湿性和潮解性强的粉尘，极易在滤袋表面吸湿和固化。有些粉尘（如 CaO、$CaCl_2$、KCl、NaCl、$MgCl_2$、NH_3Cl 等）吸湿后发生潮解，其性质和形态均发生变化，形成黏稠状物，将导致袋式除尘器清灰困难、阻力增大，甚至会导致设备停止运转。同时也会给卸灰装置的运行带来很大困难。

4. 磨琢性

铝粉、硅粉、碳粉和铁矿粉等属于高磨琢性粉尘。当入口含尘浓度很高时，滤袋和壳体等构件容易被磨损。在袋式除尘器本体设计和进风方式选择时，应予以充分的考虑。

5. 带电性

利用粉尘的带电性，让粉尘预先荷电，使滤袋表面的粉尘层呈疏松状，可以降低袋式除尘器的阻力，或提高过滤风速。

某些场合需要消除粉尘所带的电荷，如煤粉收集器应使用防静电滤料、除尘器静电接地等，以保障安全。

6. 可燃性和爆炸性

煤粉、焦炭粉、萘、蒽、铝和镁等属于可燃、爆炸性粉尘。虽然粉尘的爆炸性限于一定的浓度范围内，但袋式除尘器内的粉尘浓度是不均匀的，在局部范围内，完全可能出现处于爆炸界限以内的情况，因而存在爆炸的可能。

用于可燃、爆炸性粉尘的袋式除尘器必须采取防燃、防爆措施，配置温度、氧含量、易燃气体浓度等监测仪表和自动灭火保护、静电消除等装置，并选用具有导电性能的滤料。预防措施是减少漏风、杜绝火源，包括防止工艺过程中产生的火花进入袋式除尘器。

7. 附着性和凝聚性

粉尘的附着性和凝聚性关系到细颗粒物的凝聚和一次粉尘层的建立，从而影响到除尘效率；粉尘越细黏性越大，越不利于清灰。粉尘的附着性决定了袋式除尘器的清灰方式。

五、含尘浓度

袋式除尘器对含尘浓度的适应性较为宽泛，入口含尘浓度对袋式除尘器的设计选型产生的影响主要表现在以下方面：

（1）设备阻力和清灰周期。在固定的清灰周期下，当入口含尘浓度大幅度增加时，袋式除尘器的阻力也将升高。为了保持预定的设备阻力，必须缩短清灰周期；在定压差清灰时，入口含尘浓度越高，清灰越频繁，滤袋寿命越短。

（2）滤料和箱体的磨损。在处理磨琢性强的粉尘时，可认为磨损速度和含尘浓度成正比。

（3）卸、输灰装置。卸、输灰装置的处理量应不小于入口含尘浓度与处理风量乘积的 1.5 倍。在处理高含尘浓度的气体时，应采用持续运行性能好的卸、输灰装置，并特别注意其可靠性，对其运行工况加以监测。

对于高浓度收尘工艺，应在袋式除尘器内设置预分离装置，不提倡另设预除尘器。对于高浓度的袋式除尘器，应考虑到各灰斗存灰量的差异，以便确定输灰设备和输灰制度。

六、出口浓度

作为排放袋式除尘器的出口含尘浓度必须满足国家、行业和地方规定的排放标准，这是设计和选用袋式除尘器的基本原则；作为工艺设备袋式除尘器出口浓度应满足下游设备对颗粒物的要求。

袋式除尘器的出口含尘浓度，依除尘器的型式、滤料种类、粉尘性质和袋式除尘器的用途不同而各异，一般处于5～30mg/m^{3}范围之间。当净化空气或含有毒有害物质的气体时，对排放有更严格的要求，设计和选用袋式除尘器时，应采取相应的措施。

七、生产工艺和作业制度

1. 工艺设备的作业制度

在袋式除尘器的设计中，必须考虑工艺设备的作业制度。例如与尘源有关的设备如果昼夜连续运转而不允许间断，袋式除尘器就必须设计成能在运转过程中更换滤袋或进行其他维护检修工作。反之，对于短时运转后需要停运一段时间的间歇式工艺设备，袋式除尘器则可充分利用停运期进行清灰或维护检修。

2. 最不利生产状况

在工艺设备运转过程中，如果气体温度、湿度、粉尘浓度及其特性经常变化，则应以最不利的工况条件作为袋式除尘器的设计依据。例如炼钢电炉应按吹氧期工况条件进行设计。

八、工作环境

1. 室内设置或室外设置

大、中型袋式除尘器多设置在室外，小型袋式除尘器可设于室内，应根据除尘器所处位置考虑是否设置防雨棚，以及确定电气防护等级。

2. 腐蚀性环境

不少袋式除尘器装设在有腐蚀性气体泄漏或是有腐蚀性粉尘的环境之中，因此袋式除尘器的结构材质应有良好的防腐性能，并做好外表面防腐涂层。

3. 寒冷区域

以压缩空气清灰及使用气缸驱动切换阀的袋式除尘器，压缩空气中的水分在寒冷地区会冻结而导致动作失灵。寒冷的气候还会导致除尘器结露，并引发清灰不良和阻力过高等弊端。设计时应使气动单元的选型和管路防冻措施适应当地的最恶劣气候条件。

4. 装配与安装现场条件

大型袋式除尘器必须在现场组装；小型袋式除尘器可以在制造厂装配好，再整机搬运到现场安装。无论是室内设置还是室外设置，都需要一定的场地和空间。大型袋式除尘器各部件的分解、运输和拼装方案有时需根据场地的情况而定，因而显得尤为重要。需仔细了解现场的平面位置和尺寸、空间条件、地质条件，还包括运输途径及安装条件等。

九、工作压力

在大多数情况下，袋式除尘器都处于负压下工作。对于常规除尘系统，选用中、高压风机为动力，除尘器工作压力约为5～7kPa；对于高压风机或罗茨风机为动力的系统，除尘器工作压力接近风机的全压。袋式除尘器的设计应使箱体能够承受的负压不小于系统风机全压的1.2倍。

在另一些系统中，袋式除尘器位于风机出口段，在正压下工作。该类除尘器有两种结构：①净化后的气体直接从箱体排放，壳体承受微正压并主要起遮风挡雨的作用，结构较为简易。②箱体需承受一定正压，因而须设计成严密的耐压结构，净气从烟囱排放。

有的袋式除尘器作为生产工艺设备而运行，在高正压下工作。高炉煤气袋式除尘器工作压力为0.1～0.25MPa；而在水煤气净化系统中，袋式除尘器的工作压力可达1～4MPa。在此类场合，除尘器箱体必须采用圆筒形结构，按压力容器设计。

第四节 除尘器选型要求

一、清灰供气系统设计

1. 压缩空气供应系统

压缩空气供应系统的设计应符合GB 50029《压缩空气站设计规范》的要求。应设置备用空气压缩机，并采用同一型号。管路的阀门和仪表应设在便于观察、操作、检修的位置。

供给袋式除尘器的压缩空气参数应稳定，并应除油、除水、除尘。压缩空气干燥装置应不少于两套，互为备用。用于驱动阀门的压缩空气管路需设置分水滤气器和油雾器。

脉冲清灰用的压缩空气源应优先取自工厂压缩空气管网。若现场不具备气源或供气参数不满足要求，应配置专用的空气压缩机。除非耗气量很小，一般不宜采用移动式空气压缩机。

应在除尘器旁设置储气罐。储气罐输出的压缩气体需经调压后送至用气点，从储气罐到用气点的管线距离一般不超过50m。储气罐底部应设自动或手动放水阀，顶部应设压力表和安全阀。调压阀应有旁通装置。

储气罐与供气总管之间，以及除尘器每个分气箱的进气管上都应设切断阀。

供气总管的直径一般不小于DN80mm。在寒冷地区，应对储气罐和管道采取保温或伴热措施。

2. 反吹风供气系统

对于借助阀门切换实现清灰的分室反吹袋式除尘器，所需的反吹空气属于大风量、低压力的范畴，一般由大气反吹和反吹风机提供气源。

对于需用反吹风机提供清灰动力的袋式除尘器，其配套的反吹风机应满足清灰所需的压力和风量。

当系统引风机的全压大于袋式除尘器阻力的两倍，或者全压大于4000Pa时，可不设专用的反吹风机，否则需设置反吹风机。

二、箱体结构要求

(1) 袋式除尘器的箱体结构主要包括箱体（净气室、尘气室、灰斗）和支架。

(2) 箱体的耐压强度应能承受系统压力，一般情况下，负压按引风机铭牌全压的1.2倍来计取，按+6000Pa进行耐压强度校核。

(3) 检修门的布置以路径便捷、检修方便为原则。

(4) 大型袋式除尘器的花板设计一定要考虑热变形。花板的厚度一般不小于5mm，并在加强后应能承受两面压差、滤袋自重和最大粉尘负荷。花板周边袋孔中心与箱体侧板的距离应大于孔径。

（5）净气室的断面风速以不大于 4～6m/s 为宜。

（6）袋式除尘器本体结构、支架和基础设计应考虑永久荷载、可变荷载、风荷载、雪荷载、施工与检修荷载和地震作用，并按最不利组合进行设计。支架结构计算时，除尘器的灰荷载按满灰斗储灰量的 1.2 倍计取。灰斗及其连接的结构设计按袋式除尘器满灰斗储灰量的 1.5 倍考虑。

（7）根据运输条件的许可，规格较小的袋式除尘器可将箱体、灰斗等装配成整体发运；在现场进行组装的大、中型袋式除尘器，应在制造厂将主要部件加工成符合公路及铁路运输限定尺寸的单元，并经过标识和包装，再运往现场。

（8）大型袋式除尘器的箱体钢结构通常可以采用标准模块设计，每个仓室都是一个独立的过滤单元体。可以设计成标准型和用户型两种型式：前者是在工厂组装成单元箱体，再运往现场；后者是将工厂内制作完成的主要零部件运往现场组装。

（9）大型袋式除尘器在设计中必须考虑整体热应力的消除，以及材料的膨胀变形等问题。

三、灰斗要求

（1）灰斗的耐压强度应按满负荷工况下风机全压的 120％设计，并能长期承受系统压力和积灰的质量。

（2）灰斗的容积应能容纳输灰装置检修时间内的储灰量，锥度应保证粉尘流动流畅，灰斗斜面与水平面之间的夹角宜大于 60°。灰斗内部应光滑平整。当净化易燃、易爆、易板结粉尘时，除尘器灰斗壁交角的内侧应做成圆弧状，圆弧半径以 200mm 为宜。

（3）灰斗可设置检修门。卸灰阀与灰斗之间应设置手动插板阀。

（4）灰斗卸灰口尺寸应根据粉尘的性质、输灰方式、灰斗容积等确定，一般可取 300mm×300mm～450mm×450mm；大型袋式除尘器及垃圾焚烧袋式除尘器灰斗卸灰口尺寸不宜小于 400mm×400mm。

（5）根据袋式除尘工艺要求，灰斗可设置料位计、加热和保温装置、破拱装置。料位计与破拱装置不宜设置在同一侧面。对流动性差或黏性强的粉尘，灰斗应设空气炮、振打机构等破拱装置。破拱装置距卸灰口的距离宜为灰斗高度的 1/3。

（6）当气体含湿量较大，或粉尘易吸湿结块和易冻结时，灰斗应设置保温和加热器，卸灰和输灰设备应采用电或蒸汽等热源伴热。

（7）卸灰装置应符合机电产品技术条件，满足最大卸灰量和确保灰斗锁气的要求，避免粉尘外逸。

四、气流分布要求

1. 气流分布的作用

袋式除尘器气流分布的主要目的是保证滤袋使用寿命和降低设备阻力。气流组织分布的作用主要有以下几点：

（1）组织含尘气流向除尘器每个过滤单元均匀分配和输送，促使每个过滤单元滤袋的过滤负荷一致，避免使滤袋寿命长短不一。

（2）使通过除尘器的气流流动顺畅、平缓，降低除尘器箱体对气流的阻力。

（3）控制箱体进口处滤袋正面的风速，避免含尘气流对滤袋的冲刷，避免高温大颗粒对滤袋的烧损，防止局部气流扰动造成滤袋的摆动和碰撞；袋束前 200mm 处正面的平均风速应不大于 0.8m/s。

(4) 控制滤袋之间的气流上升速度，以利于清离滤袋的粉尘沉降，减少粉尘二次附着；滤袋底部下方 200mm 处气流上升平均速度应不大于 1m/s。

2. 袋式除尘器气流分布的技术要求

(1) 气流分布装置的设计应尽量在试验的基础上进行。

(2) 气流分布试验的目标是避免滤袋受含尘气流冲刷、促进粉尘沉降、实现过滤负荷均匀。

(3) 气流分布试验应结合除尘器的上游烟道形状、流动状态、进风和排风方式，以及除尘器结构进行。

(4) 气流分布试验应包括相似模拟试验和现场实物校核试验两部分，也可以利用计算机进行数值模拟试验。

(5) 气流分布相似模拟试验按实物最大烟气量时的流动状态和速度场进行，模化试验比例尺宜为 1∶5～1∶7。气流分布速度场测试断面按行列网格划分，测点布置在网格中心，模拟试验网格尺寸不宜大于 100mm×100mm。现场实物校核试验时，测试网格尺寸不宜大于 1000mm×1000mm。

(6) 各过滤单元的实际处理风量与设计风量的偏差不大于 10%。

(7) 气流分布板需设置多层，并保证一定的开孔率，以实现气流分布均匀，避免局部气流速度过高。

五、高温袋式除尘器要求

袋式除尘器净化高温烟气时，可将烟气冷却后采用常温滤料；或对烟气进行一定程度的冷却，采用耐温性较好的滤料；也可不进行冷却而直接采用高温滤料，应进行技术经济比较后确定。需要考虑的是，烟气冷却将增加设备投资和运行费用，但除尘器和常温滤料的价格较便宜；若不对烟气进行冷却，则因烟气工况流量大而使除尘器规模扩大，加上高温滤料价格较高，因而投资较高，但可省去冷却器的购置费和运行费用。

应当特别注意烟气的露点，运行温度的下限应高于烟气露点温度 15～20℃，以确保袋式除尘器安全运行。

在设计高温袋式除尘器的设备本体过程中，必须考虑钢结构的热膨胀及热应力的消除，这在大型袋式除尘器的设计过程中尤为重要。可以根据钢结构设计标准进行处理。

另一重要问题是保温。袋式除尘器选用的保温方式、保温材料、保温厚度应根据工艺条件、所需保温效果、气象条件、周围环境确定。保温设计应有避免雨水渗入的对策。灰斗部位除保温外，往往还需采取伴热措施。

六、防爆、防冻、降温要求

(1) 除尘器在系统中的布置，以及所采取的防爆、防冻、降温等措施应符合有关规定。

(2) 净化含有易燃易爆粉尘的含尘气体，应选择具有防爆和防泄漏功能的袋式除尘器，并配置温度、氧含量、易燃气体浓度等监测仪表和自动灭火保护、静电消除等装置。

(3) 处理高湿度含尘气体时，除尘系统及设备应保温，必要时灰斗应设加热装置，可采取电加热或低压饱和蒸汽加热。特别当气体含湿量较大或粉尘易吸湿结块和易冻结时，除尘器灰斗应设置保温和加热器，卸灰和输灰设备应采用电或蒸汽等热源伴热。

七、滤料、滤袋及滤袋框架要求

(1) 袋式除尘器用滤料及滤袋产品和滤袋框架应符合相关产品标准的技术要求。

（2）花板、滤袋及框架三者应相互匹配。匹配的主要内容和要求包括：袋口与花板的配合张紧适度，应严密而牢固；滤袋框架上端的护盖与袋口配合适度，滤袋框架的质量应由花板承担而避免施加于袋口；滤袋与滤袋框架的直径配合应根据滤料类型的不同而有差异，要求松紧度适宜，并考虑滤袋的收缩性；滤袋框架的长度宜保证框架底部与袋底间隙为5～15mm。

（3）滤袋框架的材质宜为冷拔钢丝或不锈钢。纵筋直径不小于3mm，根据所选滤料的不同，间距为20～40mm；支撑环直径不小于4mm，节距最大应不超过250mm。

（4）滤袋框架应有足够的强度和刚度，焊点应牢固、平滑，不得有裂痕、凹坑和毛刺，不允许有脱焊和漏焊。

（5）当滤袋框架为多节结构时，接口部位不得对滤袋造成磨损，接口形式应便于拆、装。

（6）应根据袋式除尘器的使用场合对滤袋框架做相应的防腐处理。

（7）滤袋的包装和运输应采用箱装，并有防雨措施。滤袋框架吊装和运输时应有专用的货架，露天放置时应有塑料袋包装且有防雨措施。

八、其他要求

（1）对于高浓度收尘工艺，应在袋式除尘器内设置预分离装置，除有特殊要求外，不宜另设预除尘器。

（2）对机械性粉尘或一般性炉窑烟尘，袋式除尘器宜采用在线清灰；对超细及黏性大的粉尘可采用离线清灰。

（3）常规袋式除尘器结构耐温按300℃考虑。

（4）袋式除尘器的进、出风方式应根据工艺要求、除尘器类型和结构形式、现场总图布置综合考虑确定。除尘器进风、出风总管和支管的风速宜取12～14m/s。宜优先采用上进风或中部进风方式。若采用灰斗进风方式，应设置有效的气流分布装置。除尘器各仓室进、出风口应设切换阀，并具有自动和手动、阀位识别、流向指示等功能。切换阀应可靠、灵活和严密，阀体和阀板应具有良好的刚性。

（5）大型袋式除尘器顶部宜设置起吊装置。起吊质量不小于最大检修部件的质量。

第五节　袋式除尘器设计选型步骤及参数确定

袋式除尘器选型步骤一般按照以下程序进行：

确定处理风量→确定运行温度及烟尘理化性质→选择清灰方式→选择滤料→确定过滤风速→确定过滤面积→确定清灰制度→确定除尘器型号与规格。

一、确定处理风量

处理风量是指除尘器在单位时间内需要处理的含尘气体的流量，一般用体积流量Q（单位为m^3/h）表示。袋式除尘器的处理风量是指除尘器进口流量，不考虑管道和设备的漏风率。若烟气波动较大，应取最大烟气量。

计算袋式除尘器的处理风量，应查阅原始资料，原始资料应真实、可靠，以测试报告、设计资料为主。如果用户无法提供，可以通过以下方式获得：委托专业测试单位进行测试；同类型、同规模项目类比；公式计算结合工程经验判断；模拟试验。

除尘器处理风量为工况风量。当原始烟气为标准状况的风量时，应换算成工况风量。计

算式为

$$Q = Q_0 \times \frac{T}{T_0} \times \frac{p_0}{p} \tag{6-9}$$

式中 Q_0——标况下的流量，m^3/h；

T_0——标况下的温度，K；

p_0——标况下的绝对压力，Pa；

Q——工况下的流量，m^3/h；

T——工况下的温度，K；

p——工况下的绝对压力，Pa。

二、确定气体温度及烟尘理化性质

主要通过收集资料、实测、类比等手段确定粉尘的理化性质。当含尘气体为常温时，常温滤料即可满足温度要求。

对于高温度气体，需要进行技术经济比较确定是否采取降温措施。降温后运行温度的上限应在所选滤料允许的长期使用温度以下；应当特别注意烟气的露点，降温后运行温度的下限应高于烟气露点温度15～20℃，以确保袋式除尘器安全运行。

三、选择清灰方式

根据含尘气体的特性、粉尘特性（粒径、黏性、浓度等）、排放浓度和设备阻力等确定清灰方式，以达到清灰效果好、设备阻力低的目的。

四、选择滤料

根据烟尘的特性和清灰方式选择合适的滤料。确定滤料的材质（常温或高温）、结构（机织布或针刺毡，是否覆膜等）、后处理方式等。

五、确定过滤风速

过滤风速是袋式除尘器最重要的技术指标之一，它直接决定除尘器的质量、投资、占地面积、运行能耗和费用，应当慎重确定。

过滤风速的选择与粉尘性质、含尘浓度、滤料特性、排放浓度、清灰方式和运行阻力的要求等因素有关。过滤风速越高，净化效率越低，运行阻力越高，但过滤面积越小，设备费用和占地面积越小。因此，过滤风速的选择要综合考虑各种因素。

过滤风速是通过工程积累的经验数据，通常根据工程类比确定的。无法借鉴时可通过试验获得。

在下列条件下可采用较高过滤风速：

(1) 采用强力清灰方式（如脉冲喷吹）。

(2) 清灰周期较短。

(3) 入口含尘浓度较低。

(4) 粉尘颗粒较大、黏性小。

(5) 处理常温含尘气体，采用针刺毡、水刺毡滤料或覆膜过滤材料。

在下列条件下宜取较低的过滤风速：

(1) 采用弱力清灰方式（如反吹清灰、振动清灰）。

(2) 排放浓度小于$10mg/m^3$。

(3) 粉尘粒径小、密度小、黏性大的炉窑烟气净化。

(4) 粉尘浓度较高、磨琢性大的含尘气体净化。

(5) 煤气、CO等工艺气体回收系统。

(6) 垃圾焚烧烟气净化。

(7) 含铅、镉、铬等重金属有毒有害物质的烟气净化。

(8) 贵重粉体的回收。

(9) 采用素布、玻璃纤维等滤料，要求较长滤料寿命。

六、确定过滤面积

风量与过滤风速一旦确定，即可计算除尘器过滤面积，确定滤袋的数量、尺寸及排列。

根据除尘器处理风量和选定的过滤风速，按式（6-10）计算过滤面积，即

$$S = \frac{Q}{60v_f} \tag{6-10}$$

式中 S——袋式除尘器的总过滤面积，m^2；

Q——处理风量（工况风量），m^3/h；

v_f——过滤风速，m/min。

算出总过滤面积后，根据滤袋的规格（直径和长度）计算滤袋数量，并确定排列布置方案。最终确定的滤袋数量应接近或略大于计算结果。

七、确定清灰制度

对于脉冲袋式除尘器主要确定喷吹周期和脉冲间隔，是否停风喷吹；对于分室反吹袋式除尘器主要确定二状态或三状态及其清灰间隔和周期、各状态的持续时间和次数。

八、确定除尘器型号、规格

根据以上结果确定袋式除尘器的型号、规格、参数等，据此完成设备选型或开展非标设计。

第六节 除尘器卸灰及输灰

一、除尘器卸灰、输灰装置基本要求

(1) 除尘器宜采用机械卸灰和输灰，也可采用气力输灰。卸输灰过程不应产生二次扬尘。

(2) 卸灰装置的卸灰能力应满足设计要求，卸灰顺畅、严密，避免粉尘泄漏和漏风。

(3) 除尘器灰斗的卸灰口应设置插板阀、卸灰阀及落灰短管，卸灰阀上方应设掏灰孔。

(4) 输灰装置的输灰量应大于卸灰阀的卸灰量；后一级输灰装置的输灰能力应大于前一级输灰装置的输灰能力。

(5) 除尘器收集的粉尘装车准备外运时，宜采用粉尘加湿、卸灰口排风或无尘装车等措施，防止二次扬尘。有条件时，宜选用真空吸引压送罐车。

二、卸灰装置

1. 卸灰装置类型

卸灰装置通常采用回转卸灰阀（星形卸灰器），也有采用翻板卸灰阀。卸灰阀通常与插板阀配套使用。

(1) 插板阀。插板阀通常安装在料斗、放料口和卸灰阀之间，在检修作业时关闭插板阀，防止粉尘泄漏，有手动、气动和电动等型式。

根据结构形式的不同，手动插板阀又分为螺杆型和手柄型两种，通常与回转阀配套，仅用作回转阀检修时防止灰斗粉尘外泄。气动插板阀和电动插板阀都可用于灰斗或料仓的自动卸灰。

(2) 翻板卸灰阀。翻板卸灰阀有单层翻板和双层翻板两种型式，驱动方式有机械、电动、气动三种。袋式除尘器主要使用气动翻板卸灰阀。

双层翻板卸灰阀有上、下串联的两个翻板结构。当上层翻板开启时，下层翻板处于关闭状态；而当下层翻板开启时，上层翻板已经复位，因此减少了漏风。

(3) 回转卸灰阀。回转卸灰阀又称星形卸灰阀，它利用星形阀芯的机械回转，实现定量卸灰。该种卸灰阀具有圆口或方口、减速机直联传动或皮带传动等多种型式。这种卸灰阀结构简单、密封性好、运行可靠，适用于干粉状或细粒状的非黏性物料。

2. 卸灰装置的选用要求

卸灰装置的选用，应视粉尘的性质、卸灰量、卸灰制度（间歇或连续）等情况而进行。

(1) 卸灰装置应运转灵活且气密性好，避免漏风和漏灰。

(2) 卸灰装置应耐用，所用材料满足粉尘特性和温度等使用条件。

(3) 当采用搅拌装置或加湿机处理卸出的粉尘时，应选择能均匀给料的卸灰装置，如回转卸灰阀等。

3. 无尘卸料装置

(1) 双轴螺旋加湿机。双轴螺旋加湿机由定量给料、供水加湿、双轴螺旋搅拌输送、驱动及控制装置等部分组成，适用于粉尘粒径较粗、黏性较低而处理量较大的场合。

(2) 单轴螺旋加湿机。单轴螺旋加湿机与双轴加湿机相比具有两点主要改进：改双轴螺旋为单轴螺旋，使设备紧凑；改金属螺旋叶片搅拌为陶瓷棒搅拌，并在筒体安装激振电动机，有效地解决了黏料堵塞问题，提高了加湿机运行稳定性和可靠性，扩大了加湿机的应用范围。

(3) 无尘装车机。无尘装车机是利用“全程封闭、最小落差、零压输送”的工作原理，为防止粉尘在卸灰装车过程中产生二次污染而专门研制开发的装车设备。它是由定量卸灰阀、圆板拉链机、出口拨料器、均压管，以及机头升降装置等组成的。

三、输灰装置

输灰装置是将粉尘或块料水平输送或垂直输送一定距离的设备或设备组合。输灰装置应根据粉尘物性（粒度、磨琢性、流动性、密度）和输送量、输送距离、现场平面和立面布置条件等因素综合确定。

1. 输灰装置组成与工作过程

大中型袋式除尘器输灰系统由卸灰阀、刮板输送机、斗式提升机、储灰罐、吸引装置、汽车等组成。根据除尘器规格的不同，输灰装置有较大差异。图 6-3 所示为典型的大型除尘器常用输灰装置。

袋式除尘器各灰斗的粉尘首先经过卸灰阀排到刮板输送机上（如果有两排灰斗，则由两个切出刮板输送机送到一个集合刮板输送机上，并把灰卸到斗式提升机下部），粉尘经提升到一定高度后卸至储灰罐。储灰罐的粉尘积满（约 4/5 灰罐高度）后定时由吸尘车拉走，无吸尘车时，可由储灰罐直接把粉尘经卸灰阀卸到拉尘汽车上运走（为了避免粉尘飞扬，可用加湿机把粉尘喷水后再卸到拉尘汽车上）。

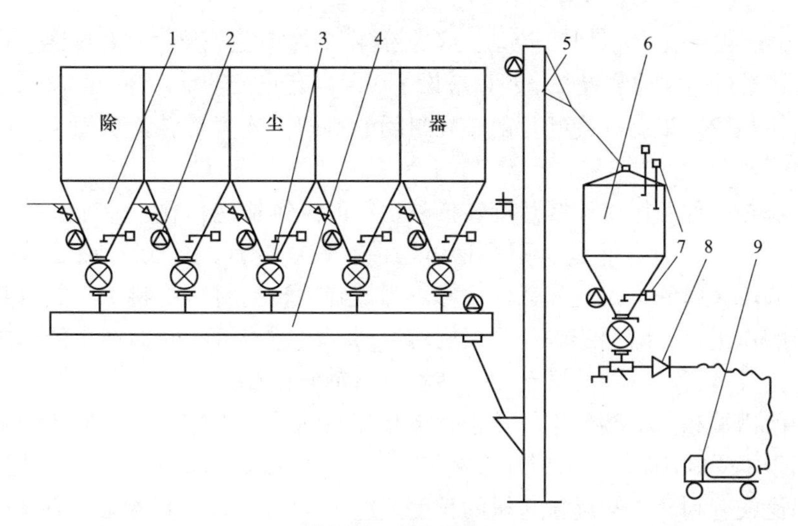

图 6-3 输灰装置

1—除尘器灰斗；2—振打器；3—卸灰阀；4—埋刮板输送机；5—斗式提升机；6—储灰罐；7—料位计；8—吸引装置；9—运灰车

对小型除尘器而言，输排灰装置比较简单。排灰用卸灰阀，输灰用螺旋输送机直接排到送灰小车，定时用小车把灰运走。也有的小型除尘器把灰排到地坑里，定时进行清理。这种方法比把灰排到小车里操作复杂，可能造成粉尘的二次污染。

除粉尘的机械输送以外，气力输送系统也是输灰的常用方式。其工作动力是高压风机吸引的强力气流。主要设备是卸灰阀、气力输送管道、储灰罐及气固分离装置及高压风机等。

2. 输灰装置的特点及适用场合

输灰装置的选用取决于除尘器的规模大小。根据输送物料的性质、输送量、输送的距离和方位确定输送装置的形式。输送装置力求运行可靠、维护和管理方便，同时应避免输送过程中粉尘的外逸和飞扬。常见排灰装置的特点见表 6-2。

表 6-2　　常见排灰装置的特点

序号	性能参数	气力输送机	胶带输送机	螺旋输送机	埋刮板输送机	斗式提升机	车辆
1	积存灰	无	无	有	有	有	无
2	布置	自由	直线、曲线	直线	直线、曲线	直线	自由
3	维修量	较大	较小	较大	大	大	较小
4	输送量（m^3/h）	约 100	约 300	约 10	约 50	约 100	约 10
5	输送距离（m）	10～250	1000	20	50	20	不限
6	输送高度（m）	50	10	2	10	30	—
7	粉尘最大粒度（mm）	30	不限	<10	<10	<30	—
8	粉尘流动性	不限	不限	不适用砂状尘	不适用流动性尘	不限	不限
9	粉尘吸水性	不适用吸水性强的	不限	不适用含水大的	不限	不限	不限

3. 螺旋输送机

选用螺旋输送机时应符合下列要求：

（1）适用于水平或倾斜度小于 20°时粉料输送。

（2）输送长度不宜超过 20m，输送量一般小于 $10m^3/h$。

（3）倾斜提升输送时，输送高度一般不高于 2m。

（4）不宜输送粒径细、密度小、流动性好的粉料；不宜输送密度大、磨琢性强的矿物性粉料。

（5）螺旋输送机的驱动装置及出料口应设于头节（有止推轴承），使螺旋轴处于受拉状态。

螺旋输送机是依靠带有螺旋叶片的轴在封闭的料槽中连续旋转，从而推动物料移动的输送机械。

螺旋输送机是一种利用螺旋叶片旋转推移物料的连续输送机械。它主要由螺旋轴、料槽及驱动装置组成。料槽的下部是半圆形槽体，带有螺旋叶片的螺旋转轴沿纵向安装于料槽内，上部为可分段开启的平面盖板以便检修。当螺旋轴转动时，物料由于其自身质量及其与槽壁件摩擦力的作用，不随螺旋轴一同做旋转运动，由螺旋轴旋转而产生的轴向推动力直接作用到物料上，成为物料运动的推动力，使物料沿轴向移动。

螺旋轴的前槽端和后槽端分别由止推轴承和径向轴承所支撑。止推轴承一般均采用圆锥滚子轴承，用于承受螺旋轴输送物料时的轴向力。止推轴承设于前端可使螺旋轴仅受拉力，这种受力状态比较有利。当螺旋输送机的长度超过3～4m时，除在槽端设轴承外，还需要补充安装中间的悬挂轴承，以承受螺旋轴的一部分质量和运转时所产生的力。悬挂轴承不能安装太密，因为在悬挂处螺旋面被中断，会造成物料在该处的堆积，增加输送阻力。为此悬挂轴承的尺寸要尽可能小。料槽常用3～6mm的钢板制成。物料由料槽上部盖板处的进料口进入。卸料口既可以布置在螺旋输送机的中端，也可以布置在末端，在除尘器灰斗下通常都布置在末端。料槽的上盖板可安装密闭的观察孔，以观察物料的输送情况。驱动装置包括电动机和减速机，两者之间用弹性联轴器连接，而减速机与螺旋轴之间常用浮动联轴器连接。

螺旋的形状根据输送物料的不同有多种。对于除尘灰，由于颗粒细、黏滞性小，不随叶片旋转，通常采用全叶式螺旋（如图6-4所示）。全叶式螺旋叶片一般采用3～8mm的钢板冲压而成，然后焊接到轴上，各个螺旋之间同样用电焊焊接起来形成完整的螺旋。螺旋轴可以是实心的，也可以是管形的。在相同强度下，管形轴的质量要小得多，并且轴与轴之间可采用法兰连接，更加方便。螺旋与料槽之间的间隙一般根据输送物料的不同设定在5～15mm之间，间隙太大会降低输送效率，太小则增加运动阻力。

按输送方向分为水平螺旋输送机、倾斜螺旋输送机和垂直（向上）螺旋输送机三种类型。除尘工程常采用的是第一种。

螺旋输送机的主要优点是结构简单，除驱动装置和螺旋轴外，不再有其他运动部件，运行管理和维护简单，密封好；占地面积小，横截面积小，便于在除尘器灰斗下安装。缺点是动力消耗大，对过载敏感，要求均匀加料，螺旋机壳和悬吊轴承易磨损，旋转叶片与料槽之间易产生摩擦，输送粉料时对轴承防灰的要求高等。

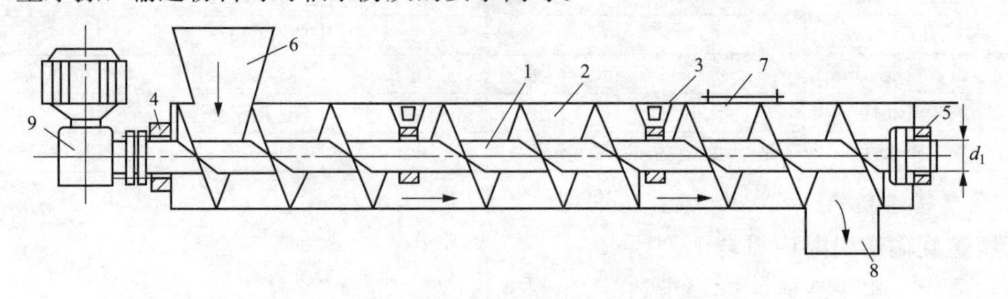

图6-4　螺旋输送机结构原理

1—转轴；2—料槽；3—轴承；4—末端轴承；5—首段轴承；6—装灰斗；7—装灰口；8—卸灰口；9—驱动装置

4. 埋刮板输送机

选用埋刮板输送机时应符合下列要求：

（1）适用于粉尘状、小颗粒和小块状物料的输送。

（2）物料密度宜在 0.2～1.8t/m³ 之间，粒度小于 10mm。

（3）物料温度不宜超过 200℃，高温物料输送时应采用耐高温密封材料。

（4）输送距离宜小于 50m，输送量宜小于 50m³/h。

（5）输送物料的含水率不大于 10%。

埋刮板输送机是一种在封闭的矩形断面壳体内，借助于运动着的刮板链条连续输送散状物料的运输设备。埋刮板输送机物料可以按水平输送、倾斜输送和垂直提升等不同方式布置。

埋刮板输送机在水平输送时，物料受刮板链条在运动方向的压力及物料自身质量的作用，在物料间产生了内摩擦力，使物料形成连续整体的料流而被输送。

在垂直提升时，物料受到刮板链条在运动方向的压力，在物料中产生了横向的侧面压力，形成了物料的内摩擦力；同时由于水平段的不断给料，下部物料相继对上部物料产生推移力。该摩擦力和推移力克服物料在机槽中移动而产生的外摩擦阻力和物料自身的质量，使物料形成了连续整体的料流而被提升。

如图 6-5 所示，埋刮板输送机主要由头部、装料口、泄料口、封闭料槽、刮板链条、中间段、过渡段和尾部等零部件组成。封闭的料槽分为上下两部分，其中一个为有载分支，另一个为无载分支。料槽的头部设有埋刮板机的驱动部件，由壳体、头轮、头轮轴、轴承、轴承座、脱链器等零部件构成。根据需要，可在头部安装堵料探测器。头部分为左装和右装两种形式。尾部是埋刮板机的张紧和改向部件，由尾部壳体、尾轮、尾轴、轴承座、张紧丝杆等零部件构成，通过调节张紧丝杆来调节牵引链条的松紧，使之达到最佳状态。根据需要，可在尾部安装断链指示器。中间由若干段连接而成，以满足不同输送距离和转向的要求。根据需要在料槽的适当位置布置装料口、泄料口、检查口，以及为链条导向的导轨、导轮等。

埋刮板输送机机型有水平机型、垂直机型、Z 形机型，见图 6-6。

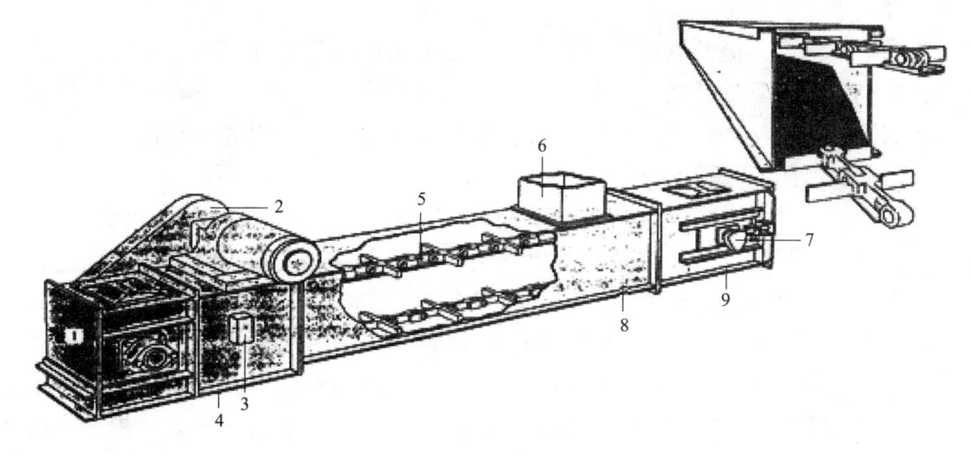

图 6-5 埋刮板输送机结构

1—头部；2—驱动装置；3—堵料探测器；4—泄料口；5—刮板链条；6—加料口；7—断链指示器；8—中间段；9—尾部

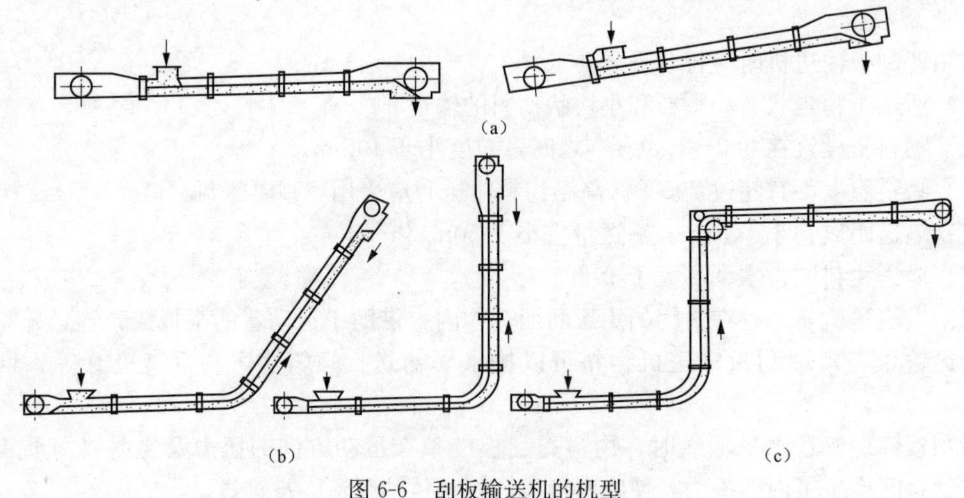

图 6-6 刮板输送机的机型

(a) 水平机型；(b) 垂直机型；(c) Z 形机型

埋刮板输送机的主要特点如下：

(1) 使用范围广，输送物料的品种多。

(2) 输送密闭。物料在封闭的机槽内输送，不抛撒、不泄漏，能防尘、防水、防毒、防爆。

(3) 工艺布置灵活。水平、垂直、Z 形机型不仅能单机使用，也能多机组合。

(4) 可以多点加料或多点卸料，根据除尘器灰斗的数量、位置设置相应的加料口和出料口。

(5) 体积小、质量轻、操作维护方便，运行安全可靠。

(6) 输送量可调节。通过改变刮板链条运行速度、调节卸料口开启大小等措施，能方便地调节输送量的大小。

(7) 输送距离、提升高度有限，噪声较大。

(8) 刮板链条与机槽的磨损较大，特别是磨琢性较大的粉尘更为严重。

(9) 水平机型埋刮板输送机维护及更换较容易，垂直机型则较困难。

(10) 常见的故障有卡料、积料、返料、浮链等。

5. 斗式提升机

选用斗式提升机时，提升高度不宜超过 40m，输送量小于 60m^3/h。

斗式提升机主要由驱动装置、头轮（即传动滚轮或传动链轮）、张紧装置、尾轮（即尾部滚轮或尾部链轮）、牵引件（胶带或链条）、进料口、出料口和机壳等组成，进料口有掏取式和流入式两种，如图 6-7 所示。

斗式提升机是一种垂直向上的输送设备，用于输送粉状、颗粒状、小块状的散状物料。其料斗和牵引构件等行走部分，以及提升机头轮和尾轮等均安置在提升机的封闭罩内；而驱动装置是提升机与头轮相连，张紧装置与尾轮相连，当物料从提升机的底部进入时，牵引构件动作使一系列料斗向上提升至头部，并在该处进行卸载，从而完成物料垂直向上输送的要求。

斗式提升机可分为外斗式胶带传动和外斗式板链传动两种。斗式提升机在横截面上的外形尺寸较小，可使输运系统布置紧凑；其结构简单，体积小、密封性能好、提升高度大、安装维修方便；当选用耐热胶带时，允许使用温度为 120℃左右。一般对其选用要求如下：

(1) 根据所选的斗式提升机型号，确定牵引构件的结构形式。

(2) 根据被输送物料的温度要求，选择不同型号的斗式输送机。

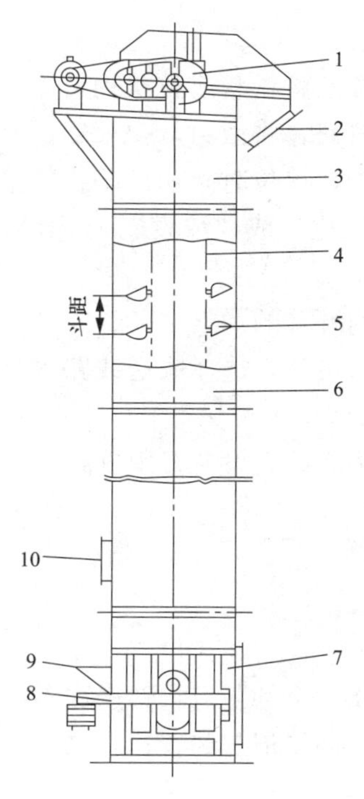

图 6-7 斗式提升机

1—驱动装置；2—出料口；3—上部区段；4—牵引件；5—料斗；
6—中部机壳；7—下部区段；8—张紧装置；9—进料口；10—检视门

（3）根据物料的输送量要求，选择斗式提升机的规格和型号。

（4）一般采用直立式提升机，其输送物料的高度一般为 15～25m。

6. 储灰仓

储灰仓一般由设备本体和辅助设备两部分组成。设备本体部分内包括灰斗、筒体和梯子平台、料位计、简易滤袋除尘器、防闭塞装置等；辅助设备部分包括检修插板阀和卸灰阀、卸尘吸引嘴、加湿机和汽车运输等。

储灰仓作为输灰系统中储存粉尘的一种常用设备，其选用要求如下：

（1）储灰仓用作储存除尘器收得的粉尘时，其计算容积通常不少于除尘器连续运行两天的产尘量。

（2）储灰仓顶部应设置简易滤袋除尘器，或设置排气管与除尘管道连接。

（3）在灰斗外壁的适当位置处设置防堵装置，如空气炮或振打电动机。

根据除尘系统粉尘回收量的大小，设计或选用合适的储灰仓容积，其规格见表 6-3。除灰系统的储灰仓壁厚一般控制在 4.5～8mm，电动机功率在 0.15～5.5kW。

表 6-3　　储灰仓规格

储灰能力（m^3）	17	20	25	36	48
D(mm)	3000	3200	3500	3500	3700
H_1(mm)	3200	3200	3400	3400	3700
H_2(mm)	2200	2200	2450	3300	3300

7. 气力输送装置

气力输送装置是利用管道中流动的空气（或气体）将粉状或粒状物料流态化，使之在气流中形成悬浮状态，然后按工艺要求沿相应的输送管路，将散料从一处输送到另一处。在输送过程中，管道中呈现气固两相流状态。在两相流中，单位时间输送的物料量与同一时间输送消耗的空气量的比值称为“料气比”，也称“固气比”或“浓度”。比值高的称“浓相”，低的称“稀相”。其主要特点如下：

(1) 系统的密闭性好，可防止粉尘及有害气体对环境的污染。

(2) 设备简单，结构紧凑，操作方便，工艺布置灵活，选择输送线路容易，从而使工艺配置合理。

(3) 动力消耗较大，须另外配备压气系统和分离系统，设备费用较高。

(4) 有较高的生产能力，并可进行长距离输送。

选用气力输送时，应符合下列要求：

(1) 适用于长距离集中输送和提升输送。

(2) 物料最高温度小于400℃。

(3) 可将多个卸灰口物料集中送往一处，也可将单个卸灰口物料送往多处。

(4) 输送管路应采用防磨弯头，管路系统应设有防堵清灰装置。

(5) 不宜输送粗颗粒、密度大和含水量高的粉料。

常见的气力输送装置有吸送式、压送式和仓式泵等。

(1) 低压吸送式气力输送（负压气力输送）。利用安装在输送系统终点的风机或真空泵抽吸系统内的空气，在输送管中形成低于大气压的负压气流。物料和大气一起从起点吸嘴进入管道，随气流输送到终点分离器内。物料颗粒受到重力或离心力作用从气流中分离出来，空气则经过滤净化后通过风机排放到大气中。图6-8所示为吸送式气力输送装置的一个典型案例。

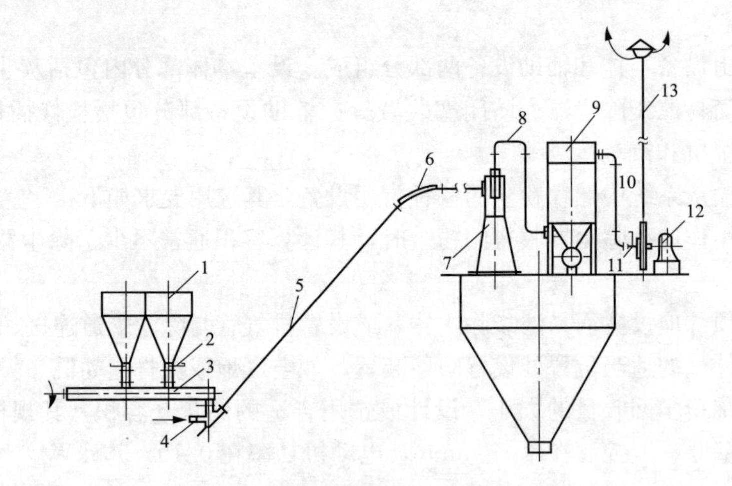

图6-8　低压吸入式气力输送装置

1—储灰斗；2—调节阀门；3—螺旋给料器；4—喉管；5—输送管道；6—弯管；7—扩散式分离器；8—排气管道；9—袋式除尘器；10—排气管道；11—风机入口闸门；12—风机与电动机；13—排气管道

(2) 低正压送式气力输送（低正压气力输送）。利用安装在输送系统起点的高压风机（或罗茨风机），将空气压送至供料装置中，与物料混合后，料和气一起经输送管道送至终点的分离器或储仓内，空气经过滤后外排。空气在管道内呈正压，因此应在供料口与供料器之间加密封性好的旋转供料器，见图 6-9。

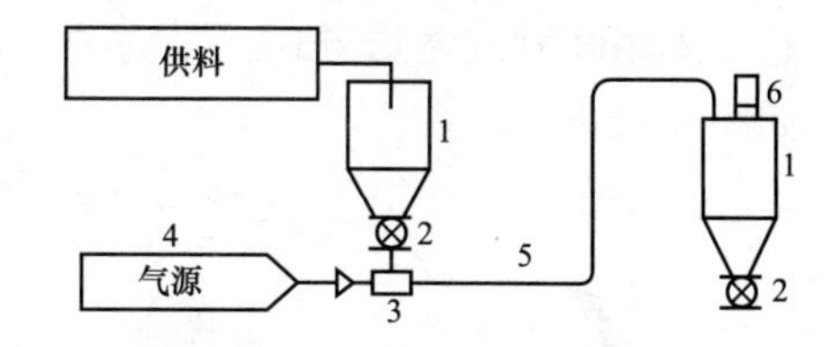

图 6-9 低压压送式

1—储料罐（或灰斗）；2—星型卸灰阀；3—喷射供料器；4—气源（高压风机或罗茨风机）；5—输料管；6—仓顶除尘器

此外，还有将正压输送和负压输送组合起来使用的吸-压复合式气力输送系统。如果将系统终点的排气再引入到起点作为进气，就成为循环封闭式气力输送。

（3）高正压气力输送系统（仓式泵输送装置）。利用压缩空气使仓式气力输送泵（简称仓泵）内的灰与空气混合，并吹入输送管道，直接排入灰库，见图 6-10。输送能力比其他系统强，当输送量在 100t/h 范围内时，输送距离为 50～2000m。其主要设备有仓泵、气动出料阀等。

仓泵系统的优点是能输送较远的距离，输送出力也较高。但由于压力较高，所以对配套设备的要求相应提高。

仓式泵有多种形式，常见的小仓式泵的结构如图 6-11 所示，由灰路、气路、仓泵体及控制等部分组成。流态化小仓泵的出口位于仓泵上方，采用上引式。它的优点是灰块不会造成仓泵的堵塞。流态化小仓泵采用多层帆布板或宝塔形多孔钢板结构。压缩空气通过气控进气阀进入小仓泵底部的汽化室，粉尘颗粒在仓泵内被流化盘透过的压缩空气充分包裹，使粉尘颗粒形成具有流体性质的“拟流体”，从而具有良好的流动性，能实现浓相输送。

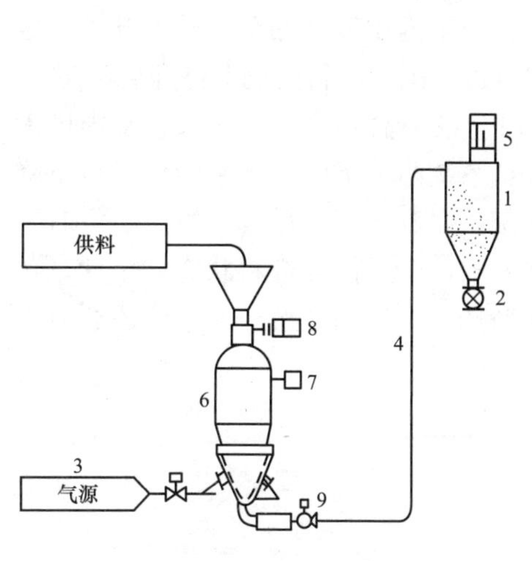

图 6-10 高压压送式

1—储料罐；2—星型卸灰阀；3—气源（压缩空气）；4—输料管；5—仓顶除尘器；6—发送罐（仓式泵）；7—料位计；8—进料阀；9—出料阀

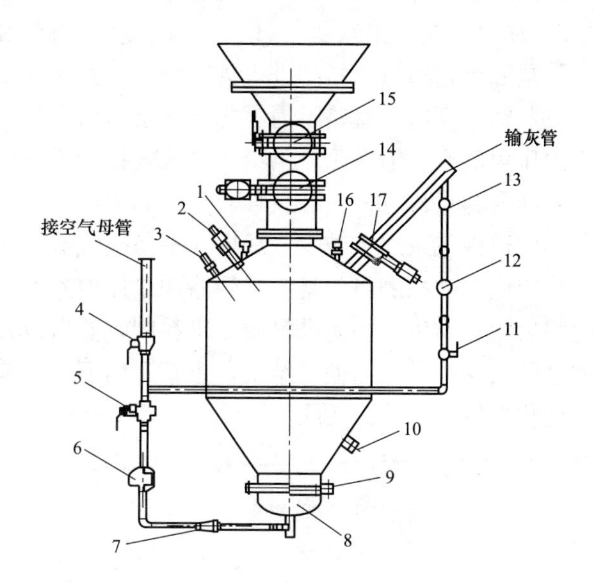

图 6-11 仓式泵的结构

1—压力开关；2—安全阀；3—料位计；4—球阀 DN40；5—旋塞阀 DN40；6—二位二通截止阀；7—单向阀 DN40；8—气化室；9—流化盘；10—检查孔；11—旋塞阀 DN20；12—二位二通截止阀；13—单向阀；14—进料阀；15—检修蝶阀；16—压力表；17—出料阀

仓泵采用间歇式输送方式，每输送一仓飞灰即为一个工作循环，每个工作循环分四个阶段，如图 6-12 所示。

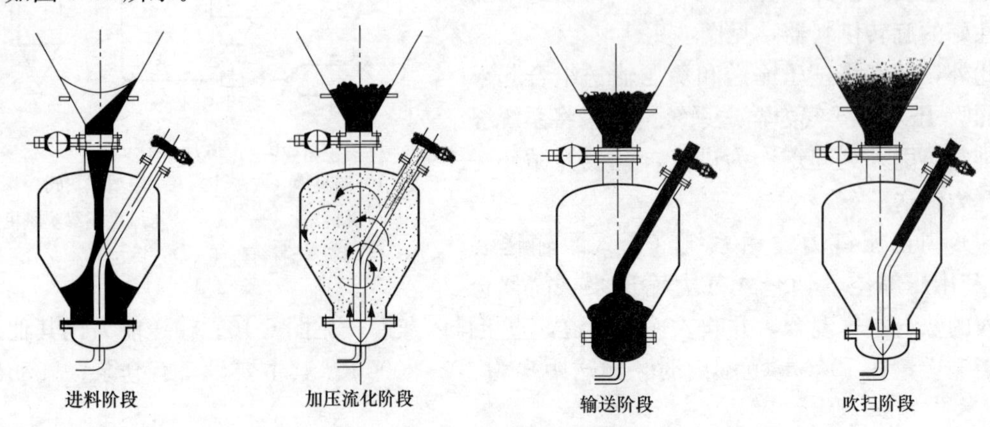

图 6-12　正压小仓泵的四个基本工作过程

1）进料阶段。进料阀呈开启状态，进气阀和出料阀关闭，仓泵内部与灰斗连通，仓泵内无压力（与除尘器内部等压），飞灰不断从除尘器灰斗进入仓泵。当仓泵内飞灰灰位高至与料位计探头接触时，料位计产生料满信号，通过程序控制器，系统自动关闭进料阀，进料状态结束。

2）加压流化阶段。进料阀关闭，打开进气阀，压缩空气通过流化盘均匀进入仓泵，仓泵内飞灰充分流态化，同时压力升高。当压力高至双压力开关上限压力时，双压力开关输出上限压力信号至控制系统，系统自动打开出料阀，加压流化阶段结束，进入输送阶段。

3）输送阶段。出料阀打开，此时仓泵一边继续进气，飞灰被流态化，灰气均匀混合；一边气灰混合物通过出料阀进入输灰管道，并输送至灰库，此时仓泵内压力保持稳定。当仓泵内飞灰输送完后，管路阻力下降，仓泵内压力降低；当仓泵内压力降低至双压力开关整定的下限压力值时，输送阶段结束，进入吹扫阶段。但此时进气阀和出料阀仍保持开启状态。

4）吹扫阶段。进气和出料阀仍开启，压缩空气吹扫仓泵和输灰管道，此时仓泵内已无飞灰，管道内飞灰逐步减少，最后几乎呈空气流动状态。系统阻力下降，仓泵内压力也下降至一稳定值。吹扫的目的是吹尽管路和泵体内残留的飞灰，以利于下一循环的输送。定时一段时间后吹扫结束，关闭进气阀、出料阀，然后打开进料阀，仓泵恢复进料状态。至此，包括四个阶段的一个输送循环结束，重新开始下一个输送循环。上述输送循环四个阶段仓泵内压力变化曲线如图 6-13 所示。

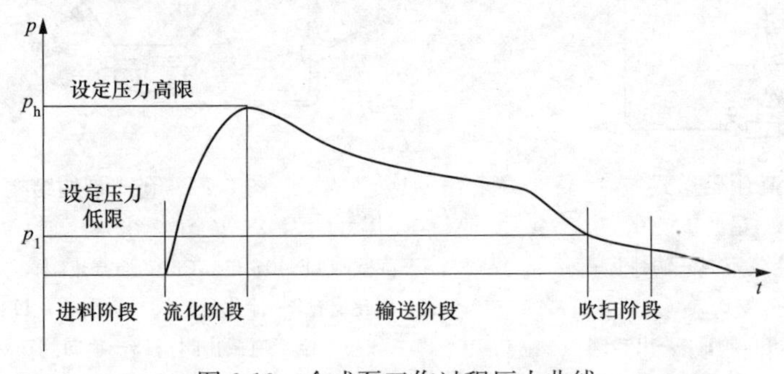

图 6-13　仓式泵工作过程压力曲线

仓式泵按容积分为11个规格，仓泵直径从800mm到2600mm，容积从0.25m³到15m³，进料口为DN200～250mm，排料口为DN80～150mm，输送物料温度为50～400℃，工作压力为0～0.25MPa，设备耐压为1.0MPa。

仓式泵输送装置是一种常用的气力输送装置，属于正压浓相气力输送系统，主要特点如下：

1）灰气比高，一般可达25～35kg/kg（灰/气），空气消耗量为稀相系统的1/3～1/2，用较少量的空气输送较多的物料。

2）输送速度低，为6～12m/s，是稀相系统的1/3～1/2，输灰直管采用普通无缝钢管，基本解决了管道磨损、阀门磨损等问题。

3）助推器技术用于正压浓相流态化小仓泵系统，从而解决了堵管问题。

4）可实现远距离输送，其单级输送距离达2000m，输送压力一般为0.15～0.22MPa，高于稀相系统。

5）单个小仓泵可离线检修，不影响其他仓泵工作。

6）自动化程度高。

7）流态化仓泵安全可靠、寿命长、检修工作量少；结构简单、质量轻、占地面积小（可悬挂在灰斗上）。

8）使物料充分流态化，形成“拟流体”，使物料具有良好的流动性，因而实现真正的浓相低速输送。

9）气力输送的优缺点。气力输送的原理和应用实践都证明它具有一系列的优点，概括起来，气力输送有如下优点：①便于长距离集中、定点输送，提升输送。②输送管道能灵活地配置，不受空间位置和输送线路限制，占地面积小。③输送系统完全密闭，粉尘飞扬和逸出少，可以实现环境卫生。④运动零部件少、维修保养方便，易于实现自动化。⑤散料输送效率高、设备构造简单、维护方便。⑥能避免被输送物料的受潮、污损和混入其他杂物，从而保证了输送质量；物料最高温度为400℃。⑦可进行由数点集中的物料送往一处或由一处分散送往数点的远距离操作。⑧对于化学性能不稳定的物料，可以采用惰性气体输送。⑨与水力除灰相比，节省大量冲灰水，节省水资源和水处理费用，有利于飞灰综合利用。

然而，与其他机械输送方式相比，其缺点是动力消耗较大。此外，对于采用高输送风速的装置应注意管道的磨损、堵塞问题。

10）气体输送适用范围。适用于气力输送的物料在物性和粒度上有一定的限制，粗大和潮湿的灰不宜输送。常见气力除灰系统的适用范围和选用要点如表6-4所示。

表6-4　气力除灰系统的基本类型及选用要点

系统类型	主要设备	压力(kPa)	系统出力(t/h)	输送长度(m)	灰气比(kg/kg)	选用要点
高正压系统	大仓泵	200～800	30～100	500～2000	7～15	系统出力和输送长度较大，适合厂外输送
低正压系统	气锁阀	＜200	80	200～450	25～30	输送长度较短，单灰斗配置，适用于从一处向多处进行分散输送
负压系统	受灰器、负压风机、真空泵等	−50	50	＜200	2～10 20～25	输送长度短，单灰斗配置。适用于从低处向高处，由数处向一处集中输送
小仓泵系统	小仓泵	200～400	12 (1.5m³泵)	50～1500	30～60	输送长度较长，单灰斗配置

第七章 袋式除尘器制造

目前，我国最常用的袋式除尘器是脉冲类袋式除尘器。本章以脉冲喷吹袋式除尘器为代表，介绍袋式除尘器的制造及要求。

袋式除尘器的本体结构主要包括上箱体、清灰装置、中箱体、灰斗、进、出口风道、梯子、平台、栏杆等。

袋式除尘器制造总体上应符合下列标准的要求：

(1) JB 10191—2000《袋式除尘器安全要求　脉冲喷吹类袋式除尘器用分气箱》。

(2) JB/T 10341—2002《滤筒式除尘器》。

(3) HJ/T 328—2006《脉冲喷吹类袋式除尘器标准》。

(4) HJ/T 329—2006《环境保护产品技术要求　回转反吹袋式除尘器》。

(5) HJ/T 330—2006《环境保护产品技术要求　分室反吹类袋式除尘器》。

(6) JBT 8532—2008《脉冲喷吹类袋式除尘器》。

(7) GB/T 27869—2011《电袋复合除尘器》。

(8) HJ 2020—2012《袋式除尘工程通用技术规范》。

(9) HJ 2039—2014《火电厂除尘工程技术规范》。

(10) JB/T 3223—1996《焊条质量管理规程》

(11) GB/T 8923—2011《涂覆涂料前钢材表面处理表面清洁度的目视评定》

第一节　除尘器分气箱

脉冲喷吹袋式除尘器分气箱的断面形状主要有矩形和圆形两种。其常用截面尺寸见表 7-1。

随着袋式除尘器设备的大型化，分气箱的断面尺寸也随之增大。气包分气箱制作材料通常选用 Q235、Q345、20g 或 20R。

表 7-1　分气箱的截面尺寸

矩形		圆形	
外侧尺寸（mm）	320×320	外径（mm）	400
	400×400		500
	250×450		600

一、矩形分气箱

矩形分气箱截面如图 7-1 所示。圆角半径 r 应大于或等于侧板厚度的 3 倍。分气箱两端的端板通常为平板，如图 7-2 所示。

分气箱的结构设计应首先设定结构尺寸，然后按要求进行应力校核，直至满足要求为止。

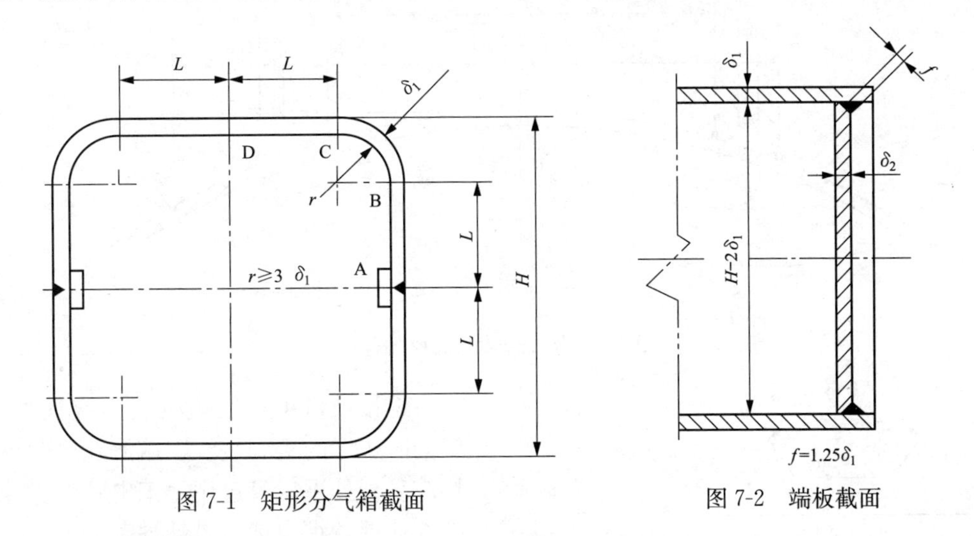

图 7-1 矩形分气箱截面　　图 7-2 端板截面

二、圆形分气箱

圆形分气箱截面如图 7-3 所示，一般采用无缝钢管制作。分气箱两端采用标准椭圆形封头（见图 7-4）或圆形平盖（见图 7-5）。

采用封头结构的应符合 GB 150—2011《钢制压力容器》的规定，封头的直边高度 $h \geqslant$ 25mm。

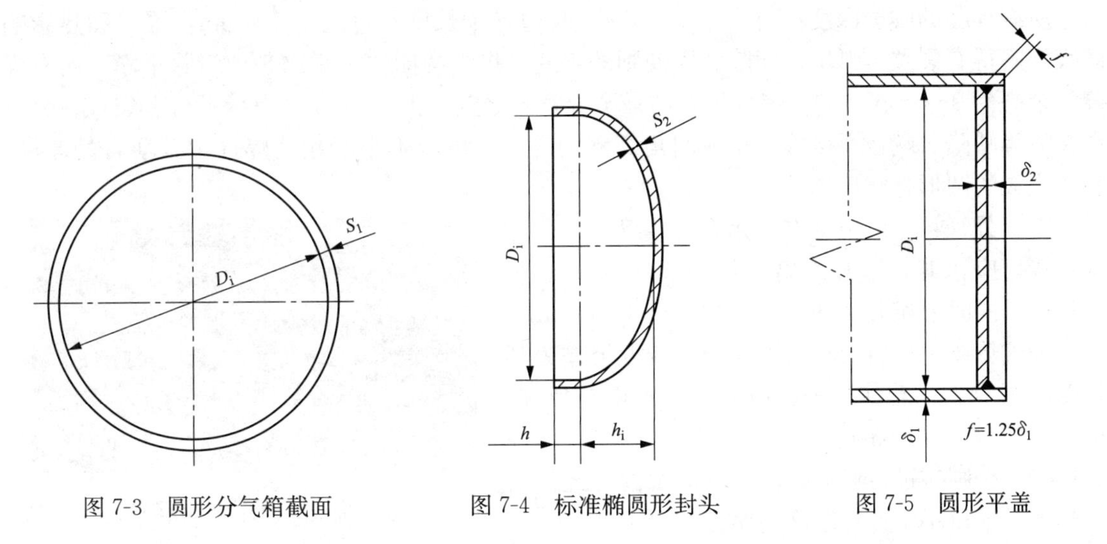

图 7-3 圆形分气箱截面　　图 7-4 标准椭圆形封头　　图 7-5 圆形平盖

分气箱上需要焊接底座，用于安装脉冲阀。分气箱体与底座的连接形式、结构尺寸如图 7-6 所示。底座外径 D 及内径 d 应与脉冲阀阀体底盘的外径、内径尺寸一致，并保持有最小的安装距离。

三、制造

圆形分气箱应采用无缝钢管制作，并符合设计图纸的要求。圆形箱体与封头的环焊缝，以及圆形、方形箱体纵焊缝的焊接坡口形状和尺寸如图 7-7 所示。

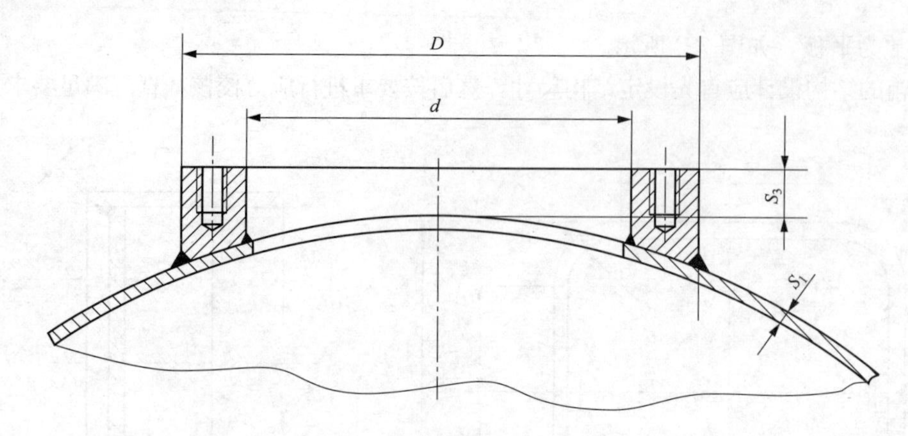

图 7-6　分气箱体与底座的连接

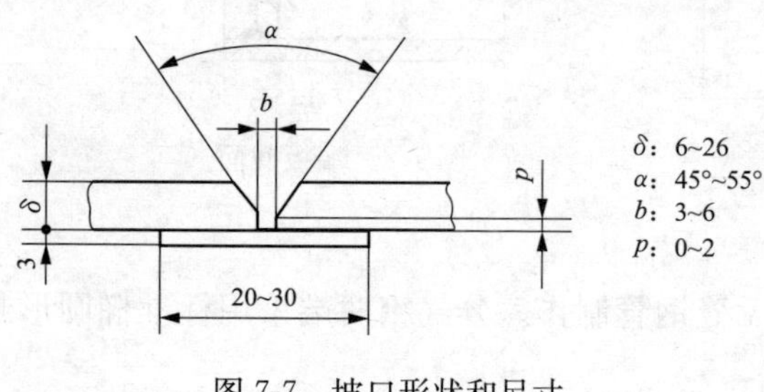

图 7-7　坡口形状和尺寸

焊接坡口可用刨边机刨出或气割完成，气割时边缘的毛刺裂纹、熔渣及凸凹不平处均应妥善处理。可选用手工电弧焊、二氧化碳气体保护焊、埋弧自动焊等。

施焊前应对母材坡口表面及其周边污物、熔渣及其他有害杂质进行清理。施焊时不得在非焊接处引弧，纵焊缝应有引弧板和熄弧板，板长不得小于 100mm。去除引、熄弧板时应采用切除的方法，严禁使用敲击的方法，切除处应磨平。

所有焊缝的咬边深度不得大于 0.5mm，咬边连续长度不得大于 100mm。焊缝和热影响区表面不得有裂纹、弧坑、凹陷和不规则的突变。焊缝两侧的飞溅物必须清除干净，所有焊缝的余高为 0～3mm。同一焊缝最宽与最窄处宽度之差不大于 3mm。焊缝不得有裂纹、分层和夹渣等缺陷。端板、接管与箱体间角焊缝的焊脚高度应不小于相连焊件中较薄者的厚度。制作完成的圆形分气箱见图 7-8。

方形分气箱体沿长度方向允许有接缝，但上下两片接口应错开，错开距离不得小于 100mm。其上片接口同时要避开脉冲阀开孔边缘至少 40mm。

分气箱体组焊后沿长度方向的直线度公差为其长度的 0.25%。箱体外表面应光滑，不得有裂纹、重皮、夹杂和深度超过 0.5mm 的凹坑划伤、腐蚀等缺陷，否则应进行修磨。修磨处应圆滑，经修磨后其壁厚不得小于计算厚度与腐蚀裕量之和。

图 7-8　制作完成并装好脉冲阀的圆形分气箱

四、分气箱检验

除尘器分气箱制作完成，在出厂前需要逐一进行气密性检验。气密性试验按照 JB 10191—2000《袋式除尘器安全要求　脉冲喷吹类袋式除尘器用分气箱》的要求采取水压试验方法进行。

在进行水压试验时，环境温度及试验用水的温度均应高于 5℃。试验充水前应保持除尘器分气箱内部清洁干净。向箱体内缓慢充水，使其压力逐渐升高，试验水压力达到工作压力的 1.5 倍时，停止充水并保持压力时间不少于 10min，同时检查所有焊接接头。试验过程中不得进行修补焊接或敲击焊缝，试验结束后应将分气箱内的水全部放净。

在分气箱实际生产试验检验中，还可采取通入压缩空气的检验方法。通入的压缩空气试验压力为 0.45MPa，通过涂刷检测液等逐一检查焊缝，判定是否有泄漏。

第二节 花　　板

花板制造宜采用激光切割。激光切割是用聚焦镜将二氧化碳激光束聚焦在材料表面使之熔化，同时利用与激光束同轴的高速气流吹走被熔化的材料，并按预定的轨迹移动激光束，从而使材料产生所需形状的切缝（见图 7-9）。

激光切割是光、机、电一体化的综合技术。随着大功率激光器光束质量的不断提高，激光切割的加工范围更加广泛，几乎包括了所有金属和非金属材料。

激光切割属于非接触光学热加工，被誉为“永不磨损的万能工具”。工件可以进行任意形式的紧密排料或套裁，使原材料得到充分利用。同时，加工后的零件扭曲现象降至最低，并减少了磨损量。

图 7-9　激光切割

激光切割具有以下优点：

（1）切割质量好，切口宽度小（0.1～0.5mm）。

（2）精度高，孔中心距误差一般为 0.1～0.4mm，轮廓尺寸误差为 0.1～0.5mm。

（3）切口表面粗糙度小（R_a 通常为 12.5～25μm），切缝一般不需要再加工即可焊接。

（4）切割速度快（1.5～4m/min），热影响区小，塑性变形小。

（5）清洁、安全、无污染，且操作方便、精确。

激光切割也有不足之处。就精度和切口表面粗糙度而言，激光切割未能超过机加工；就切割厚度而言，难以达到火焰和等离子切割的水准。在金属加工行业中，激光切割广泛应用于厚度不超过 20mm 的低碳钢及 8mm 的不锈钢。

随着环保事业的快速发展，激光切割技术用于袋式除尘器花板孔的加工工艺已经为袋式除尘全行业所接受，袋式除尘器花板孔的制作基本全部采用该工艺，使花板孔的直径公差、位置误差及平面度得到严格的保证，并有效地解决了厚花板加工的问题。如高炉煤气干法袋式除尘器，花板厚度为 12～18mm。

依据应用场合的不同，袋式除尘器的花板可用普通 Q235 钢板或 304 不锈钢板制作。由于不同钢材的特性差异，在利用激光切割加工不锈钢板时，应适度调整配气比例及气体压力。

袋式除尘器的花板制作应符合下列要求：

（1）花板板厚一般为 5～6mm，有特殊要求时花板板厚可为 8mm。

（2）花板材料一般为 Q235，在有色行业及特殊条件下可选用 304L 不锈钢。

（3）花板加强筋板厚不小于 5mm，加强筋高不小于 50mm。

（4）成型花板板面应平整、光洁，无翘曲、凹凸不平等缺陷，平面度偏差不大于其长度的 2‰。

（5）花板中心孔定位偏差小于0.5mm，花板孔直径偏差为0～0.5mm。图7-10所示为花板孔切割完成并组装后的形态。

图7-10　花板孔切割完成并组装后的形态

第三节　喷吹管制作

一、喷嘴加工

喷吹管上不同直径喷嘴的加工工艺，是先对喷吹管进行钻模钻孔，再将喷孔进行拉深。

喷孔的拉深也称为拉延，借助凸模和凹模而实现。随着凸模的下行，直径为 d_0 的管料逐渐被拉进凸、凹模之间的间隙里，管料喷孔周边的材料被逐渐拉深成为圆弧凸面，从而制成喷嘴。喷嘴具有的圆弧面对喷吹气流的引导起着不可忽视的作用。

二、喷吹短管

喷吹短管组焊在喷吹管侧，喷吹短管与喷吹管的接触是圆弧相贯线。短管相贯面的成形采取了翻边的加工工艺。

翻边是将毛坯或半成品的外边缘或内孔边缘在模具的作用下翻成所需形状的冲压方法。在凸模的作用下，翻边过程中变形区域内径不断扩大，并逐渐形成翻边，直至冲压结束。

内翻边的失败往往是边缘拉裂。拉裂与否主要取决于拉伸变形程度。以翻边系数 K 来衡量翻边变形的程度，计算式为

$$K = d_0/D \tag{7-1}$$

式中　d_0——翻边前孔径，mm；

D——翻边后的平均孔径，mm。

K 值越小，翻边的变形程度越大。翻边时孔的边缘不破裂所能达到的最小翻边系数称为极限翻边系数。

影响翻边系数的主要因素如下：

（1）材料的塑性。塑性好的材料极限翻边系数小。

（2）孔的边缘状况。孔的边缘光洁，没有撕裂面，则翻边时不宜出现裂纹，极限翻边系数小。

（3）凸模形状。采用球形、抛物面形或锥形凸模时，孔是逐渐圆滑张开的，因而翻边系数小。

（4）材料的相对厚度。翻边前的孔径 d_0 与材料厚度 t 的比值 d_0/t 较小，则材料的相对厚度较大，在开裂前材料的绝对伸长可以加大，因此极限翻边系数可以小一些。

第四节 除尘器箱板制作

箱板是除尘器的重要构件之一。早期的除尘器箱板是平板加筋结构，通过加筋来保证箱板的刚度、强度及平整度。

21世纪初期，袋式除尘器的技术进步之一是箱板采用压型板结构。这种结构外形美观、制作简单，具有很好的刚度、强度及平整度，同时具有箱板的抗变形能力和钢耗最优的性价比。

压型板在成形过程中的技术难点是材料回弹问题。材料回弹与材料自由弯曲力有关。对于图7-11所示箱板，弯曲的压力 $F>4F_1+F_2$ 时，工件完成压制形变。

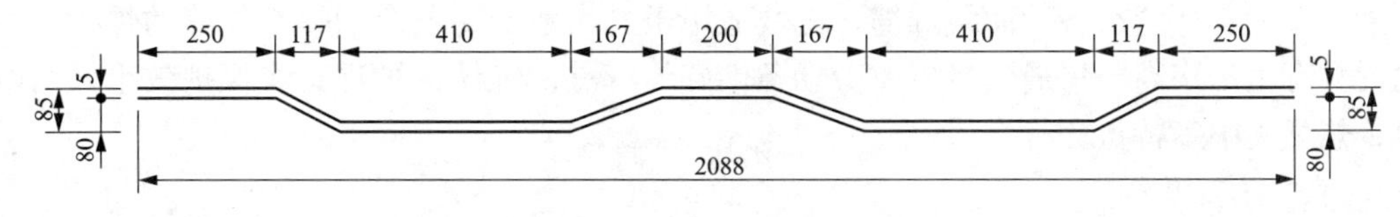

图7-11 压型板截面

在实际压制过程中，除尘器箱板所用的材料为Q235A，材料厚度为4～5mm，共有四处弯曲，各弯曲角度均为150°。

影响弹性回弹量的因素较多，包括材料的供货状态、材料的品质、压制速度、有效压力、模具形式、压紧时间等。需要综合上述因素并参照压延经验，调整凸、凹模的设计来消除回弹量。

第五节 结构件制造

一、焊接要求

1. 焊条的选择

应根据被焊的金属材料类别选择相应的焊条种类。焊接工艺性能应满足施焊操作的要求。

2. 焊条的管理和使用

焊条入库前要检查焊条质量保证书和焊条型号（牌号）标志。焊条应按种类、牌号、批次、规格、入库时间分类堆放，并应有明显标志。其他注意事项应按照JB/T 3223—1996《焊条质量管理规程》的要求。

焊条储存库应干燥且通风良好，应设置温度计和湿度计。低氢焊条储存库内温度大于或等于50℃，相对湿度小于或等于60%。

在施焊前，焊条必须进行烘干，烘干温度为350～450℃，保温时间为2h。烘干后放在100～150℃的恒温箱内随用随取。

酸性焊条在焊接重要结构时应经150～200℃烘干1～2h。

3. 焊前准备

(1) 施焊前应使焊条烘干，并严格按照规定的工艺参数进行，避免烘干温度过高或

过低。

（2）如果采用碱性焊条焊接，则工件坡口及两侧各 20mm 范围内的锈、水、油污、油漆等必须预先清除干净。当采用酸性焊条时，如果被焊件的锈蚀不严重，且对焊缝质量要求不高，则可以不除锈。

（3）组装或组对工件时，除保证焊件的形状和尺寸外，还应按规定在接缝处预留根部间隙和反变形量。

（4）对于刚性强、焊接性差，容易产生裂纹的结构，需对焊条进行预热。

二、常见的焊接方法

利用电弧作为热源的熔焊方法称为电弧焊，可分为手工电弧焊、埋弧自动焊和气体保护焊等三种。手工自动焊的最大优点是设备简单，应用灵活、方便，适用面广，可焊接各种焊接位置和直缝、环缝及各种曲线焊缝，尤其适用于操作不变的场合和短小焊缝的焊接。埋弧自动焊具有生产率高、焊缝质量好、劳动条件好等特点；气体保护焊具有保护效果好、电弧稳定、热量集中等特点。

1. 手工电弧焊

手工电弧焊亦称焊条电弧焊，是利用焊条和焊件之间的电弧热使金属和母材熔化形成焊缝的一种焊接方法。手工电弧焊的工艺参数有焊条直径、焊接电流、电弧电压、焊接速度、焊道层数、电源种类和极性等。

焊条直径应根据被焊工件的厚度、接头形状、焊接位置和预热条件而确定。焊接电流的选择，主要取决于焊条的类型、焊件材质、焊条直径、焊件厚度、接头形式、焊接位置，以及焊接层数等。电弧电压的选择根据电弧的长度而决定。焊接速度就是焊条沿焊接方向移动的速度，速度过快或过慢都将影响焊接质量。对于不同的钢材，焊接速度应与焊接电流和电弧电压有合适的匹配，以便有一个合适的线能量。

2. CO_2 气体保护焊接

CO_2 气体保护焊以其高效、节能和成本低等特点获得普遍应用。与其他焊接方法相比较，具有以下优势：

（1）在明弧焊接过程中，熔池的可见度好，适宜进行全方位焊接。

（2）热量集中，穿透力强，焊接变形小，尤其适用于薄板焊接。

（3）采用惰性气体保护焊接化学性质活泼的金属，可获得高质量的焊接接头。

主要缺点是易产生气孔、飞溅、夹渣、未熔合、未焊透等缺陷。

表 7-2 所示为 CO_2 气体保护焊的焊接缺陷产生的原因及防止方法。

表 7-2　CO_2 气体保护焊的焊接缺陷产生的原因及防止方法

序号	缺陷	产生原因	防止方法
1	焊缝金属裂纹	焊缝深宽比太大；焊道太窄	增大焊接电弧电压，减小焊接电流，加宽焊道，减慢焊接速度
		焊缝末端冷却快	适当填充弧坑
		焊丝或工件表面不清洁（有油、锈、漆等）	焊前仔细清理
		焊缝中 C、S 含量高而 Mn 含量低	检查工件、焊丝的化学成分并进行更换
		多层焊的第一道焊缝过薄	增加焊道厚度

续表

序号	缺陷	产生原因	防止方法
2	夹渣	采用多道焊短路电弧（熔焊渣型夹杂物）	在焊接后续焊道前，清除掉焊缝边上的渣壳
		高的行走速度（氧化膜型夹渣）	降低行走速度，采用脱氧剂较高的焊丝，提高电弧电压
3	气孔	保护气体覆盖不足、有风	增加保护气体流量，排除焊缝区的全部空气，减小保护气体的流量以防止卷入空气；清除气体喷嘴内的飞溅，避免周围环境的空气流过大，破坏气体保护；降低焊接速度；减小喷嘴到工件的距离，焊接结束时应在熔池凝固后移开焊枪喷嘴
		焊丝污染	采用清洁而干燥的焊丝，清除焊丝在送丝装置中或导丝管中黏附的润滑剂
		工件污染	在焊接前，清除工件表面上全部油脂、锈、油漆和尘土，采用含脱氧剂的焊丝
		电弧电压高	降低电弧电压
		喷嘴与工件距离太大	减小焊丝的伸出长度
		气体纯度不高	更换气体或采用脱水措施
		气体减压阀冻结而不能供气	串接气瓶加热器
		喷嘴被焊接飞溅物堵塞	仔细清除附着在喷嘴内部的飞溅物
		输气路堵塞	检查气路有无堵塞或折弯处
4	飞溅	电感量过大或过小	仔细调节电弧旋钮
		电弧电压过低或过高	根据焊接电流仔细调节电压，采用一元化调节机
		导电嘴磨损严重	更换新的导电嘴
		送丝不均匀	检查压丝轮和送丝软管
		焊丝与工件清理不良	焊前仔细检查并清理焊丝及坡口处
		焊机动特性不合适	对于整流式焊机应调节直流电感；对于逆变式焊机应调节控制回路的电子电抗器
5	咬边	焊接速度太高	降低焊接速度
		电弧电压太高	降低电压
		电流过大	降低送丝速度
		停留时间不足	增加熔池边缘的停留时间
		焊枪角度不正确	改变焊枪角度
6	未熔合	焊缝区表面有氧化膜或锈皮	在焊接前清理全部坡口面和焊缝区表面上的轧制氧化皮或杂质
		热量输入不够	提高送丝速度和电弧电压；降低焊接速度
		焊接熔池太大	减小电弧摆动以减小焊接熔池
		焊接技术不合适	采用摆动技术时不用在靠近坡口面的熔池边缘停留，焊丝应指向熔池的前沿
		接头设计不合理	坡口角度应足够大，以便减小焊丝伸出长度
7	未焊透	坡口加工不合适	接头设计必须合适，适当加大坡口角度，使焊枪能够直接作用到熔池底部，同时要保持喷到工件上的距离合适
		焊接技术不合适	使焊丝保持适当的行走速度，已达到最大的熔深，使电弧在熔池的前沿
		热量输入不够	提高送丝速度以保持较大焊接电流，保持喷嘴与工件的距离合适

续表

序号	缺陷	产生原因	防止方法
8	熔透过大	热量输入过大	降低送丝速度和电弧电压，提高焊接速度
		坡口加工不合适	减小过大的底层间隙；增大钝边高度
9	蛇形焊道	焊丝杆伸长过大	保持合适的焊丝杆伸长
		焊丝的校正机构调整不良	再仔细调整
		导电嘴磨损严重	更换新导电嘴

3. 不锈钢氩弧焊接

不锈钢氩弧焊接所用焊丝的材质为H1Cr18Ni9Ti，焊丝直径有1、1.5、2.5、3mm。在使用前应清除焊丝表面的油锈及其他污物，露出金属光泽。

氩弧焊接采用直流焊机。氩气的纯度大于或等于99.95%，所用流量为6～9L/min。使用后氩气瓶内余压不得低于0.5MPa，以保证充氩纯度。选用的氩气减压流量计应开闭自如，不漏气。使用时应先开氩气瓶，后开流量计；关闭时先关流量计而后关氩气瓶。切记严格禁止反向操作，以免损坏流量计。输送氩气的胶皮管，不得与输送其他气体的胶皮管互相串用，可用新的氧气胶皮管代用，长度不超过30m。不锈钢焊接工艺参数的选取见表7-3。

表7-3　不锈钢焊接工艺参数选取

壁厚(mm)	焊丝直径(mm)	钨极直径(mm)	焊接电流(A)	氩气流量(L/min)	焊接层次	喷嘴直径(mm)	电源极性	焊缝余高(mm)	焊缝宽度(mm)
1	1.0	2	30～50	6	1	6	正接	1	3
2	1.2	2	40～60	6	1	6	正接	1	4
3	1.6～2.4	3	60～90	8	1～2	8	正接	1～2.5	5
4	1.6～2.4	3	80～100	8	1～2	8	正接	1～2.0	6
5	1.6～2.4	3	80～130	8	2～3	8	正接	1～2.5	7～8
6	1.6～2.4	3	90～140	8	2～3	8	正接	1～2.0	8～9
9	2.4	3	100～150	10	3	10	正接	1～2	11～12
10	2.4	3	110～160	10	3～4	10	正接	1.5～2	12～13

不锈钢氩弧焊焊接产生缺陷的原因及防止方法见表7-4。

表7-4　不锈钢焊接产生缺陷的原因及防止方法

焊缝缺陷	产生原因	防止方法
气孔	氩气不纯，气管破裂，或气路有水分，打钨极，金属烟尘过渡到熔池里	调换用纯氩气，检查气路，修磨或调换钨极，将焊缝清理好
穿透不好有焊瘤	焊速不匀，技术不熟练	加强基本功训练，保持均匀焊速
焊缝黑灰氧化严重	氩气流量小，焊速慢，温度高或电流大	增大氩气流量，加快焊速，或适当减小电流
缩孔	收弧方法不当，收弧突然停下来	改变收弧方法，采用增加焊速的方法停下来
裂纹	焊接温度过高或过低，穿透不好或过烧	确保焊透，电流和焊速要适当，改变收弧位置
未焊透	焊速快，电流小	减慢焊接速度或增加电流

续表

焊缝缺陷	产生原因	防止方法
熔合不好	错口、焊枪角度不正确，或焊速快、电流小	改进对口的错误误差，掌握好焊枪角度，适当放慢焊速和增加电流
烧穿	技术不熟练，电流大或焊速慢	加强基本功训练，减小电流或加快焊速
焊缝表面击伤	引弧不准确，地线接触不好	做到准确引弧，不得在焊件表面引弧，接好地线
焊缝夹钨	打钨极，钨极与焊件接触	引弧时，钨极与工件保持一定距离
焊缝成型不整齐	走枪速度不均，送丝速度不均	焊速、送丝要均匀，多加强基本功训练
咬边	焊枪角度不正确，熔池温度不均，给送焊丝不合理	调整焊枪角度，实现熔池温度均匀，调整给送焊丝的位置、时间和速度

三、焊接工序过程

(1) 焊工必须按照相关规定经相应试件考试合格后，方可上岗位焊接。

(2) 严禁在被焊件表面随意引燃电弧、试验电流或焊接临时支撑物等。

(3) 焊工所用的氩弧焊把、氩气减压流量计应经常检查，确保在氩弧焊封底时氩气为层流状态。

(4) 接口前应将坡口表面及母材内、外壁的油、漆、垢锈等清理干净，直至发出金属光泽，清理范围为每侧各为10～15mm，对口间隙为2.5～3.5mm。

(5) 接口间隙要匀直，禁止强力对口，错口值应小于壁厚的10%，且不大于1mm。

(6) 接口局部间隙过大时应进行修整，严禁在间隙内添加塞物。

(7) 接口合格后，应根据接口长度不同点4～5点，点焊的材料应与正式施焊相同，点焊长度为10～15mm，厚度为3～4mm。

(8) 打底完成后，应认真检查打底焊缝质量，确认合格后再进行氩弧焊盖面焊接。

(9) 引弧、收弧必须在接口内进行，收弧要填满熔池，将电弧引向坡口熄弧。

(10) 点焊、氩弧焊、盖面焊如产生缺陷，必须用电磨工具磨除后再继续施焊，不得用重复熔化方法消除缺陷。

(11) 应注意接头和收弧质量，注意接头熔合应良好，收弧时填满熔池，以保证焊缝严密性。

(12) 焊接完毕应及时清理焊缝表面熔渣、飞溅。

四、安全技术措施

焊接作业是国家标准规定的十种特种作业之一。常用的电焊、气焊等属明火作业，具有高温、高压、易燃易爆的危险，而作业现场电焊熔渣的金属火花飞溅极易点燃可燃物，造成火灾事故。焊接过程产生高温电弧和有毒有害烟尘，极易引发焊工的电光性眼炎、皮肤灼伤等，电焊作业还可能造成作业触电的事故。

电焊作业必须执行国家、行业及企业的安全操作规程。电焊工依照国家规定必须持有特殊工作作业资格证书方可上岗作业，必须遵守安全、文明施工的规定，遵守“十不割焊”的规定。并且做到以下方面：

(1) 焊工工作时必须穿工作服，戴绝缘手套，穿绝缘鞋。在下雨、下雪时，不得露天施焊。

（2）高空作业必须系安全带，高空搭设的脚手架应安全、可靠，并便于施焊。焊接电缆不能放在电焊机上，横跨道路的焊接电缆必须装在铁管内，防止被压破漏电。空中作业区下方如有易燃易爆物品，要做好防止飞溅物落下的措施。

（3）严禁将焊接电缆与气焊的胶管混在一起。

（4）二次电缆不宜过长，一般应根据工作时的具体情况而定。

（5）在施焊过程中，当电焊机发生故障而需要检查电焊机时，必须切断电源后才能进行，禁止在通电情况下用手触动电焊机的任何部位，以免发生事故。

（6）在有限空间内实施焊接时，应严格执行有限空间作业安全管理制度的规定。

（7）在容器内焊接时，应使用胶皮绝缘防护用具，并在附近安设一个电源开关，由助手专门负责看管和监护，同时要听从焊接操作人员指示，随时切断电源。

（8）在焊接时，不可将工件拿在手中或用手扶着工件进行焊接。

（9）连续焊接超过1h，应检查焊机电缆，如发热温度达到80℃，必须切断电源。

五、加工制作工艺实例

灰斗板加工制作工艺表见表7-5，侧板加工制作工艺表见表7-6。

表7-5　　上部灰斗加工工艺卡片

工程（项目）名称：　　　　工程编号：年　月　日

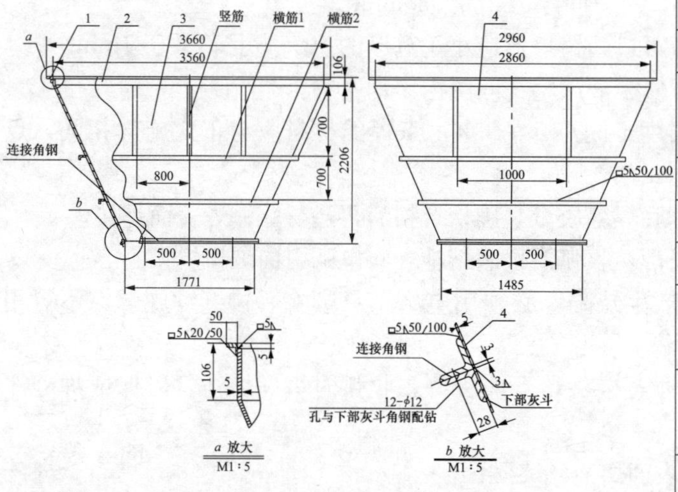

部件名称	部件图号	零件名称	工艺卡编号
上部灰斗	CD337-0501		
班组	材料名称及规格	材料牌号	机械性能
	钢板、角钢	Q235-A	σ=380N/mm^2
本批件数	每料件数	单件工时	总工时
1个/灰斗			
加工设备名称	加工设备编号	夹具名称	模具名称
剪床、电焊机			
说明			

工步号	工步名	工种	工步过程
1	下料	钣金	剪床、切割机下料（钢板δ=5），件1：∠50×50×6L=3560、∠50×50×6L=2860，件2：101×3650、101×2860，件3：3560×174×2279，件4：2860×1487×2207（件1、件2、件3、件4各2块）。去毛刺
2	拼接	焊工	将件1与件2拼装成框架并点焊
3	点焊	焊工	将拼装好的框架放置操作平台，将件3、件4（共4块）灰斗板分别与框架点焊成型（第一块灰斗板与框架焊接时在灰斗板与操作平台加一临时支撑，固定灰斗板以便于和其他灰斗板的拼接）
4	校正	钣金	将安装成型的上部灰斗进行校正（对角线公差为±1.05mm），内部加十字撑防止灰斗板变形

续表

工步号	工步名	工种	工步过程
5	满焊	焊工	将上部灰斗内、外按照图纸要求满焊，并打磨、去毛刺
焊接工艺：CO_2 气体保护焊；焊丝牌号：ER506；规格：$\phi 1.0\sim1.2$；焊接电流：110～130A；电弧电压：21～23V；气体流量：8～10L/min。焊接要求如图所示			
6	下料	钣金	切割机下料，竖筋：$-6\times70\times761$(10块)；横筋1：$\angle70\times45\times6L=3104$(2块)、$\angle70\times45\times6L=2542$(2块)，横筋2：$\angle70\times45\times6L=2507$(2块)、$\angle70\times45\times6L=2083$(2块)；连接角钢：$\angle50\times50\times6L=17712$(块)、$\angle50\times50\times6L=1485$(2块)。去毛刺
7	钻孔	钳工	将连接角钢按照图纸要求钻 $\phi12$ 安装定位孔（12个），去毛刺
8	画线	钣金	按照图纸尺寸对灰斗加筋处进行画线放样
9	组装	焊工	按照画线位置放置筋板、连接角钢，校正并进行点焊（50/100）。注明：筋板连接阻挡处需切除
10	校检	自检	校检并验收

表 7-6　　侧板工艺卡片

工程（项目）名称：　　　　　　　　　　　　　　　　　　工程编号：　年　月　日

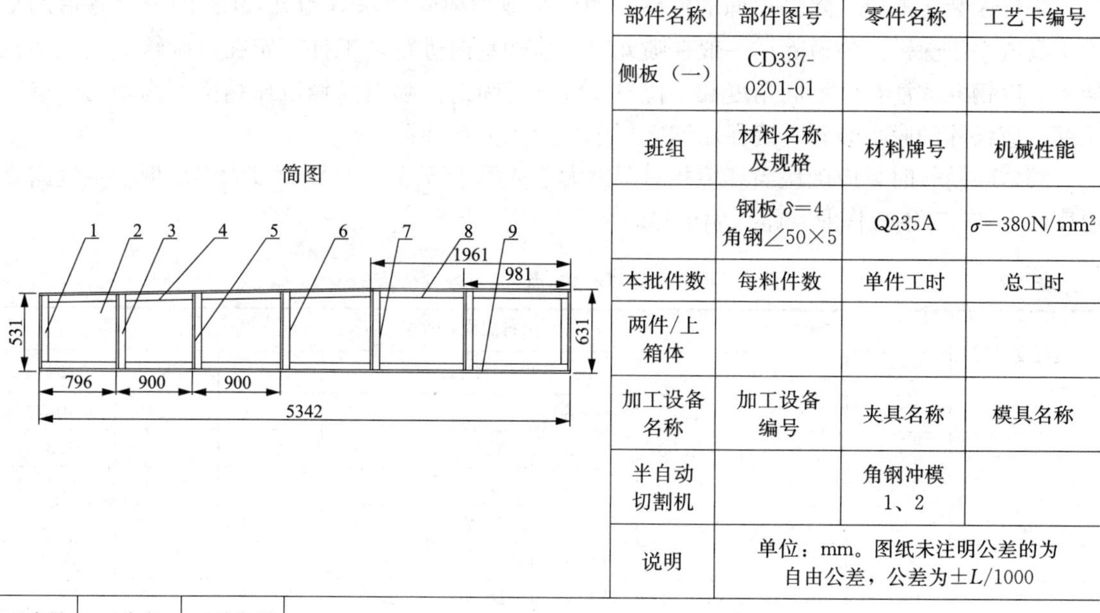

部件名称	部件图号	零件名称	工艺卡编号
侧板（一）	CD337-0201-01		
班组	材料名称及规格	材料牌号	机械性能
	钢板 $\delta=4$ 角钢$\angle50\times5$	Q235A	$\sigma=380N/mm^2$
本批件数	每料件数	单件工时	总工时
两件/上箱体			
加工设备名称	加工设备编号	夹具名称	模具名称
半自动切割机		角钢冲模1、2	
说明	单位：mm。图纸未注明公差的为自由公差，公差为$\pm L/1000$		

工步号	工步名	工种类别	工步过程
1	校正去锈	油漆	钢板较平去锈，角钢较直去锈
2	下料	钣金工	件2钢板 $\delta=4$：梯形+长方形，上底531、下底6312，梯形高3381，总长5342；筋全部为$\angle50\times5$，分别如下：$L_1=530$、$L_3=554$、$L_4=3381$、$L_5=580$、$L_6=607$、$L_7=630$、$L_8=1961$、$L_9=5342$；除件7共3件，其余均1件（以上为一件侧板下料）
3	角钢冲剪	钣金工	件3、件5、件6、件7（两件）上冲床用角钢冲模1冲两端；件1、件7（一件）用角钢冲模2冲两端
4	划线定位	钣金工	施工平台上平放钢板划线定出各角钢位置

续表

工步号	工步名	工种类别	工步过程				
5	定位点焊	焊接	先定位横向角钢，后点焊，再定位竖筋后点焊				
6	焊接	电焊	对各角钢与钢板之间焊缝（平焊缝）实施间断焊 50/100（角钢之间竖焊缝待上箱体组装时再焊）。焊接工艺：CO_2 气体保护焊；焊丝牌号：ER506；规格：ϕ1.0～ϕ1.2；焊接电流：100～120A；气体流量：8～10L/min；电弧电压：21～23V；焊高：$k=4$；两边交错间断焊				
7	交验	钣金	自检各尺寸合格后交下道工序				
8			按以上尺寸及工步对称再制作一件				
编制		审核		会签		电脑登录	

第六节　油　漆　涂　装

一、构件表面处理

1. 除锈处理

构件涂装之前应当除去表面的铁锈，通常采取喷射除锈法（抛丸或喷砂）。也有借助动力工具或手工除锈。喷射除锈一般在喷丸室或喷砂室内进行，工件固定在可旋转或固定的机架上，以钢丸或沙粒从不同角度和方位对工件进行喷射。喷射除锈以压缩空气为动力，空气压缩机应设除油脱水装置，确保压缩空气中不含水分和油污。

喷射除锈作时，应确认当环境相对湿度大于或等于 85%，且钢材表面温度低于空气露点温度以上 3℃时不得作业。露点温度见表 7-7。

表 7-7　　空气露点温度

环境温度（℃）	相对湿度（%）								
	55	60	65	70	75	80	85	90	95
0	−7.90	−6.80	−5.80	−4.80	−4.00	−3.00	−2.20	−1.40	−0.70
5	−3.30	−2.10	−1.00	0.00	0.90	1.80	2.70	3.40	4.30
10	1.40	2.60	3.70	4.80	5.80	6.70	7.60	8.40	9.30
15	6.10	7.40	8.60	9.70	10.70	11.50	12.50	13.40	14.20
20	10.70	12.00	13.20	14.40	15.40	16.40	17.40	18.30	19.20
25	15.60	16.90	18.20	19.30	20.40	21.30	22.30	23.30	24.10

举例：设环境温度为 5℃，空气相对湿度为 85%，查表得露点温度为 2.70℃。因此，钢材表面温度应在 2.7+3=5.7(℃) 以上方可施工。

被喷射除锈工件的表面质量应达到设计图纸和 GB/T 8923—2011《涂覆涂料前钢材表面处理表面清洁度的目视评定》的要求。该标准规定，喷射除锈法以字母“Sa”表示，按除锈质量程度分为以下几级：

（1）Sa1。钢材表面应无可见油脂和污垢，并且没有附着不牢的氧化皮、铁锈、涂层等附着物。

（2）Sa2。钢材表面应无可见油脂和污垢，并且氧化皮、铁锈、涂层等附着物已基本清除。

（3）Sa2.5。钢材表面应无可见的油脂、污垢、氧化皮、铁锈、涂层和附着物，任何残留的痕迹应仅是点状或条纹状的轻微色斑。

（4）Sa3。钢材表面应无可见的油脂、污垢、氧化皮、铁锈、涂层和附着物，该表面应显均匀的金属光泽。

标准规定，动力工具和手工除锈法以字母“St”表示，分为以下两个等级：

（1）St2。钢材表面应无可见油脂和污垢，并且没有附着不牢的氧化皮、铁锈、涂层等附着物。

（2）St3。钢材表面应无可见油脂和污垢，并且没有附着不牢的氧化皮、铁锈、涂层等附着物。除锈应比St2更彻底。

喷射除锈后须用毛刷等工具清扫，或用干净无油、无水的压缩空气吹净钢材表面的锈尘和残余磨料后方可涂底漆。

喷射除锈构件表面的粗糙度应控制在30～50μm范围内。粗糙度太小会影响涂层的附着力；太大则涂层不能有效覆盖全面金属表面，影响防腐效果。

构件局部喷射除锈不易达到的地方，须采用手动角磨机进行打磨，直到出现金属光泽。要注意保证打磨表面有一定的粗糙度。

除锈合格的构件，在厂房内存放6h内应完成底漆涂装；空气相对湿度大于70%时，其间隔时间不得大于4h；露天存放时，应在当班完成底漆涂装。若在涂装前经过返修，应重新除锈。

2. 修磨

对构件进行修磨处理是为了尽量减少构件表面的不规则形状。图7-12所示为构件表面几种不规则形状，以及处理要求。对接焊缝余高应小于或等于2mm；凸出角焊缝弧度半径应大于或等于3mm；焊瘤、凸凹不平、咬边、气孔、飞溅等焊接缺陷必须修复。钢板切割面的棱角、钻孔残留的毛刺应利用角磨机打磨出倒角，以便能获得适当的漆膜厚度。

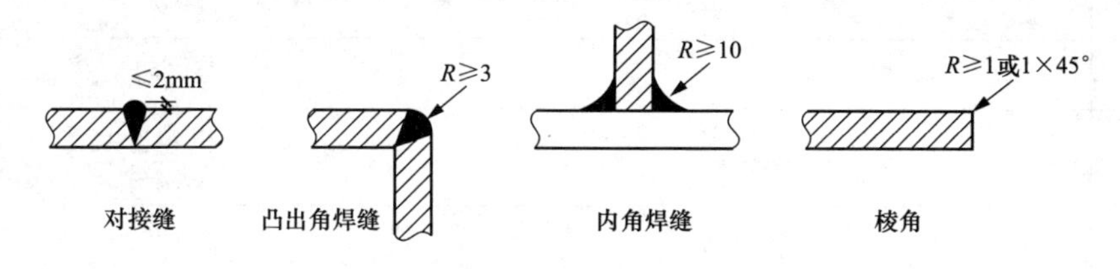

图7-12 构件表面不规则形状及处理要求

二、涂料

钢结构涂装防腐涂料，宜选用醇酸树脂、氯化橡胶、氯磺化聚乙烯、环氧树脂、聚氨酯及有机硅等品种。

涂料应配套使用，涂膜应由底漆、中间漆、面漆组成。用于钢结构涂装的底漆、中间漆、面漆所具有的主要性能应具有兼容性。

底漆应具有较好的防锈性能和较强的附着力。中间漆除应具有一定的底漆性能外，还应兼有一定的面漆功能，漆膜厚度应大于底漆或面漆。面漆直接与腐蚀环境接触，应具有较强的防腐能力和持久、抗老化性能。推荐漆膜（干膜）厚度为20～35μm。

常用涂装材料的参数及特性见表7-8。

表 7-8　　常用涂装材料的参数及特性

名称	组成	性能	用途	密度	理论涂布率	湿膜厚度微米	干膜厚度微米	配比	熟化时间(25℃)	适用期(25℃)	涂装方法	稀释剂及稀释比	干燥时间	涂装间隔	表面处理	建议涂装道数	前、后道配套涂料	储存期
HO6-1环氧富锌车间底漆（双组份）	以环氧树脂为基料，并加有超细金属锌粉，采用聚酰胺树脂作为固化剂，另加助剂、溶剂配制而成。分甲、乙双组分包装	具有阴极保护作用，防锈性能优异；附着力极好；耐热性突出，当电焊切割时，烧损面积很小，不影响焊接性能；并具有耐油、耐水等特性	经抛丸或喷砂后的钢材用保养底漆，保养期可达 9～12 个月	2.30	95 g/m²，24.21 m²/L	40	20	甲组分（漆料）：乙组分固化剂＝91∶9	0.5～1h	8h	高压无气喷涂，手工刷涂、辊涂	X-7 环氧涂料稀剂，5%～20%	25℃，表干25min，实干24h，完全固化7天	25℃，最短24h，最长不限	用于车间流水线，钢材表面经抛丸或喷砂等方法处理，要求达到瑞典除锈标准 Sa2.5 级，或手工除锈达到 St3 级	高压无气喷涂1道，干膜达15～20μm	后道工序配套涂料：环氧树脂涂料、环氧沥青涂料、氯化橡胶；后道涂装道数：涂料、丙稀酸树脂涂料、醇酸树脂涂料、酚醛树脂涂料、聚氨脂涂料、氯磺化聚乙烯涂料、高氯化聚乙烯涂料等	12 个月
HO6-4环氧富锌车间底漆（双组份）	由环氧树脂、超细锌粉、聚酰胺树脂溶剂、助剂等组成。分甲、乙双组分包装	漆膜中含锌量高，具有极佳的阴极保护作用	海洋工程、煤气罐、钢结构等需要重防蚀、超重防蚀作为防锈底漆，也可加涂于环氧富锌车间底漆上	2.50	380 g/m²，6.58 m²/L	160	80	甲组分（漆料）：乙组分固化剂＝10∶1	0.5～1h	8h	高压无气喷涂，手工刷涂、辊涂	X-7 环氧涂料稀释剂，<5%	25℃，表干4h，实干24h，完全固化7天	25℃，最短24h，最长7天	钢材表面经抛丸或喷砂等方法处理，要求达到瑞典除锈标准 Sa2.5 级或手工除锈达到 St3 级	高压无气喷涂1道，或辊涂2道，干膜达80μm	后道工序配套涂料：环氧树脂涂料、环氧沥青涂料、氯化橡胶涂料、丙稀酸树脂涂料、醇酸树脂涂料、酚醛树脂涂料、聚氨脂涂料、氯磺化聚乙烯涂料、高氯化聚乙烯涂料等	12 个月

续表

名称	组成	性能	用途	密度	理论涂布率	湿膜厚度微米	干膜厚度微米	配比	熟化时间（25℃）	适用期（25℃）	涂装方法	稀释剂及稀释比	干燥时间	涂装间隔	表面处理	建议涂装道数	前、后道配套涂料	储存期
HO6-5环氧带锈底漆（双组份）	由环氧树脂、活性防锈颜料、有机氮碱、渗透剂、固化剂、助剂等组成。分甲、乙双组分包装	该涂料能与铁生成较稳定的络化物，因此具有良好的稳定锈蚀的作用和持久的防锈效果。对有锈与无锈的钢铁表面都具有良好的适应性，漆膜机械性能好，附着力强	可直接涂装于带锈（锈层在60μm以下）的钢铁表面和经简单除锈的钢铁表面防蚀	1.40	160 g/m²，8.75 m²/L	115	50	甲组分（漆料）：乙组分固化剂=100：15	0.5h	6h	高压无气喷涂，手工刷涂、辊涂	X-7环氧涂料稀释剂，<5%	25℃，表干4h，实干24h	25℃，最短24h，最长7天	钢材表面应无油脂、浮灰、水渍、松动的铁锈、锈层度若大于60μm，则应做简单的除锈	刷涂或喷涂1道，干膜达50μm	后道工序配套涂料：X53-2高氯化聚乙烯铁红防锈漆、J53-81氯磺化聚乙烯云铁防锈漆	12个月
H53-5环氧铁红车间底漆（双组分）	由环氧树脂、氧化铁红及新型防锈颜填料、防锈添加剂、混合溶剂和以多元胺加成物为固化剂配制而成。分甲、乙双组分包装	系一种常温固化的车间底漆，干燥快、涂膜物理机械性能优良。能与各类底漆配套使用。由于不含金属锌等物质，从而减少了焊接时产生的气体	经抛丸或喷砂后的钢材用保养底漆，保养期可达3～6个月，也可作为防锈底漆使用	1.15	120 g/m²，9.58 m²/L	100	25	甲组分（漆料）：乙组分固化剂=16：6.4	0.5～1h	8h	高压无气喷涂，手工刷涂、辊涂	X-7环氧涂料稀释剂，5%～10%	25℃，表干4min，实干24h，完全固化7天	25℃，最短16h，最长不限	钢材表面经抛丸或喷砂等方法处理，要求达到瑞典除锈标准Sa2.5级	高压无气喷涂1道，干膜达20～25μm	后道工序配套涂料：环氧树脂涂料、环氧沥青涂料、氯化橡胶涂料、丙稀酸树脂涂料、醇酸树脂涂料、酚醛树脂涂料、聚氨脂涂料、氯磺化聚乙烯涂料、高氯化聚乙烯涂料等	12个月

续表

名称	组成	性能	用途	密度	理论涂布率	湿膜厚度微米	干膜厚度微米	配比	孰化时间（25℃）	适用期（25℃）	涂装方法	稀释剂及稀释比	干燥时间	涂装间隔	表面处理	建议涂装道数	前、后道配套涂料	储存期
CO6-1醇酸铁红底漆	精炼干性植物油改性的醇酸树脂、氧化铁红及其他防锈颜料、体质颜料、分散剂、防沉剂、催干剂、溶剂等	良好的附着力、防锈性、与硝基、醇酸树脂等面漆结合力好	黑色金属打底防锈	1.20	120 g/m²，10.00 m²/L	50	25	单罐装	打开即可使用	无限制	高压无气喷涂，手工刷涂、辊涂	X-6醇酸涂料稀释剂，<5%	25℃，表干2h，实干24h	25℃，最短24h，最长不限	钢材表面经抛丸或喷砂等方法处理，要求达到瑞典除锈标准Sa2.5级，或手工除锈达到St3级	高压无气喷涂2道，干膜达50～60μm	后道工序配套涂料：醇酸树脂涂料	12个月
C53-10醇酸铁红防锈漆	由精炼干性植物油改性的醇酸树脂、颜料及体质颜料、催干剂、特别添加剂和有机溶剂配制而成	该漆可常温干燥，也可低温烘干。容易打磨、对腻子层及面漆的结合力良好	可涂在已打磨的腻子层上，以填平腻子层的砂孔、纹道，也可加涂于醇酸类底漆上，增加防锈性	1.54	120 g/m²，12.83 m²/L	80	45	单罐装	打开即可使用	无限制	高压无气喷涂，手工刷涂、辊涂	X-6醇酸涂料稀释剂，<5%	25℃，表干3h，实干48h	25℃，最短24h，最长7天		高压无气喷涂1道，干膜达40～45μm	前道工序配套涂料：CO6-1醇酸铁红底漆、CO6-1醇酸红丹防锈漆；后道配套涂料：CO4-42醇酸磁漆（耐候型）、CO4-2醇酸磁漆（通用型）	12个月

续表

名称	组成	性能	用途	密度	理论涂布率	湿膜厚度微米	干膜厚度微米	配比	熟化时间(25℃)	适用期(25℃)	涂装方法	稀释剂及稀释比	干燥时间	涂装间隔	表面处理	建议涂装道数	前、后道配套涂料	储存期
C53-31醇酸红丹防锈漆	醇酸树脂、红丹粉、体质颜料、催干剂、溶剂等	防锈性能好、干燥快、漆膜坚硬	轻微和中等腐蚀的工业环境中的黑色金属表面打底防锈，不适用于水下部位	1.90	145 g/m²，13.3 m²/L	75	30	单罐装	打开即可使用	无限制	手工刷涂、辊涂	X-6醇酸涂料稀释剂，<5%	25℃，表干4h，实干24h	25℃，最短1天，最长3个月	如直接涂装在钢材上，钢材需经抛丸或喷砂处理，要求达到瑞典除锈标准Sa2.5级，或手工除锈达到St3级；车间底漆表面则需经过二次除锈，达到瑞典除锈标准St3级	刷涂或辊涂2道，干膜达50～60μm	前道工序配套涂料：HO6-1环氧富锌车间底漆、H53-5环氧铁红车间底漆、EO6-1无机硅酸锌车间底漆、EO6-2无机硅酸锌车间底漆。 后道工序配套涂料：CO4-42醇酸磁漆（耐候型）、CO4-2醇酸磁漆（通用型）、C53-10醇酸铁锈红防锈漆等	12个月
J53-81氯磺聚乙烯云铁防锈漆(双组分)	由氯磺聚乙烯橡胶为基料，加入合成树脂、防锈颜料、填料、溶剂、添加剂、固化剂等组成。分A、B双组分包装	云铁红色具有良好的防锈性，漆膜坚韧、附着力强、干燥快。可低温施工、使用方便；棕褐色具有优异的屏弊性，底面连络性好，附着力强	金属结构、设备和混凝土表面防蚀	云铁红色1.0；棕褐色红1.05	云铁红色：250 g/m²，4.00 m²/L；棕褐色：360 g/m²，2.92 m²/L	云铁红色：250；棕褐色：343	云铁红色：35；棕褐色：50	A∶B=10∶1	混合即可使用	12h	高压无气喷涂，手工刷涂、辊涂	X-1氯磺化聚乙烯涂料稀释剂，<5%	25℃，表干0.5h，实干24h，完全固化7天	25℃，最短2h，最长7天	钢材表面经抛丸或喷砂达到瑞典除锈标准Sa2.5级，或手工和动力工具除锈除锈St3级	先涂云铁红色2道，干膜达60～70μm，再涂棕褐色2道，干膜达80～100μm	前道工序配套涂料：H06-1环氧富锌车间底漆、H53-5环氧铁红车间底漆、E06-1无机硅酸锌车间底漆、E06-2无机硅酸锌车间底漆、也可直接涂装在经过除锈的钢材上； 后道工序配套涂料：J52-81氯磺化聚乙烯面漆	A组分8个月；B组分6个月

续表

名称	组成	性能	用途	密度	理论涂布率	湿膜厚度微米	干膜厚度微米	配比	熟化时间(25℃)	适用期(25℃)	涂装方法	稀释剂及稀释比	干燥时间	涂装间隔	表面处理	建议涂装道数	前、后道配套涂料	储存期
C04-42醇酸磁漆(耐候型)	由精炼植物油改性的季戊四醇醇酸树脂、颜料、催干剂、各种添加剂及溶剂等配制而成。其中银粉醇酸磁漆分甲、乙两组分包装	具有良好的户外耐候性，较好的附着力和物理机械性能，能在常温下干燥也可在低温下烘干	适用于户外钢铁、木材表面作为防护与装饰涂层	1.15	60～80 g/m²，19.17～04.36 m²/L	75	30	单罐装（银粉色，甲组分：乙组分=7∶3)	打开即可使用	无限制	高压无气喷涂，手工刷涂、辊涂	X-6醇酸涂料稀释剂<5%	25℃，表干10h，实干18h	25℃，最短24h，最长不限制		高压无气喷涂2道，干膜达60μm	前道工序配套涂料：CO6-1醇酸铁红底漆、C53-10醇酸铁红防锈漆、C53-31醇酸红丹防锈漆、C53-34醇酸云铁防锈漆	12个月
C04-2醇酸磁漆(通用型)	由中油度醇树脂、颜料、催干剂、各种添加剂、溶剂等配制而成	具有良好的光泽和物理机械性能，能在常温下干燥	用于金属及木制品表面作防护与装饰涂层	1.15	60～80 g/m²，19.17～14.38 m²/L	75	30	单罐装	打开即可使用	无限制	高压无气喷涂，手工刷涂、辊涂	X-6醇酸涂料稀释剂<5%	25℃，表干5h，实干15h	25℃，最短24h，最长不限制		高压无气喷涂2道，干膜达60μm	前道配套涂料：CO6-1醇酸铁红底漆、C53-31醇酸红丹防锈漆、C53-34醇酸云铁防锈漆	12个月

续表

名称	组成	性能	用途	密度	理论涂布率	湿膜厚度微米	干膜厚度微米	配比	熟化时间(25℃)	适用期(25℃)	涂装方法	稀释剂及稀释比	干燥时间	涂装间隔	表面处理	建议涂装道数	前、后道配套涂料	储存期
J52-61氯磺聚乙烯面漆	由氯磺聚乙烯橡胶为基料，加入合成树脂、颜料、填料、添加剂、有机溶剂、固化剂等组成。分A、B双组份包装，银粉面漆为A、B、C三组分包装	具有卓越的耐候老化、耐盐雾性，优异的耐酸、碱、盐类腐蚀性，耐化工大气、耐水、耐油、耐热、抗寒等性能。优良的物理机械性能、附着力强、柔韧性好、抗裂、耐磨、干燥快、可低温施工	可广泛应用于：遭受化工大气腐蚀的工业建筑、水泥墙面、钢结构、化工管线、槽罐、设备、酸、碱、盐贮罐内外壁，尿素、硝铵造粒塔渣罐内外壁、车间储库的墙面、地坪、港口码头、水库、污水池、中和池等设施的防水；石油、炼油和化工系统建筑、设备、油罐的表面、输油管线、油类槽车等防腐面漆	0.95～1.05	200 g/m²，5.00 m²/L	190	25	A∶B=10∶1（银粉色A∶B∶C=100∶10∶20）	混合即可使用	12h	高压无气喷涂，手工刷涂、辊涂	X-1氯磺化聚乙烯涂料稀释剂<5%	25℃，表干0.5h，实干24h，完全固化7天	如前道工序配套H53-8环氧红丹防锈漆、则防锈漆表面干后即要涂本漆料。氯磺化涂料系列相邻两道涂装间隔最长不超过1个月		高压无气喷涂2道或手工刷涂，辊涂3道，干膜达50～70μm	前道工序配套涂料：J53-81氯磺化聚乙烯云铁防锈漆、H53-8环氧红丹防锈漆	A组分8个月；B组分6个月；C组分12个月

三、涂装工艺

(1) 一般规定。①表面除锈处理与涂装之间的间隔时间宜在4h以内，在车间内作业或湿度较低的晴天不应超过12h。②涂装前应对涂料名称、型号、颜色、产品出厂日期与储存期限进行检查确认。③涂料开桶后应进行搅拌，同时检查涂料的外观质量，不得有析出、结块等现象。对密度较大的涂料，一般宜在开桶前1～2天将桶倒置，开桶时搅均。④涂料开桶搅匀后测定其黏度，通过添加稀释剂、搅拌，使其达到设计的施工黏度。

(2) 涂装施工方法。根据涂装作业场地条件、工件大小、涂料品种及设计要求，选择合适的喷涂、辊涂或刷涂作业方法。

(3) 刷涂方法。用于角落、棱角、孔、螺栓等部位。环氧漆涂料干燥较快，涂料应从被涂物的一边按一定顺序，快速连续刷平和修饰，不宜反复刷涂；无机富锌底漆干燥慢，应按涂敷、抹平和装饰3道工序操作；刷涂垂直表面时，最后一次应按光线照射方向；漆膜的刷涂厚度应均匀适中，防止流挂、起皱和漏涂。

(4) 辊涂方法。用于大面积涂装，先将涂料大致涂布于涂物表面，接着将涂料均匀布开，最后让辊子按一定方向滚动，滚平表面并修饰。在辊涂时均匀地分布开，最后让辊子按一定方向滚动，滚平表面并修饰。在辊涂时初始用力要轻，以防涂料流落，随后逐渐用力，使涂层均匀。

(5) 喷涂方法。喷涂方法又分为空气喷涂和无气喷涂。采用喷涂的方法，都要注意喷枪与构件的距离、角度，喷枪的移动速度和搭接宽度。喷枪使用完毕后，应立即对喷枪进行清洗。

涂装时要严格按产品要求控制各涂层间隔时间，否则将影响涂层质量。间隔时间过短，会出现皱皮（油基漆）和咬底（挥发性涂料）。间隔时间过长，会造成上道漆膜的老化，严重影响涂层间的附着力，出现漆皮脱落。

涂料调制应搅拌均匀，随拌随用，不得随意添加稀释剂。不同涂层间的施工应有适当的重涂间隔，最大及最小重涂间隔时间参照涂料产品说明书，超过最小重涂间隔才能施工，超过最大重涂间隔应按涂料说明书的指导进行施工。

四、涂装检验

(1) 涂料的名称、型号、颜色及辅助材料必须符合设计的要求，并具有产品出厂合格证和复检报告。

(2) 表面处理应按设计要求清理并达到规定的预处理等级。

(3) 涂膜的底层、中间层和面层的层数达到设计规定。当漆膜总厚度不够时可增涂面漆。

(4) 涂膜的底层、中间层和面层不得有咬底、裂纹、针孔、分层剥离、漏涂和返锈等缺陷。

(5) 涂膜的外观均匀、平整、有光泽，其颜色与设计规定的色标一致。

(6) 涂膜厚度按检测平均值计算且不低于设计的规定厚度。其中低于设计厚度的检测处数量小于总检测处数量的20%为合格；有低于设计厚度80%的检测处为不合格。

构件表面处理检验采用目测法，表面处理质量应达到设计要求。一些构件的部位需要抹腻子进行表面处理的，处理后采用目测法，抹腻子后防腐表面应平整或成圆滑过渡。

涂料涂刷后的检验采用目测法，质量要求是不得漏涂，涂层均匀，无刷纹，流挂、气泡、针眼、微裂纹、杂物等缺陷，也不允许存在泛白或固化不完全。

(7) 最终检验。漆膜厚度检测采用测厚仪，箱、板、梁等非标构件在整个涂层表面上测定，每 $10m^2$ 不少于 3 个点，每平方米不少于 2 个点，总厚度应达到设计要求。

(8) 涂层质量的检验。特殊构件需要对涂层内部细微缺陷（针眼、裂纹等）进行检测时，可采用电火花检漏仪检查。检测电压为 3300V（MIN），对整个涂层进行检测，以不产生电火花为合格。固化度的检验应用干净的棉花浸乙醇（或丙醇）擦涂层表面，棉花不变色为合格。

在构件涂装每道工序完成后，均应经过检验（中间检验），合格后方能进行下一道工序涂装。检验不合格的部位必须返修并再次检验，同一部位返修次数不大于 2 次。全部防腐施工完成后，应经过最终检验，合格后才能验收，不合格时也应返修并重新检验。

漆膜在干燥的过程中应保持周围环境清洁，防止被灰尘、雨、水、雪等污染。

对于漏涂和因运输过程、吊装、施焊、切割等原因造成的局部漆膜损坏，要及时补刷，并确保使用油漆的牌号、色泽一致，油漆层数、厚度符合要求。不及时补刷将造成构件返锈的蔓延。

五、涂料的确认、储存

涂料进货后，对每批进行抽样，送有资质的实验室进行质量复检、检验。涂装前应对涂料名称、型号、颜色进行检查，确认是否与设计规定相符。

由于各类油漆属时效物质，特别注意合格证上的生产日期和储存期限。涂料及其辅助材料宜储存在通风良好的阴凉库房内，温度应控制在 5～30℃，并按原包装密封保管，否则会影响涂料的储存期限。

涂料开桶前应将桶盖上的灰尘或污物清除干净，以免开桶时掉入桶内。涂料开桶应进行搅拌，同时检查涂料外观质量，对颜色比重较大的涂料如铁红环氧磷酸底漆和无机富锌底漆宜在开桶漆 1～2 天将桶倒置，以便开桶时易搅拌。

构件涂装前配漆时应计算好当班的油漆用量，以免配漆后未用完而油漆固化出现浪费现象。禁止使用隔夜漆。

六、安全与防护

各类油漆属于易燃有毒化学品，应存放在远离火源、热源及儿童接触不到的地方。库房附近应杜绝火源，并要有明显的“严禁烟火”标志牌和灭火工具。发生火灾时，可使用泡沫灭火器、二氧化碳灭火器及河沙等覆盖灭火。

构件涂装前，作业人员应穿戴好合适的防护用品（如防毒口罩、护眼罩、防护手套等）。涂装现场应采取通风、防火、消静电、防中毒等安全措施。严禁儿童、老弱、伤病患者、孕妇和体质过敏者进入涂装作业现场。

若不慎将涂料抛洒于地面，应及时用棉纱等物品将漆清除干净。若不慎将涂料溅到皮肤上，应先擦掉再用肥皂、水冲洗净。若溅入眼睛内，应立即用水冲洗数分钟，严重者立即送医院治疗。

需弃置的稀释剂、涂料应由具有危化品回收资质的单位进行回收处理或按环保要求处置，严禁倒入下水道或排水管。

对特殊油漆或油漆中含较低闪点溶剂，要加强防火防爆消静电安全管理。若在密封环境中使用，除了应当严格遵守 GB 7691—2011《涂装作业安全规程　劳动安全和劳动卫生管

理》、《化工安全生产四十一条禁令》之外，还要严格遵守国家卫生部 GBZ/T 205—2007《密闭空间作业职业危害防护规范》等规章制度。

涂装过程应做好个体劳动防护，同时启动和运行有害气体净化装置。

第七节　标识、包装、运输及储存

袋式除尘器经加工制造完成并检验合格后，应在产品的显著位置标识质检部门检验合格的标志。

包装标志应包括收发货标志和包装储运图示标志，并符合 GB/T 191—2008《包装储运图示标志》和 GB/T 6388—1986《运输包装收发货标志》的规定。

袋式除尘设备、构件整体或分解出厂发货，均应按照订货合同及技术协议书的要求对构件分别进行裸装、捆装、箱装等。包装箱等应满足起重吊装及公路、海运防护要求。袋除尘器的运输包装方式、技术要求和试验方法应满足 GB/T 5000.13—2007《重型机械通用技术条件》的要求。

裸装的袋式除尘器应封闭其进口和出口。用木箱包装时，袋式除尘器或零部件在箱内应固定，与箱壁保持 30～50mm 的空隙，并用木质或其他支撑件塞紧。滤袋、电气控制柜等还必须采取防雨包装。

包装箱壁外表面的文字及标志应清晰、整齐，内容包括以下方面：

（1）制造商名称、地址。

（2）产品型号、名称。

（3）收货单位名称、地址。

（4）订货合同号。

（5）设备构件名称、图号、数量。

（6）包装箱号共　箱、第　箱。

（7）包装箱尺寸长×宽×高 mm。

（8）包装质量 kg。

（9）其他必需的标识。

设备、构件出厂应附有产品质量检验合格证明书，随同的技术文件还包括：产品说明书；安装、操作、使用说明书；装箱单；检验与试验结果。

技术文件应装入防潮袋固定在箱内指定位置，并在包装箱外注明“随机文件在此”。

袋式除尘器零部件应分类、平整地存放在无腐蚀性气体的场所，严禁随意堆放。应防止锈蚀、变形、损坏和丢失。

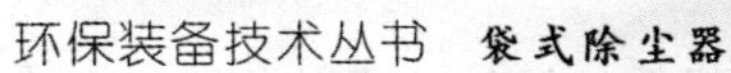

第八章

袋式除尘器的安装、调试验收、运行和维护

第一节 袋式除尘器的安装

一、袋式除尘器安装准备

1. 安装队伍的组建

除尘器的安装，应实行项目经理负责制，保障除尘器安装工期、安装质量和安装过程的安全生产。大型袋式除尘设备的安装工作量大，安装的精度要求较高，应当由专业队伍承担。

袋式除尘器的安装主要包括：金属结构件、机械、电气及保温等内容。在施工组织机构内应设施工经理，配置工程技术人员和必要的特殊工种及安装作业人员。一般情况下，金卯工约占50%，起重工约占10%～15%，电工约占10%～15%，电焊工约占20%。此外，还需配置部分辅助工种。安装队伍的总人数与安装工作量、安装工期、施工条件、安装场地等因素有关，依据实际需要情况而定。

2. 技术准备

施工单位要熟悉安装图纸、安装说明书及技术说明等资料；了解设备构造、各部分连接、安装方法和精度要求，了解电气设备原理、构造和接线方式；充分掌握和准备所需材料的种类、数量，以及有关零件、附属品等情况。设计人员应向施工单位充分进行技术交底。

对安装人员应进行技术培训。对于滤袋等核心部件的安装人员，必须在培训合格后方可上岗。

施工单位编制切实可行的施工组织设计，主要内容包括施工方案及流程、施工进度及节点、施工机具、人员、材料、安全措施等。经业主和工程监理审查通过后方可实施。

依据设备图纸清点零部件数量，检查主要零部件的精度，凡是精度不合格者应予纠正。

确定专职检验员，制定安装过程中及安装完成后的检查制度，印制统一的质量检查记录表格，准备必要的检查工具。

袋式除尘工程施工与验收应执行GB/T 50326《建设工程项目管理规范》、《建设工程质量管理条例》、《建设项目竣工环境保护验收管理办法》、JB 8471《袋式除尘器安装技术要求与验收规范》的相关规定。施工单位应具有相应的施工资质。

3. 作业条件

(1) 起吊设备。起吊设备要考虑到吊装最远距离时能起吊的工件最大质量，并根据除尘器的安装位置确定起吊设备的位置。还要考虑能从货物堆放点或组装地点比较方便地把工件吊到安装位置，以避免过多的倒运造成工件损坏。

（2）堆放场地。现场应有堆放零、部件的场地。堆放场地应平整，还要有足够的地耐力，不会因局部下沉而导致货物倒塌，还要留有车辆和行人的安全通道。

（3）应供组装设备用的场地和平台。

（4）应具备运输通道和物流通道。

4. 安全措施

对施工人员应进行安全教育和培训。施工安装单位应与业主或总承包单位签订安全协议。安装队伍应设置专职安全员，负责施工现场的安全工作。

（1）起吊设备和工具、脚手架等关键器具的安全检查。起吊设备必须配置专职起重工。脚手架必须由架子工搭设和拆除。

（2）货物在现场堆放的安全检查。

（3）高空作业和多层空间的安全教育及防护措施。若计划进行立体交叉作业，应制订防止高空落物、坠落的措施。

（4）各工种的安全知识和安全技能教育。

（5）安全标识、安全网、安全罩、安全带、安全帽等各类安全和劳动保护用品的准备、检查和督促使用。

（6）现场防火、防盗措施及施工中遇特殊情况（如暴风雪、地震、火警等）的防护措施。

（7）防止焊接触电、弧光辐射的措施。焊机接线应有屏护罩，插座应完整，必须安装接地线，绝缘电阻大于或等于1MΩ。

（8）施工供电必须符合电气安全技术规定，有安全电压要求的设备应符合GB 3805的规定。

（9）施工全过程中的安全检查。

（10）实行文明施工责任制管理。施工现场主要入口的醒目位置应设置工程概况牌、安全纪律牌、防火须知牌、安全生产文明施工牌、项目组织机构及主要管理人员名单等标志。施工区域应进行日常的清洁维护，各作业面均应做到“完工、料尽、场地清”。

5. 安装机具及附属装置

（1）起吊设备。根据除尘器规格及现场具体条件确定起吊设备数量、起吊位置、起吊高度、最大起吊质量、最大起吊半径等。

（2）现场工件临时组装平台。主要用于灰斗、立柱、圈梁、墙板、花板等工件的现场组装和拼接。

（3）电焊机、气瓶、割枪现场存放间，相互应保持一定的安全距离。

（4）设备、材料临时仓库。

（5）钳工、电工常用工具。水平仪、经纬仪、弹簧秤、20m钢卷尺、线垂等工具。

（6）合理配备各种机械设备、工具，并落实现场的施工安装设施。

6. 责任制

为确保工程进度和安装质量，施工人员必须有明确的分工和责任。

（1）施工经理。负责安装队伍的管理、工程进度、工程质量、成本、人员思想等工作。

（2）工程技术人员。负责各专业安装过程中的技术保障。

（3）保管员。负责设备的全部零部件、标准件及配套设备的保管及发放；消耗材料及工具的购买及供应。

(4) 调度员。根据日、旬、月工程进度的要求进行生产调度、工种和人员的调配、机具的配置、工作量的平衡，安排消耗材料的采购和使用。

(5) 安全员。制订安全措施，进行安全教育，组织安全检查。

(6) 质量检查员。负责零部件质量和安装质量的检查。

(7) 资料员。收集和整理施工过程中的各种技术文件、图样、设备清单、设备样本、会议记录、质量检验报告、竣工资料、验收报告等。

(8) 施工人员。执行日、旬、月的计划，确保质量和进度，按期完成安装。

7. 施工材料

(1) 安装单位应准备设备安装所需的材料，如焊条、乙炔、氧气、保温材料、密封材料(石棉绳、石棉板等)、钢板、型钢、油漆及部分标准件(如螺栓、螺帽等)。应根据安装图纸列出材料的种类、数量和供应计划。

(2) 施工用脚手架、木板、水泥、沙石等。

8. 施工条件

在水、电、气、道路、施工机具和材料占地等条件具备后方可施工。

二、袋式除尘器的安装程序

1. 安装的基本顺序

考虑吊装顺序和安装空间余地，一般情况下应按表 8-1 所列流程进行安装作业。

表 8-1　袋式除尘器的安装流程

地面工作	本体安装	本体校准测量
	下部框架安装	基础平面对角线水平的校准
灰斗组装	灰斗上架安装	灰斗对角线校准及平面校准
中箱体拼装	中箱体安装	中箱体平面对角线校准及平面校准
进风管与进风调节阀组装	进风管、进风调节阀安装	
上箱体组装	上箱体、出风系统、旁通风管安装	
提升阀、旁通阀阀板(如有)组装	旁通阀、提升阀、分气箱安装	
	平台、栏杆安装	
	压气管路、电磁脉冲阀、差压装置安装	
	插板阀、卸灰系统、空气炮、灰斗电加热器安装	
	整体保温(如有)安装	
	滤袋、框架安装	
	滤袋检验和喷吹管的最终安装	
	表面油漆	

2. 基础校验

基础浇制质量检验包括：①检查基础外表面，若有质量问题，视其严重程度、缺陷所在部位重要与否，做出妥善处理，严重者应报废并重新浇制。②基础上若有油污应予清除，以免影响二次浇灌的质量。基础位置及外形尺寸校验包括：①按图纸的要求，检验基础的定位尺寸及其标高；②以基础的中心线为准，检验基础的几何尺寸，各地脚螺栓孔的大小、位

置、间距和垂直度，以及基础上预埋铁件的位置、数量和可靠性等。

3. 构件的检验

（1）安装前，应对主要钢结构件进行检验，内容包括零件和部件名称、材料、数量、规格和编号等。

（2）钢结构件拼装时及安装前，应对变形的钢结构件进行矫正，对立柱、横梁、各种板件（灰斗壁板、进口和出集烟箱壁板、屋面板、中箱体壁板等）的几何尺寸偏差、几何形状偏差、焊接质量进行检验和矫正。

（3）钢结构件拼装或安装前，应按照图纸对各组件的尺寸及安装位置进行核对。

（4）滤袋框架安装前应逐个检查其质量，对变形和脱焊者应予剔除。

（5）对花板的全部袋孔应逐个检查，并做好记录。若发现不合格之处应予处理，使其合格。

4. 货物堆放

货物的堆放应符合以下要求，以保证货物堆放有序，并避免货物变形、损坏和丢失。

（1）对货场要进行统一规划，在除尘器安装位置附近要考虑到起重机设备的安装、吊运物件的往复运行轨道、吊装半径等因素，同时应预留出大件组合的场地。

（2）除尘器零、部件运到现场后，应选择适当的场地储存。储放场地应平整，避免积水浸泡和构件变形。

（3）工件堆放应按照安装的先后次序排列。先装的工件在上，后装的在下；先装的工件在外，后装的在内。避免多次搬运造成物件损坏或变形。

（4）对精度要求较高的部件，如梁、立柱、花板、阀门等，必须放在平整的地面。摆放不得相互挤压，底部要垫平垫实。

（5）螺栓、螺帽、机加工件、滤袋、电气设备等物件必须放置在室内，要妥善保管，分类摆放。

（6）各类箱体、板材（如箱体板、灰斗板、顶板等）垂叠摆放时应从地面开始用等高的垫木层层垫平，以免发生弯曲变形。

（7）对机电设备、滤袋框架等应有防雨、防撞和防盗的措施，机电设备的电动机应采用塑料布包裹。滤袋框架应堆放在特制的货架内。

（8）分气箱、脉冲阀及电磁阀应有防撞、防雨、防盗等防护措施。

（9）精密仪器、气动元器件、泵类、关键部件等物件上的进口、出口、排气孔，应有临时封堵装置。

（10）应制订和实行材料、设备发放的领用制度。

5. 设备开箱

（1）设备开箱要按箱面示意和要求拆盖，不得损伤设备。

（2）设备开箱后，应认真核查箱号、设备名称、图号（或规格）、件数是否与装箱清单或其他交货清单相符，并做好开箱验收记录。

（3）开箱检查完毕后，必须办理有关验收手续，并妥善保管。对损坏的零部件，应在分清责任后及时修补或校正，若有缺件应及时如数补充。备品、备件应交付用户单位妥为保管。

6. 安装流程

（1）袋式除尘器基础柱距划线。

(2) 支架（柱）及框架安装，并进行质量检验，合格后紧固安装螺栓，进行框架和底板的焊接。焊接后必须清除焊渣。

(3) 固定支座和活动支座安装（净化高温烟气而且规模较大的袋式除尘器往往需设活动活动支座）。

(4) 中箱体底部圈梁安装。

(5) 灰斗安装。

(6) 中箱体立柱、顶部圈梁、横向支撑安装。

(7) 中箱体侧板及进、出口风道、气流分布装置等安装。

(8) 上箱体安装。

(9) 清灰装置安装。

(10) 楼梯、平台及栏杆安装。

(11) 烟道安装。

(12) 对安装完成的烟道和除尘器进行彻底清扫。

(13) 卸灰装置安装。

(14) 滤袋及滤袋框架安装。

(15) 压缩气体供应系统安装。

(16) 喷雾系统及预喷粉装置安装。

(17) 电气和自控系统安装。

(18) 保温和外饰安装。

(19) 全面质量检查。

(20) 单机调试。

(21) 联动试车。

三、袋式除尘器安装技术要求

1. 技术文件

技术文件应齐全。主要内容包括：资料清单；除尘器产品合格证；设备和电气、仪表、滤袋安装的技术说明书、安装详图；设备、货物装箱清单和明细表；重要配套件和外购件检验合格证及使用说明书等。

2. 安装准备

(1) 在安装之前要熟悉安装说明书、有关安装图样及技术说明，充分掌握和准备所需材料的种类、数量，以及有关零件、附属品等情况。

(2) 应合理配备各种机械设备、工具，并落实现场的施工安装设施，使安装作业能顺利进行，并确保工程质量。

3. 基础的质量要求

基础浇制质量要求包括：①基础的养护应达到设计强度的70%以上时，才能交付安装。基础四周的回土工作也应满足安装和搬运设备的需要。②基础外表面不应有裂缝、蜂窝、孔洞、露筋及剥落等现象，不得有油污。设备基础预留孔内应清洁，预埋地脚螺栓的螺纹和螺母应防护完好。

基础位置及外形尺寸要求包括：①基础的坐标位置。基础纵、横向中心线与设计位置偏差不超过±20mm。②基础台面标高。基础标高与设计偏差在二次灌浆后不超过±5mm（原则上宜低不宜高，一般在二次灌浆前宜低 20mm)；基础台面的水平度偏差每米不大于 5mm，全长不大于 10mm；基础的竖向偏差每米不大于 5mm，全高不大于 20mm。③基础外形尺寸偏差一般不超过±20mm。④预埋螺栓的中心距、露丝高度、型号。预埋地脚螺栓与基础中心线距离的偏差不大于±5mm；预埋螺栓的中心距允许偏差±2mm；预埋螺栓的顶端标高允许偏差为+20mm。⑤预留地脚螺栓孔定位、标高、深度和铅垂度。预留孔口尺寸偏差不大于±20mm；预埋地脚螺栓孔与基础中心线距离的偏差不大于−5mm；预埋孔深度允许误差为 0～+20mm；地脚螺栓孔铅锤度偏差不宜大于 10mm，地脚螺栓有衬托底板的，其衬托底板的承力面应平整。⑥基础预埋钢板的位置及水平度。预埋钢板定位尺寸的偏差不大于±10mm；预埋钢板水平度的偏差不大于 5mm；预埋钢板标高的偏差不大于−5mm。⑦以上检验所用测量工具有钢尺、水平仪、经纬仪等。检测结果应满足设计图样的要求。

4. 构件的质量要求

(1) 立柱。①单根立柱和横梁的直线度，偏差应小于 5mm。②立柱端板平面应垂直于立柱轴线，其垂直度公差为端板长度的 5‰，且最大不得大于 3mm。③立柱上下端板孔组的纵向中心线、横向中心线与设计中心线应重合，其极限偏差为±1.5mm。④同一台除尘器的立柱长度相互差值应不大于 5mm。

底梁、立柱、顶梁尺寸的极限偏差应满足表 8-2 的要求。

表 8-2　　底梁、立柱、顶梁的极限偏差（mm）

基本尺寸	≤5000	>5000～8000	>8000～12500	>12500～16000	>16000
底梁	−4	−5	−6	−7	−8
立柱	±3	±4	±4.5	±5	±6
顶梁	±3	±4	±5	±6	±7

(2) 板类。①灰斗壁板、进口和出口集烟箱壁板、屋面板、中箱体壁板等组件尺寸的极限偏差应满足表 8-3 的要求。②板类对角长度相互差值应不大于 5mm。③各种板类组件拼装完工后，在相邻两肋之间板面的局部平面度公差应不大于两肋间距的 15‰。④花板的全部袋孔周边不应存在任何毛刺、缺口和杂质。

表 8-3　　板类尺寸的极限偏差（mm）

基本尺寸	≤4000	>4000～6500	>6500～10000	>10000
灰斗、集烟箱、进出口喇叭	−4	−5	−6	−7
屋面板、中箱体壳体	±3	±4	±4.5	±5

5. 柱距划线要求

(1) 柱距划线极限偏差。当柱距小于或等于 10m 时为±2mm；当柱距大于 10m 时为±3mm。

(2) 基础对角线划线相互差值。当对角线长度小于或等于 20m 时为±5mm；当对角线长度大于 20m 时为±8mm。

(3) 各基础顶部标高相互差值不大于 2mm（顶部标高是指预埋钢板或垫铁二次灌浆后的标高）。

6. 袋式除尘器钢支架（柱）安装要求

(1) 地脚螺栓。①地脚螺栓预埋时与混凝土接触的部位不得有油脂和污垢。②地脚螺栓底端不得触及预留地脚螺栓孔的孔底，与孔壁的距离应大于 15mm。③灌筑的时候，不得使地脚螺栓歪斜。④拧紧地脚螺栓应在预留地脚螺栓孔的二次灌浆混凝土达到设备基础混凝土的设计强度后进行。

（2）支座型式。对于净化常温气体的除尘器，除尘器本体与钢支架（柱）的连接为固接，即固定支座；对于净化高温气体的大型除尘器，其本体与钢支架（柱）的连接为活动连接，即活动支座。

（3）支架（柱）的中心定位。主要包括：①各支架（柱）与水平面的垂直度偏差应不大于其长度的 1‰，最大值不超过 10mm。②允许在立柱底面垫铁板，所垫厚度不大于 5mm，垫铁周边尺寸应与立柱底面周边一致，不得缩进或超出。③支架（柱）定位及框架基本形成后，测量中心定位和平立面各对角线的尺寸，检查是否符合下述要求：柱距安装偏差应不大于柱距的 1‰，极限偏差为±7mm；支架（柱）与基础的安装位置极限偏差为±5mm；支架（柱）顶部标高偏差对于零米应小于 10mm，各支架（柱）相互差值不大于 3mm。

7. 袋式除尘器本体安装要求

袋式除尘器本体安装误差应符合 JB/T 8471《袋式除尘器安装技术要求与验收规范》的要求（见表 8-4）。

表 8-4　除尘器安装极限偏差和公差、检验方法

序号	项目	极限偏差和公差	检验方法
1	底部圈梁标高及平面度	±5mm，平均度<5mm	用水准仪、直尺检查
2	底部圈梁（每个灰斗）长、宽水平偏差	1‰	用尺检查
3	底部圈梁（每个灰斗）两对角线相互差值	1‰	用尺检查
4	底部圈梁整体长、宽水平距离极限偏差	±6mm	用尺检查
5	底部圈梁整体对角线相互差值	<8mm	用尺检查
6	立柱纵横向中心线	极限偏差为±2.5mm	挂线用尺检查
7	立柱底板标高	±2.5mm	用水准仪、直尺检查
8	立柱顶部标高相互差值	<5mm	用水准仪、直尺检查
9	立柱与水平面的垂直度	立柱长度的 1‰	挂线用尺检查
10	顶部圈梁相邻平行两梁中心线距离	±5mm，平行度为 5mm	用尺检查
11	灰斗中心距	±5mm	挂线用尺检查
12	灰斗出口标高	±5mm	用水准仪、直尺检查
13	灰斗上下几何尺寸	±5mm	用尺检查
14	灰斗法兰平整度	≤5mm	用尺检查
15	灰斗法兰安装水平度	±1.5mm	用尺检查
16	除尘器进、出口法兰纵横向中心线	±20mm	挂线用尺检查
17	除尘器进、出口法兰几何尺寸	±5mm	用尺检查
18	除尘器进、出口法兰端面垂直度	2‰	用线坠、钢尺检查
19	进、出口喇叭大口对角线误差	<10mm	
20	进、出口喇叭小口对角线误差	<6mm	

8. 除尘器入口、出口风管安装要求

除尘器入口和出口风管安装误差应符合 JB/T 8471《袋式除尘器安装技术要求与验收规范》的要求，见表 8-5。

表 8-5　　风管安装极限偏差、公差和检查方法

序号	项目	极限偏差和公差	检验方法
1	入口风管与各滤袋室中心线	±10mm	挂线用尺检查
2	入口风管中心标高	±10mm	用尺检查
3	调节阀水平度	2‰	用水准仪检查
4	入口风管中心线	±10mm	挂线用尺检查
5	出口风管中心标高	±10mm	用尺检查

9. 灰斗焊接要求

(1) 焊接时应有防变形措施。

(2) 焊缝必须严密，全部焊缝应进行渗油密封性检查。

(3) 若灰斗内四角设有弧形板，弧形板的焊接应连续、光滑。

(4) 排灰口法兰平面应平整。

(5) 灰斗外壁面的加强筋应对齐，搭接处应焊牢。

(6) 焊接完成后，应对灰斗内壁面的疤痕打磨处理。

10. 中箱体和袋室安装技术要求

(1) 外滤式除尘器的中箱体和内滤式除尘器的袋室，对其立柱、横梁、圈梁所形成的框架，须测量中心定位和平立面各对角线的尺寸，根据技术要求确认其合格后再进行焊接。

(2) 以上工作完成后方可进行壳体、进风口、气流分布装置的安装。

(3) 底梁、端墙应在地面进行试装，检测合格后在上下左右做好组对标记，以便吊装时组对。

(4) 喇叭形进、出风口安装。

1) 若袋式除尘器采用喇叭形进、出风口，宜现场组装后整体吊装。

2) 组装应在地面钢平台上进行，并校核外形尺寸。组装时注意人孔门方向。

3) 若分片进行吊装，应注意各片的安装位置和角度，可在中箱体的安装部位划出进、出风口的边线，同时焊上挡铁，以便于安装就位。

4) 对喇叭口的空间角度应精确测量，必要时在适当部位临时增加角度定位板，以保证其空间角度。

(5) 气流分布板安装。

1) 气流分布板宜采用螺栓连接，各分布板之间不宜焊接，以利于气流分布的调整。

2) 气流分布板安装完成后，应将紧固的连接螺栓点焊。

11. 上箱体安装要求

(1) 上箱体宜采取整体吊装。若条件不满足，则花板应在地面工作台拼装后整体吊装。

(2) 花板吊装时，应采取防止变形的措施。

(3) 花板安装。

1) 花板安装时定位应严格。

2) 花板平面度公差不大于 2‰，最大应小于 3mm。

3) 花板孔中心位置偏差小于 0.5mm，花板孔径公差为 0～+1mm（用弹性涨圈固定滤袋的花板孔径公差为 0～+3mm）。

(4) 停风阀安装。

1）对于具有圆盘式停风阀的袋式除尘器，停风阀安装时须检查阀口及阀板的平整度和水平度，阀口不得有毛刺、缺口。

2）停风阀安装后应通气试验，并调整阀板与阀口间的压紧程度。

12. 梯子、平台及栏杆安装要求

（1）梯子、平台及栏杆的焊接应牢固、可靠。梯子、平台及栏杆应设有脚踢板。

（2）平台的平整度偏差小于10‰，水平度偏差小于5‰。

（3）栏杆扶手拐角处应圆滑，焊接部位应打磨光滑，无毛刺和飞棱。

13. 卸灰装置安装要求

（1）卸灰装置安装应在除尘器结构全部完成后进行。

（2）安装前应将除尘器内部一切杂物清扫干净。

（3）灰斗、卸灰阀及插板阀的法兰之间应衬密封垫并紧固，不漏灰。

14. 烟道安装要求

（1）除尘器进、出口安装完成后方可进行烟道的安装和对接。

（2）烟道进、出口阀门和非金属补偿器安装时应注意流向和执行器的方位。

（3）阀门安装后应进行检查，做到动作平稳、灵活、启闭到位。

15. 压缩气体供应系统安装要求

（1）压缩气体供应系统安装按GB 50235《工业金属管道工程施工及验收规范》和GB 50236《现场设备、工业管道焊接工程施工及验收规范》的有关规定执行。

（2）管道、阀门等附件安装前应仔细检查和清扫，除去杂物、铁锈和积水。

（3）压缩气体供应系统的连接，除设备和管道附件间采用法兰或螺纹连接外，其余均采用焊接。管道焊接的坡口应采用机械加工成型。

（4）管路安装。

1）管路中的阀门、仪表等安装时，应使其流向、朝向便于观察和操作。

2）管路的最低处和最末端应设阀门或堵头，便于排水和清污。

3）室外架空管道定位允许偏差为25mm；标高允许偏差为±20mm；水平管道的平直度允许偏差为50mm。立管铅垂度允许偏差为30mm。

4）管道上仪表取源部位的开孔和焊接应在管道安装前进行。穿楼板的管道应加套管。

5）当阀门与管道以法兰或螺纹方式连接时，阀门应在关闭状态下安装。

6）安全阀应垂直安装。在管道投入试运行时，应及时调校安全阀，开启和回座压力应符合设计要求。

7）螺纹接头部分要填塞密封带（或油麻线）以防漏气。注意不要旋得过紧，避免在管件连接时产生龟裂。

8）管道支架（柱）可采用U形管卡，固定支架（柱）应牢固可靠。

9）耐压胶管安装应避免过度弯曲，须留有一定的余量。

10）耐压胶管与工作气缸的入口连接，应在管路吹扫后进行。耐压胶管两端的连接应牢固，不得松动、漏气。

（5）压缩气体管路耐压试验。

1）管路安装完成后，应进行耐压试验。

2）试验压力为0.5～0.6MPa，保持10min，用肥皂水或检漏液检查，以不漏为合格。

（6）压缩气体管路的吹扫。

1）管路启用前应进行吹扫。

2）开启管路末端的阀门或堵头，并启动空气压缩机（若采用氮气则开启供气总阀），借助压缩气体将管道内的杂物吹扫出去。

3）吹扫的同时用榔头敲打管道。对焊缝、死角和管底应重点敲打。敲打顺序一般为先主管、后支管。

4）吹扫结果可在排气口用白布检查，5min内白布上无粉尘、铁锈、脏物为合格。

5）吹扫时，应暂时卸去调压阀、安全阀和压力表。

6）吹扫结束后，停止空气压缩机运行（若采用氮气则关闭供气总阀），关闭管道末端的阀门或堵头。

16. 焊条及焊缝要求

（1）焊条型号、焊缝高度必须符合图样要求。焊接施工参照JB/T 5911《电除尘器焊接件技术要求》、GB/T 985.1《气焊、焊条电弧焊、气体保护焊和高能束焊的推荐坡口》、GB/T 985.2《埋弧焊的推荐坡口》进行。

（2）下列部位的焊接应达到焊接Ⅱ级标准，必须连续满焊，严禁漏焊、虚焊、气孔、砂眼和夹渣等缺陷存在；焊接完毕后应彻底清除焊渣，并做煤油渗漏检验。

1）花板的拼接及其与周边的焊接。

2）除尘器箱板之间，以及箱板与横梁、立柱之间。

3）外滤式除尘器的灰斗、中箱体、上箱体之间；内滤式除尘器的灰斗与袋室之间。

4）进、出风总管之间的隔板周边，以及总管与支管之间。

5）进、出风口与箱体之间。

6）灰斗卸灰口与法兰之间；采用法兰连接的管道与法兰之间。

17. 滤袋安装要求

（1）安装准备。

1）在除尘器箱体各部件安装完成，确认箱体内不再动火后，方可安装滤袋。

2）滤袋安装前，箱体内部和花板表面的杂物必须清扫干净，并经检查合格。

3）对滤袋应逐个检查，只有外观质量完好无损者方可安装。

（2）安装操作。

1）滤袋从存放位置运至安装位置过程中，以及安装过程中，应谨慎操作，严格避免踩踏、拖曳和硬物划伤、擦伤滤袋。

2）滤袋的安装宜从箱体人孔门的远端向人孔门所在的一端顺序进行。安装人员宜采用倒退姿态操作，避免踩踏和破坏已装好的滤袋。

3）安装人员宜穿布鞋或胶鞋进行操作。

4）滤袋安装时严禁动火、吸烟。安装结束后，严禁在除尘器内部及除尘器前、后的风管道内动火。

5）安装过程中严防异物落入滤袋，若落入异物应及时取出。

6）安装结束后应逐个滤袋检查安装质量，并强调每一条滤袋都应检查到位，不应遗漏。对于内滤式滤袋，还应检查滤袋张紧力是否符合有关标准。

18. 滤袋框架安装要求

(1) 滤袋安装完成并确认全部符合技术要求后方可安装滤袋框架。

(2) 对滤袋框架应逐个检查，只有外观质量符合要求者方可安装。

(3) 安装过程中应严防异物落入滤袋，若落入异物应及时取出。

(4) 滤袋框架安装完成后从滤袋底部进行观察，对有偏斜、触碰的滤袋，应调整其垂直度，安装垂直度宜控制在袋长的2‰范围内，且垂直度偏差小于或等于20mm。

19. 喷吹管安装要求

(1) 脉冲袋式除尘器的喷吹管安装应在滤袋框架安装完成并检查合格后进行。

(2) 必须严格保证喷嘴（孔）与滤袋的同心度偏差小于2mm，喷嘴（孔）中心线的垂直度偏差小于5°，喷嘴（孔）之间的高度差小于2mm，喷吹管定位准确后应紧固。

20. 油漆要求

(1) 油漆之前，对除尘器应进行全面检查和打磨，清除残渣，除去锈斑，使表面保持光洁平整。

(2) 除尘器结构件安装前应刷两道红丹漆（焊接部位除外），安装完成后，焊接部位应补刷底漆和面漆。

(3) 补漆所用油漆应与除尘器采用的油漆同种类和颜色。

(4) 漆层厚度应均匀、平滑，不得有裂纹、脱皮、气泡及流痕。

21. 电缆敷设和接地要求

(1) 敷设高压和低压电缆、信号电缆均应按电气标准的要求进行，并敷设在保温层的外部。

(2) 除尘器应设置专用接地线网。大型袋式除尘器本体与地线网连接点不得少于4个，接地电阻不大于10Ω。

四、袋式除尘器保温

1. 应当设置保温的场合

袋式除尘器设备和管道保温设置保温在下列情况下应设置保温：

(1) 防止高温烟气结露，要求烟气温度高于露点15～20℃以上。

(2) 防止压缩空气管道、水管、油管等冬季冻结。

(3) 防止管道冷、热损失过大。

(4) 防止管道与设备表面结露或内部物料潮湿结块。

(5) 管道表面温度过高易引起燃烧、爆炸的场合。

(6) 安全标准规定的保温要求。

(7) 管道、设备操作维护时易引起人员烫伤的部位。

袋式除尘器设备和管道保温应符合GB 50246《工业设备及管道绝热工程设计规范》的要求。

2. 保温材料应具备的特性

(1) 导热系数小。

(2) 密度小。

(3) 机械强度满足抗压和抗折的要求。

(4) 在最高温度下性能稳定。

(5) 在燃烧爆炸的场合，保温材料为非阻燃材料，当介质稳定大于120℃时，保温材料应是阻燃型或自熄型。

(6) 吸水率低。

(7) 化学性能符合要求。

(8) 不得采用石棉制品。

3. 保温层

(1) 保温层应保温效果好，施工方便，防火、防雨、整齐美观。

(2) 保温结构应有足够的强度。

(3) 保温层外表需设金属保护层。其功能是防止外力损坏绝缘层；防止雨雪、水的侵袭；美化保温层的外观；具有良好的化学稳定性和阻燃性；不易开裂，不易老化。

保温结构应符合下列要求：

(1) 金属保护层的接缝可采用搭接，插接或咬接形式。

(2) 金属保护层整体应有防水功能，水平管道的纵向接缝应设置在管道的侧面，水平管道的环向接缝应按坡度高搭低茬；垂直管道的环向接缝应上搭下茬。

(3) 室外布置的袋式除尘器顶部保温保护层和矩形烟风道的保温层顶部应设排水坡度，必要时双面排水。

4. 保温层施工质量控制

(1) 所有绝热材料应有材质合格证及材料的复检报告且符合要求，材料理化指标应符合设计要求。

(2) 所有材料外形平整规则无破损，尺寸偏差应在允许范围内。

(3) 保温钩钉间距均匀一致且符合设计要求，焊接牢固。

(4) 龙骨焊接牢固、平整，无明显凹凸不平及弯曲。应确保龙骨端面在同一平面内，从而保证外护板安装的平整。

(5) 绝热材料应紧贴设备金属壁面，不得出现空隙。

(6) 绝热材料应拼缝严密，一层错缝、二层压缝，且错缝、压缝尺寸符合设计要求。

(7) 自锁垫片锁紧压实，钩钉端头弯曲成直角或锐角。

(8) 绝热材料施工完毕后，其保温厚度应符合设计要求，且厚度均匀一致。

(9) 防雨装饰板设计合理，制作工艺美观（边角毛刺应用磨光机打磨规则平滑）。

(10) 机组满负荷运行时，除因无法满足保温间隙而减薄保温厚度或有单独规定外，在环境温度为25℃时，保温后电除尘器表面温度不得超过50℃。

第二节　袋式除尘系统的调试和验收

一、袋式除尘系统的调试

调试前编写调试大纲或调试方案。

1. 单机调试

单机调试由总承包单位或施工单位负责。

单机调试的有关要求如下：

(1) 袋式除尘器及附属设备的单机调试应按以下顺序进行：先手动，后电动；先点动，后连续；先低速，后中、高速；先空载，后负载。

(2) 确认各阀门的动作灵活、启闭到位、转向正确，阀位与其输出的电信号应相符，电动机接地。调试完成后，阀门应处于设定的启闭状态。

(3) 对系统和设备安装的温度、压力、料位计等一次元件进行调试，所测物理量与输出信号相吻合。

(4) 调试灰斗的振打或破拱装置、电加热器、气化装置等设备。

(5) 调试卸灰、输灰设备。首先应清除卸、输灰设备中的杂物，检查设备的油量和油位，无短路、卡塞情况再进行电动操作。确认各设备的转向正确。

(6) 空气压缩机（罗茨送风机）调试前，先按产品使用说明书注入机油，再启动空气压缩机（罗茨送风机），调试或确认排气压力符合要求，电动机电流应正常。

(7) 逐个调试压缩空气的净化干燥装置。确认其运行正常，净化干燥效果符合要求。

(8) 设备和管道上的安全阀应通过当地技术监督局的检验。调试压气管路的减压阀，确认减压后的气体压力符合设计要求。检查管路中所有阀门的流向和严密性，并确认正确无误。

(9) 清灰装置的调试。

1) 脉冲袋式除尘器的脉冲阀应逐个进行喷吹调试。其喷吹应短促有力，启闭应正常，不得有漏气现象。对停风阀应逐个调试，启闭应灵活，不存在漏气现象。

2) 调试反吹风袋式除尘器的切换阀门，应切换灵活，阀板与阀座贴合严密，不漏气。

3) 对设有回转机构的袋式除尘器，回转机构应动作灵活、转向正确。若属回转切换定位反吹装置，还应有良好的密封性能，不存在漏气现象。

(10) 调试喷雾降温装置的压力、流量等参数。检验喷头雾化效果时应在烟道外进行，正常后再装入烟道。

(11) 机电设备、电气设备、仪表柜等单机空载试运转不少于 2h。要求各传动装置转动灵活，无卡碰现象，无漏油现象，且转动方向应符合设计要求。

2. 电气及热工仪表、自动控制系统调试

电气及热工仪表、自动控制系统安装完成后的调试步骤如下：

(1) 对各控制柜、现场操作箱（柜）分别进行测试和调试。最后的接线检查及性能检查（绝缘电阻、接地电阻等）结果应正确和合格。按照图样和设计文件对被调试的箱（柜）进行无负载动作特性、控制性能的检测及调整，直至符合技术要求。

(2) 对各控制对象分别进行手动控制调试。进行最后的接线检查及性能检查（如电动机的绝缘电阻等）。对调试对象有关的控制柜、现场操作箱（柜）受电，选择手动控制，分别手动控制各调试对象，检查调试对象的动作是否准确和到位。

(3) 对各控制对象分别进行自动控制调试。进行最后的接线检查及性能检查（如电动机的绝缘电阻等）。对调试对象有关的控制柜、现场操作箱（柜）受电，选择自动控制，分别自动控制各调试对象，检查调试对象的动作是否准确和到位。

(4) 调试清灰程序和清灰制度。对于机械振动清灰袋式除尘器，确认清灰机构的工作及清灰顺序正常；对于反吹清灰袋式除尘器，确认清灰的各阶段（过滤、反吹、沉降）时间与设计文件相符，检查切换阀门和反吹风机工作是否正常；对于脉冲袋式除尘器，确认每次同

时喷吹的脉冲阀数量、脉冲时间、脉冲间隔、脉冲周期和顺序与设计文件相符，检查脉冲阀是否全部工作正常。

(5) 对各个运行模式的控制程序进行调试，确认逻辑关系。

3. 袋式除尘系统联动试车应具备的条件

(1) 联动试车领导小组成立。袋式除尘系统的联动试车由业主负责组织，工程承包单位、施工单位和监理单位共同参加。

(2) 各设备的单机调试业已完成。

(3) 管道和除尘器等装置内部已彻底清扫，确认不存在杂物。

(4) 除尘器及管道安装结束，完成气密性检查。完成对袋式除尘器预涂粉及荧光粉检漏(如有需求)。

(5) 设备及烟道的保温基本完成。

(6) 确认各阀门处于正常开启或关闭状态。

(7) 所有梯子、平台、栏杆、护板的安装已完成。

(8) 除尘器本体的人孔门、检修门均已关闭严密。

(9) 除尘器监控系统正常（包括报警、保护和安全应急措施)。

(10) 压缩气体供应系统正常。

(11) 引风机正常。

(12) 施工现场清理完毕，防火和消防措施到位，电气照明能正常工作，设备和系统的接地完成。

(13) 电气仪表软、硬件已完成调试和模拟调试，工作正常。

(14) 通信设施完备，能正常使用。

(15) 运行操作人员到位。

4. 冷态联动试车操作流程与要求

(1) 全部控制设备和计器仪表受电。

(2) 压气系统启动。

(3) 卸、输灰系统启动。

(4) 喷雾系统处于待机状态（如无该系统则省略)。

(5) 电动/气动阀门进行电动操作检查，完成后复位。

(6) 引风机及其配套电动机的冷却系统启动。

(7) 喷吹系统工作。

(8) 冷态联动试车时间不少于4h。

(9) 调试过程中，检查各控制对象的动作是否符合控制模式的要求，运行程序是否正确，各连锁信号、运行信号、报警信号、仪表信号是否准确，逻辑关系是否正确。

(10) 测试各项技术参数，做好试车记录。

二、袋式除尘系统的验收

1. 验收应具备的条件

(1) 项目审批手续完备，技术资料与环境保护预评价资料齐全。

(2) 除尘器安装质量符合国家有关部门的规范、规程和检验评定标准。

（3）已完成除尘器的试运行并确认正常，性能测试完成。

（4）具备袋式除尘器正常运转的条件，操作人员培训合格，操作规程及规章制度健全。

（5）工艺生产设备达到设计的生产能力。

（6）验收机构已经组成。整机验收工作应由业主负责，安装单位及除尘器制造厂商参加。

2. 验收内容及要求

（1）除尘器的主机及配套的机电设备运转正常。所有阀门、检修门等启闭灵活，工作正常。

（2）电气系统和热工仪表正常。

（3）程序控制系统正常。

（4）除尘器的卸、输灰系统正常。

（5）安全设施无隐患，安全标志明确，安全用具齐备。

（6）除尘器各阀门、盖板等连接处严密，不存在漏风现象。

（7）压缩气体供应系统工作正常。

（8）除尘器的保温和外饰符合设计要求。

（9）配套的消防设施到位。

（10）除尘器的粉尘排放浓度、设备阻力、漏风率等性能指标满足合同要求。

3. 验收技术资料

（1）开工报告。

（2）袋式除尘器安装验收记录、质检报告。

（3）隐蔽工程签证。

（4）设计变更、设备缺陷处理记录。

（5）单机调试、联动试车报告。

（6）袋式除尘器性能测试报告。

（7）竣工资料及报告。

第三节 袋式除尘系统运行

一、岗位人员教育培训

袋式除尘系统投入运行前，组织技术人员、岗位操作人员制定、审查岗位安全生产责任制和安全技术操作规程，同时制定岗位人员伤害事故或设备事故应急救援预案以及应急处置措施，对岗位操作人员进行教育培训，经考试合格后方可上岗。

二、袋式除尘系统启动

火电厂、垃圾焚烧等锅炉用袋式除尘器的启动应在预涂粉过程完成并检查合格后方可进行。袋式除尘系统的启动应在锅炉、炉窑点火或投运前进行。

1. 袋式除尘器的启动程序、条件和要求

（1）检查电控系统中所有线路是否通畅。电气、自控系统、检测仪表是否受电。核实各控制参数设定是否准确，报警和电气连锁功能是否处于工作。

(2) 确认烟道进、出口阀门处于开启状态。

(3) 预涂灰合格（如有）。

(4) 压缩气体供应系统工作正常。

(5) 风机配套电动机的冷却系统工作正常。

(6) 引风机启动，对除尘系统进行通风清扫。风量为额定风量的25%，持续时间为5～10min后进入正常运行状态。

(7) 启动清灰控制程序。

(8) 除尘器卸、输灰系统启动。

2. 袋式除尘系统运行

(1) 袋式除尘器的运行应配置专职的操作人员，并经培训和考试合格。

(2) 操作人员应定期对袋式除尘器的运行状况和参数进行巡查并认真记录。

(3) 高温烟气除尘系统运行过程中，当烟气温度超过滤袋正常使用温度时，控制系统报警，若烟气温度继续上升至滤料最高使用温度并持续10min时，应采取停机措施。

(4) 在运行工况波动的条件下，控制系统采取定压差的清灰控制方式有利于适应烟尘负荷的变化。

(5) 除尘器运行过程中严禁开启各种门、孔。

(6) 若发现有滤袋破损现象，应及时检查和更换破袋，防止危害其他滤袋。应记录破袋所在位置、破损部位和形态、累计使用时间等。

(7) 袋式除尘器灰斗应装设高料位监测装置，当高料位发出报警信号时，应及时卸灰。若发现卸灰不畅，应及时检查和排除故障。

(8) 应定时记录袋式除尘器运行参数。用于燃煤锅炉和垃圾焚烧的袋式除尘器，应每1h记录一次运行参数。主要包括以下内容：

1) 记录时间。

2) 生产负荷或锅炉机组负荷。

3) 烟气温度；若发现温度异常，应及时报告主管部门。

4) 除尘器阻力。

5) 粉尘排放浓度（设有粉尘浓度监测仪时）。

6) 含氧量（设有含氧量测定仪时）。

7) 灰斗的高、低料位状态。

8) 空气压缩机电流。

9) 空气压缩机排气压力、储气罐压力及喷吹压力。

10) 回转清灰装置电流（对于回转脉冲或回转反吹袋式除尘器）。

11) 脉冲喷吹间隔（对于脉冲袋式除尘器）。

3. 袋式除尘系统的停机

(1) 当生产工艺或生产设备停机或锅炉停炉后，袋式除尘器需继续运行5～10min后再停机。

(2) 除尘器短期停运（不超过4天），停机时可不进行清灰；除尘器长期停运、停机时应彻底清灰；对于吸潮性板结类的粉尘，停机时应彻底清灰。袋式除尘器停运期间应关闭所有挡板门和人孔门。

(3) 无论短期停运或长期停运，袋式除尘器灰斗内的存灰都应彻底排出。

(4) 灰斗设有加热装置的袋式除尘器，停运期间视情况可对灰斗继续加热保温，防止结露和粉尘板结导致的危害。

(5) 袋式除尘系统长期停运时，各机械活动部件应敷涂防锈黄油。电气和自动控制系统应处于断电状态。

(6) 袋式除尘器停机顺序。

1) 引风机停机。

2) 压缩气体供应系统停止运行。

3) 清灰控制程序停止。

4) 除尘器卸、输灰系统停止运行。

5) 关闭除尘器进、出口阀门。

6) 电气、自控和仪表断电。

4. 事故状态下袋式除尘系统的操作与停机

(1) 烟气突发性高温。

1) 当烟气温度升高接近滤料最高许可使用温度时，控制系统应报警。

2) 在烟气温度达到滤料最高许可使用温度之前，应及时开启混风装置或喷雾降温系统。若生产许可，也可停运引风机。

3) 当烟道内出现燃烧或除尘器内部发生燃烧时，应紧急停运引风机，关闭除尘器进出口阀门，严禁通风。

(2) 紧急停机。当生产设备发生故障需要紧急停止袋式除尘器运行时，应通过自动或手动方式立即使引风机停机，同时关闭除尘器进、出口阀门。

第四节 袋式除尘器的维护管理

一、袋式除尘器运行中的检查

袋式除尘器运行时需重点巡检的部位及要求如下：

(1) 定期巡检清灰装置的运行状况，白班不少于1次。若发现脉冲阀异常（漏气、膜片破损、阀内部通道堵塞、电磁阀失灵等），切换阀门开、关不到位和漏气，或振动机构失灵，应及时处理。

(2) 对于回转脉冲袋式除尘器，应定期检查回转机构的运行状况。白班不少于2次，夜班不少于1次。

(3) 定期巡检分气箱的压力。白班不少于1次；当出现压力高于上限或低于下限时，应立即检查和排除故障。

(4) 定期巡检空气压缩机（罗茨风机）的工作状态，包括油位、排气压力、压力上升时间等，白班不少于2次，夜班不少于1次。

(5) 定期放出缓冲罐和储气罐的存水。白班不少于2次，夜班不少于1次。

(6) 定期巡检压缩空气净化装置，白班不少于1次。

(7) 除尘器灰斗卸灰时，应同步检查卸灰及输灰装置的运行状况，发现异常及时处理。

(8) 经常关注除尘器出口粉尘排放浓度。若出现超标，且确定系滤袋破损所致，应及时

更换滤袋或临时封堵漏袋。

(9) 定期检查喷雾降温系统中的供水、供气回路和参数(如有),白班不少于1次。

(10) 定期检查压力传感器取压管的通畅情况,每周不少于1次。发现堵塞应及时处理。

(11) 经常观察并注意工控机及电脑设备工作情况,发现问题及时处理。

(12) 宜定期抽检滤袋,观察其受损状况,必要时应检测其强度衰减情况,可建立滤袋的寿命管理档案,预测其使用寿命。宜每年1~2次。

二、袋式除尘器运行状态下的维护与检修

(1) 严禁在风机运行时对除尘器进行气割、补焊和开孔等维护检修。

(2) 除尘器的检修宜在停机的状态下进行。当生产工艺不允许停机时,可通过关闭某个仓室进、出口挡板门的措施来实现运行状态下的检修,阀门关闭时应上机械锁,检修完毕后解除机械锁。

(3) 运行状态下的检修宜选择在低负荷生产状态下进行。

(4) 开启被检修仓室的人孔门之前应进行通风和冷却,以利操作人员进入。检修时应停止被检修仓室的清灰。

(5) 检查离线仓室的滤袋,发现破袋及时更换。当破袋数量较小时,也可临时封堵袋口。

三、袋式除尘器停机维护与大修

(1) 停机后应对除尘器和除尘系统进行全面的检查和维护。

(2) 开启除尘器中箱体或上箱体的人孔门,对箱体通风降温,并置换箱体内的有害气体。当箱体内温度和有害气体浓度降至适宜程度时,人员方可进入。如果人员需进入中箱体,则灰斗内存灰必须排空。

(3) 检查滤袋,如果发现破损应及时更换。当滤袋使用程度达到设计寿命时,宜更换全部滤袋。

(4) 检查喷吹装置,若发现喷吹管错位、松动或脱落,应及时处理。

(5) 检查除尘器进口阀门和旁路阀处积灰、结垢和磨损情况,发现问题及时处理。处理后,先通过手动启闭阀门,观察阀门的灵活性和严密性,动作应不小于3次。再进行阀门的自动操作,检查阀门的灵活性和严密性,动作应不小于3次。

(6) 检查滤袋表面的积灰状况。检查灰斗内壁是否存在积灰和结垢现象,检查气流分布板是否存在磨损和结垢现象。

(7) 检查空气压缩机(罗茨风机)的空气过滤器,发现堵塞应及时更换或处理。

(8) 检查机电设备的油位和油量,不符合要求时应及时补充或更换。

(9) 检查喷雾降温系统喷头的磨损和堵塞状况,并应试喷不少于2次。喷头磨损严重的应予以更换(如有喷雾系统)。

(10) 检查一次元件和测压管的结垢、磨损及堵塞状况,发现问题及时处理。

(11) 上述工作完成后,确认除尘器内部无遗留物,关闭除尘器全部检修门(孔),确认进、出口阀门开启,旁路阀关闭,执行机构处于自动位置状态。

四、除尘器备品备件的管理

(1) 袋式除尘器的备品备件包括滤袋、滤袋框架、脉冲阀、膜片、空气压缩机的空气过滤器、空气压缩机油等。

（2）滤袋及滤袋框架的备品数量不少于其总数的5%；脉冲阀的备品数量不少于其总数的5%，且不少于2个；脉冲阀膜片备品数量不少于其总数的5%，且不少于10个；空气压缩机的空气过滤器备品不少于1个。

（3）当袋式除尘器运行至滤袋设计寿命前3个月时，用户应着手采购滤袋。

（4）袋式除尘器的备品备件应妥善保管在备品备件库房内，并做好管理台账。

（5）用户应备有袋式除尘器滤袋、滤袋框架、花板的规格尺寸。

第九章 袋式除尘器故障诊断及排除

第一节 粉尘排放浓度超标

除尘器粉尘排放浓度超标，可能是由于以下几方面原因造成的：滤袋破损、滤袋脱落、箱板焊接脱落、隔板振动破裂等。

一、滤袋破损

滤袋破损会导致含尘气流未经过滤直接外排，除尘器出口粉尘排放浓度超标。导致除尘器滤袋破损的主要因素如下：

（1）滤料质量。滤料的强度、均匀性、材料等。

（2）袋笼质量不合格。袋笼带有毛刺、袋笼框架脱焊等。

（3）气流分布不合理。除尘器灰斗进风或进风气流分布不均匀都会导致滤袋被冲刷损坏。

（4）烧伤或烫伤。烟气中含有可燃性粉尘或气体、防范措施又不完善，粉尘或气体可能燃烧或爆炸，从而烧破滤袋。

（5）滤袋间距不合适，使滤袋之间碰撞、摩擦。

（6）喷吹管的喷嘴对位不合适。喷嘴偏斜导致气流偏吹，使滤袋口附近出现破损。

（7）滤袋寿命到期。

在现场见到的除尘器滤袋破损情况见图 9-1。

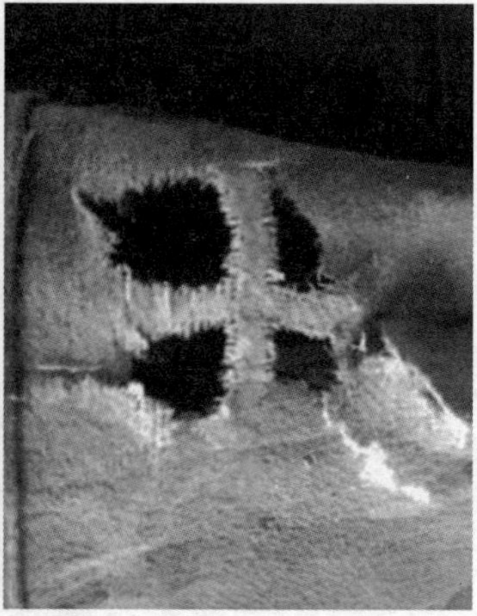

图 9-1 滤袋破损

由于喷吹压力过高吹破滤袋、喷吹管安装歪斜、花板变形、滤袋与花板及框架的配合不合适、滤袋内有异物或划伤、两节笼龙骨脱节等原因造成滤袋破损，经现场检查后，进行调整即可避免滤袋破损的情况发生。

如果袋笼框架表面存在毛刺或脱焊，滤袋和框架接触部分将由于脉冲喷吹动作导致接触部位磨损，见图 9-2。

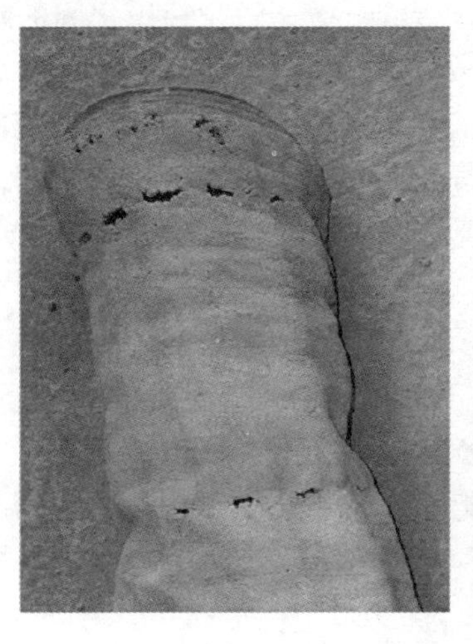

图 9-2 框架对滤袋的损伤

除尘系统运行时应严格控制入口烟温，可在除尘器前加装冷却装置，并根据不同的滤料设置不同的温度检测报警装置进行监控，防止长期超温运行和短时间温度骤升事故的发生。

过滤风速太高导致滤袋的织物纤维张力受损，也会损坏滤袋。

除尘器的进气分布不均，容易使大颗粒粉尘直接冲击局部滤袋，造成烟气入口处部分滤袋被磨穿，见图 9-3。

图 9-3 气流分布对滤袋的冲刷

滤袋超期运行，滤料性质发生变化后强度降低、寿命到期，在气流的作用下，滤袋老化发生自然损坏失效。达到使用年限的滤袋应及时更换。滤袋破损必须及时处理，否则会造成严重超标，也会导致其他滤袋内部积灰（俗称“灌肠”），还会造成喷吹管磨损。

二、滤袋脱落

滤袋脱落的原因主要是未按规范要求安装滤袋。

花板与滤袋配合不妥。滤袋袋口未完全卡入花板孔内或滤袋被敷衍地摆装在花板上，因无法承受外力作用而脱落。

滤袋绑扎不牢而脱落，或者滤袋上下吊口与花板之间的连接不严密而造成漏尘。

滤袋安装好后不慎脚踏了滤袋袋口，也会造成以后滤袋的脱落。

将滤袋袋口嵌压在花板上正确安装并严格检查。应确保滤袋密封垫能很好地与花板孔面密封，并能在恰当的喷吹压力下正常工作（见图 9-4）。

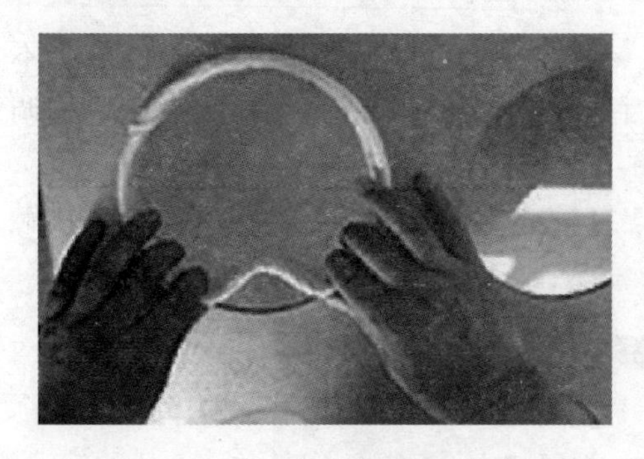

图 9-4　袋口与花板安装不牢固

三、焊接缺陷

除尘器焊接质量既要保证其钢结构的强度，也要保证除尘器的气密性。

除尘器常见的漏风部位包括进风通道与出风通道共用的中间隔板周圈满焊缝处、花板与中箱体的连接满焊缝处等。进出风道之间的隔板发生振动也会导致焊缝破裂。如果这些部位的焊缝不合格，存在未满焊、砂眼、漏焊的情况，含尘气体就会短路，导致除尘器出口粉尘排放超标。

在除尘器箱体内部仔细检查焊缝。不易发现的焊缝漏点可采用荧光粉或煤油渗漏进行检漏，并补焊消除发现的漏缝。

四、滤料选择不合理

所选滤料捕尘效率过低或者所选滤料的耐温性和耐腐蚀性不合适，也会造成滤袋破损，导致除尘器出口粉尘排放浓度超标，则必须更换滤料。

当烟气中以细颗粒物为主时，可采用高性能滤料，如覆膜滤料或超细面层滤料。

第二节　设备阻力过高

造成除尘器设备阻力过高的主要因素有滤袋清灰效果差、滤袋结露、箱体结构不合理（气流不顺畅、局部阻力高、不合理的弯头结构等）、测压管位置不合适或堵塞、滤袋质量问题等。

一、滤袋清灰效果差

导致滤袋清灰效果差的原因有脉冲阀工作不正常、喷吹管脱落、供气压力不足、供气速度（补气）不够、清灰周期设置不当、滤袋堵塞等。

滤袋清灰效果差表现为清灰次数频繁、清灰周期过长、清灰时间过短、滤袋堵塞、烟气结露造成糊袋等。清灰次数频繁也会造成供气速度（补气）不够。

清灰周期设置不当，过长或过短，都会导致除尘设备阻力增高。应在现场调整清灰程序，设置合理的清灰间隔和清灰周期参数。

二、烟气结露

除尘器内烟气结露会引发滤袋表面粉尘潮湿、糊袋、板结（见图 9-5），设备阻力因而升高，严重时将使除尘器整体失效。

产生结露的主要原因包括：烟气露点温度较高，且除尘器运行温度接近或低于露点温度；除尘器箱体或管道不严，冷风渗入致温度降低；除尘系统未保温或保温效果不佳；压缩空气带水，导致袋口区域局部结露；开机和停机程序不当。

图 9-5　结露导致滤袋糊袋板结

对处理高湿度烟气的袋式除尘器应采取以下措施：

(1) 加强设备和管道的保温，必要时采取灰斗伴热等措施，确保烟气温度稳定在规定范围内，并保证运行温度高于露点 15～20℃。

(2) 采用脉冲喷吹清灰方式。其清灰强度高，滤袋表面残留粉尘量少，粉尘吸潮糊袋的可能性因而降低。

(3) 增强除尘器和管道的严密性。堵塞可能漏风的孔洞和缝隙；卸灰口采用密封性能良好的锁风装置；检查门以橡胶条密封，并经常维护或更换。严格控制漏风率小于 2%，以减少冷风渗入。

(4) 对脉冲袋式除尘器清灰所用压缩空气应采取脱水、除油措施，避免其带水进入滤袋。

(5) 所选用滤料应做疏水疏油处理。

(6) 除尘器在开机前应对滤袋预涂灰；停机时，清灰装置应在工艺设备停机后继续运行 10min，使滤袋表面粉尘减至最少。

三、除尘器结构阻力过高

除尘器结构阻力是指由袋式除尘器进出风道、阀门、灰斗、箱体及其分布管道引起的局部阻力和沿程阻力。不同箱体结构的除尘器产生的阻力不同。

除尘器结构阻力过高可能由以下原因导致：除尘器结构过于复杂、气流方向变化的次数过多、除尘器进出风管及各种管件的风速过高、风道上阀门风速过高等（见图 9-6）。

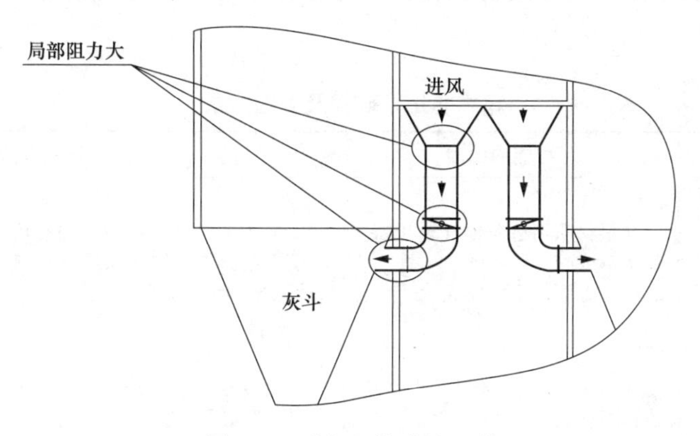

图 9-6 不合理的进风通道

四、过滤风速太高

除尘系统风量增大超出设计范围时，袋式除尘器的过滤风速将相应提高，导致设备阻力增大。

根据试验结果和工程经验，袋式除尘器设备流动阻力与其流速的平方成正比，过高的过滤风速会使阻力急剧增加。因此，如果除尘系统需要增大处理风量，正确的选择是增加设备的过滤面积，以保持合理的过滤风速。

五、测压管故障

现场设备读数显示的阻力过高，也有可能是测压管故障引起的，应该检查压差表，并用其他压差计检测读数值。

如是差压变送仪的测压管内发生结露或堵塞，则应拔下测压管，反向吹气将管路吹通，

疏通露水或堵塞物。如果是测压管脱落，则应及时安装。

六、滤料堵塞

滤料堵塞会导致设备阻力居高不下。引起滤袋堵塞的原因有两个：一个是滤袋的质量差，细颗粒物嵌入滤袋内部；另一个是滤袋的运行寿命到期，内部嵌入细颗粒物。此时应及时更换滤料。

七、滤袋之间粉尘搭桥

对于外滤式袋式除尘器，若滤袋之间的净距过小，则在清灰时，脱离滤袋的粉尘可能较多地被相邻滤袋捕集，从而削弱清灰效果。滤袋之间距离过小，也可能导致相邻两袋贴合在一起，形成粉尘搭桥积灰，这些情况都将导致设备阻力过高。

除上述情况外，滤袋间距太小，加上滤袋不能保证垂直安装，也会因滤袋之间发生摩擦而导致滤袋破损。滤袋、框架安装完后，应从灰斗中检查每条滤袋是否垂直，检查滤袋底端相互间距，并在净气室内采用旋转框架的手段调整滤袋底端之间的间距，保证滤袋底部不相互碰撞。

第三节　滤袋非正常破损

袋式除尘器滤袋非正常破损是物理和化学综合作用的结果。滤袋非正常破损的几种现象及处理方法见表 9-1。

表 9-1　　滤袋非正常破损及处理方法

现象	可能的原因	排除方法
滤袋破损，滤料强度严重下降、用手可轻易撕破，缝纫线断裂，无强力	滤料材质不适应烟气理化特性，被水解或酸、碱腐蚀。 运行温度低于酸露点	分析烟气化学性质，并选用抗水解和酸、碱腐蚀性能强的滤料。加强保温和伴热；减少漏风；保持运行温度高于露点 15～20℃
滤袋严重磨损	入口未设均流装置，或均流导流挡板已损坏，致使含尘气流冲刷滤袋。 净气室内有粉尘存在，滤袋框架上有毛刺、被锈蚀，磨破滤袋	增设或修复均流装置，更换均流挡板。 拆除破损滤袋，修补结构的漏点；清扫花板上的粉尘。清除滤袋内部粉尘。 清除框架毛刺使之光滑，或更换框架。采用防腐涂层的滤袋框架
滤袋被烧坏	烟气温度超过滤料耐温上限。 火花进入除尘器箱体内	采用适应烟气高温的滤料，或增设烟气降温装置。 加强对烟气温度的监控。 除尘器入口加装火花捕集器

第四节　设备阻力过低

除尘器设备运行阻力过低的可能原因有差压变送仪故障、测压管漏气或堵塞、除尘系统运行风机转速减慢、清灰周期过短、进气烟道堵塞或进口阀门关闭等。

过滤风速降低，设备阻力同时降低。过滤风速降低往往与处理风量减小有关。其原因可能是风机转速减慢；也可能由于除尘器前管路阻力变大而引发。应查明原因，酌情处置，以恢复正常运行负荷。

清灰过于频繁，也会导致设备阻力过低。应调整清灰周期并使之合理。

第五节 灰 斗 故 障

一、粉尘板结及搭桥

灰斗或卸灰阀处密封不严，造成板结。灰斗或卸灰阀存在漏风点而致冷风进入，灰斗内粉尘因相对湿度升高而吸潮结块、结拱，并堵塞灰斗。

在卸灰装置正常运行的条件下，如果发现粉尘卸出量明显小于正常值，很可能是灰斗内出现上述故障。此时应及时进行维修并在灰斗壁增设空气炮或破拱器。

被捕集粉尘若有较强吸湿性或黏性，就容易在灰斗内板结。提高灰斗内的温度是有效防止措施之一。应设灰斗伴热装置并加以保温，对已有伴热装置的灰斗，必须确保其正常运行。

二、灰斗口漏风

灰斗及卸灰阀漏风，还会造成卸灰困难，使粉尘重新返回滤袋，导致设备阻力升高。当除尘器内存在可燃性气体或粉尘时，灰斗漏风有引发着火的危险，遇到这些情况应停机进行卸灰，并及时解决卸、输灰设备的密封问题。

三、杂物堵塞灰斗

除尘器安装过程中遗留下来或运行过程中误入的焊条头、焊渣、铁丝、工具、小零件、报纸、绳子等杂物，随含尘气体进入袋式除尘器，并落入灰斗，使卸灰阀卡塞，甚至烧毁配套的电动机。

应严格执行安装和运行规程，加强检查，杜绝杂物进入袋式除尘系统的现象。对已经出现故障的除尘器，应及时清理灰斗内的杂物，修复卸灰装置。

四、灰斗严重积灰

灰斗堆积粉尘过多、时间过长，将导致卸灰困难。随着堆积粉尘量的增多，进风口可能被堵塞，使得设备阻力升高。当积灰继续增加时，滤袋下部将会被淹没，并因此而大量破损（见图 9-7）。

灰斗积灰过多，严重时可导致灰斗垮塌的重大事故，必须引起足够的重视。

灰斗内堆积的粉尘过多可由料位计的指示加以判断；也可敲击灰斗外壁，通过声音及经验来判断粉尘堆积的高度，声音沉闷，说明灰斗内已是满灰；还可通过灰斗的表面温度来判断积灰高度。

导致除尘灰在灰斗内堆积的原因有卸灰不及时、卸灰口漏风、卸灰装置能力过小、卸灰阀被异物卡阻等。

应经常检查卸灰和输灰情况，及时排除导致卸灰不畅的各种故障，保持除尘器卸灰系统正常。

图 9-7　滤袋被灰斗积粉淹没导致破损

第六节 清灰装置故障

一、脉冲阀失效

(1) 脉冲阀关闭缓慢甚至常开。脉冲阀喷吹时间过长，甚至完全不能关闭，导致分气箱压力大幅度下降，甚至压力为零。可能原因是节流通道堵塞、膜片上的垫片松脱漏气、膜片破损、弹簧失效、电磁阀漏气或不能关闭等。可分别采用检修或更换电磁阀、清除节流孔中污物、重新安装脉冲阀、装好垫片或膜片、更换失效弹簧等方法解决。

(2) 脉冲阀常闭。脉冲阀喷吹时间过短，仅电磁阀和控制膜片短暂卸压，而主膜片开启不充分或完全不开启，每次喷吹后气包压力下降过少或不下降，喷吹无力或完全不喷吹。可能原因是脉冲阀排气通道过小或堵塞、脉冲阀节流通道过大、控制系统无信号、电磁阀失灵(不能开启)、膜片与垫片的连接螺栓松动、膜片轻微破损等。可采取检修控制系统、疏通排气通道、缩小节流通道、紧固连接膜片与垫片的螺栓、检修或更换电磁阀、更换膜片、更换弹簧、接通控制电路等方法解决。

(3) 电磁阀不动作或漏气。可能原因是接触不良或线圈断路、电磁阀内有脏物、弹簧膜片失去作用或损坏等。应及时检查故障原因，更换线圈，清洗电磁阀，更换弹簧或膜片。

二、喷吹管脱落或偏斜

(1) 喷吹管脱落。喷吹气流不能全部进入滤袋清灰，喷吹气流完全不起作用。这种故障的产生是由于喷吹管定位装置存在缺陷，或安装时定位螺栓脱落。应检查喷吹管定位装置有无问题、安装是否合理，重新调整固定喷吹管，改进定位装置。

图 9-8 喷吹管安装位置偏心

(2) 喷吹管或喷嘴偏斜。喷吹管或喷嘴偏斜是脉冲袋式除尘器容易出现的问题，有的偏差很大。清灰气流没有吹往滤袋的中心，而是吹往滤袋的一侧（见图 9-8），导致气流偏吹，在短时间内滤袋便会破损。应当严格按照标准和规范制作和安装喷吹装置，特别应保证喷吹管上的喷嘴（孔）及导流短管的质量，保证喷吹气流与滤袋中心严格对中。对现场的设备，应校正定位装置，重新准确安装喷吹管。如果喷嘴严重偏斜，则应换用制作质量合格的喷吹管。

三、喷吹管破损

喷吹装置或管路内如果存在杂物，喷吹时杂物随气流从脉冲阀出口弯管内壁反弹，会导致喷吹管进口处背部被冲刷穿孔破损。当烟气湿度比较大、腐蚀性强时，喷吹装置弯管部位也容易产生破损，见图 9-9。

袋式除尘器供气系统安装结束后，必须采用压缩气体对供气系统充分吹扫，清除管道内所有杂物。

喷吹装置的气包完成组装出厂前，应清理吹扫内部的杂物，并将气包所有的孔、口包扎封好，防止进入杂物。

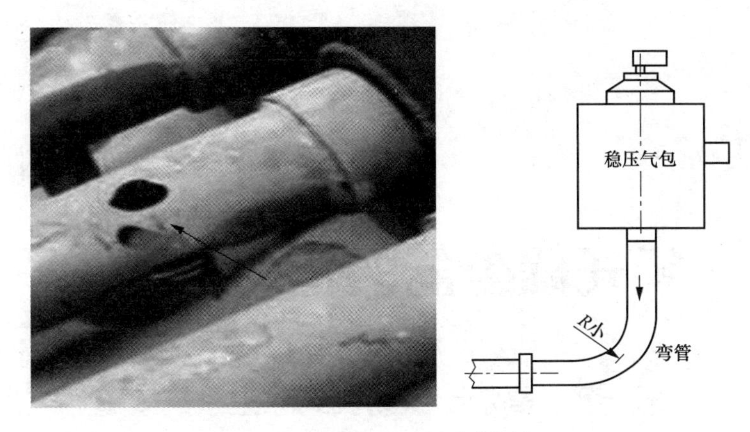

图 9-9 喷吹管进口处背部破损

第七节 提升阀故障

在离线清灰的脉冲袋式除尘器中，气缸提升阀的开、闭是由清灰或过滤的要求来控制的。袋式除尘器正常过滤时，提升阀处于开启状态；袋式除尘器清灰时，提升阀关闭，让脉冲阀在烟气静止的状态下利用压缩空气进行喷吹，以清除滤袋上的积灰。清灰完成后，提升阀自动开启，烟气重新流通。

提升阀常见的故障有气缸不动作或动作不到位、阀板脱落等。

造成提升阀无法工作的原因可能是电源断电、清灰控制器失灵、气缸损坏或卡死、气缸电磁换向阀线圈烧坏、气缸电磁阀太脏、换气口堵塞或阀芯干涸、压缩空气压力太低等。

气缸不动作或动作不到位，可能因气缸内积水或气缸活塞漏气而造成。若是气缸内积水，可以依次打开气缸上、下顶盖的排气阀，并配合二位五通阀的手动阀，使活塞上下运动几次即可将积水排净；如果活塞有漏气，可及时更换活塞上的密封圈；还可能因为二位五通阀排气孔堵死或阀内进入粉尘或异物，可采用煤油清洗。

在工程实际中，往往会出现意外断电、断气等情况，导致提升阀的阀板自动坠落关闭，袋式除尘系统瞬间处于瘫痪状态。应当采用具备自锁功能的气缸，以避免类似故障的出现。

在提升阀使用过程中，应注意做好以下事项：

（1）定期检查各部分是否有异常现象，各连接部分有无松动等，发现问题及时检修。

（2）定期检查气缸及各法兰面情况，如发现漏气应及时更换密封圈。

（3）提升阀气缸不要使用满行程，特别是活塞杆伸出时，不要使活塞与缸盖相碰撞，以防引起气缸零件的损坏。

（4）提升阀之间的连接软皮管老化、破损漏气也不容忽视。漏气会导致提升阀因得不到所需的压缩空气，不能及时提起或关闭，造成整个系统不畅，使除尘器进、出口压差波动过大。如发现此类问题，应及时更换皮管。

第十章

袋式除尘器的应用案例

第一节 高炉出铁场袋式除尘系统改造

一、概况

某炼铁厂高炉容积为2536m³，铁水产量为173万t/年。分东、南、北三个方向出铁口，每个出铁口各有一条铁水走行线，即一条主沟、一条渣沟、一条撇渣器。炉渣经渣沟进入渣处理处，铁水经铁水沟、摆动流槽进入铁水罐内。出铁时，在出铁口区的主撇渣器、铁水摆动流嘴、渣沟、铁水沟等处均产生大量烟尘。根据有关资料，出铁场平均产尘25kg/t，则每日最大产尘量约达128t。烟尘逸出的特点是高温喷射而出，瞬间烟气量大。

该高炉出铁场原采用负压分室反吹风袋式除尘器，该类除尘器的特点是清灰能力弱，清灰效果较差。同时，该现场的袋式除尘器运行不正常，气动三通切换阀关闭不严，清灰效果变差，滤袋积尘越来越严重，导致设备阻力居高不下，设备处理风量下降，系统排烟量严重不足。现场所设排烟罩的结构受生产设备的干涉较大，加上排烟量不足等因素，排烟效果很差，岗位环境污染严重。

综上所述，该出铁场除尘系统不能满足厂区内、外环保的要求，必须进行系统改造。

除尘系统改造方案如下。将原三个出铁口相互独立的外管网合并为单一主管；将出铁场除尘与炉顶上料除尘划分为两个独立的除尘系统。高炉有三个出铁口，一个为检修备用，两个轮流出铁，大系统控制出铁口侧吸罩、撇渣器、摆动流槽及渣铁沟烟尘，通过倒场阀门进行风量切换，烟气抽风量按一条铁水走行线计算。小系统控制炉顶上料及三个出铁口顶吸罩烟尘，设为常开状态。将原反吹风除尘器拆除，新建两台长袋低压脉冲袋式除尘器，过滤风速小于或等于1.1m/min。

二、袋式除尘器的设计条件及要求

（1）除尘器入口烟尘浓度为6g/m³（标准状态），烟气温度约80℃。

（2）岗位浓度小于或等于10mg/m³。

（3）除尘器过滤风速小于或等于1.2m/min。

（4）除尘器本体阻力小于或等于1200Pa。

（5）要求除尘器出口排放浓度达标排放。

三、袋式除尘器的设计

新建袋式除尘器基本参数见表10-1。

四、除尘系统的改造效果

（1）除尘系统于2005年12月实施改造，2006年9月投入运行，一直运行正常。

表 10-1 新建袋式除尘器基本参数

主要参数	大系统	小系统
处理风量（m^3/h）	550000	312000
过滤面积（m^2）	8376	4467
过滤风速（m/min）	1.09	1.16
总滤袋数（条）	3420	1824
滤袋室数（室）	6	4
每室滤袋数（条）	570	456
滤袋尺寸（mm）	ϕ130×6000	ϕ130×6000
滤袋材质	普通涤纶针刺毡	普通涤纶针刺毡
除尘器阻力（Pa）	≤1200	≤1200
出口粉尘浓度（mg/m^3，标准状态）	达标排放	达标排放

（2）改造后除尘系统所有尘源点的扬尘现象已消除，工人的操作环境得到了根本的改善，经相关粉尘检测中心站检测，岗位浓度全部达到国家标准。除尘器出口粉尘排放浓度达标排放。

（3）除尘系统运行正常，风道无管堵、管漏现象，不存在风量、阻力失衡现象。

第二节 炼钢转炉烟气袋式除尘

一、概况

鞍山钢铁集团公司（简称鞍钢）炼钢总厂三工区 180t 转炉二次烟气治理工程是鞍钢的重点节能减排项目。180t 炼转炉二次烟气具有烟气量大、温度高、粉尘粒径小等特点，采用 863“钢铁窑炉烟尘 PM2.5 控制技术与装备”的新技术和装备，将成果应用于冶金炉窑的 PM2.5 控制，示范工程于 2015 年 1 月 30 日建成投产。

二、工艺条件与烟气参数

180t 炼转炉烟气参数见表 10-2。

表 10-2 二次烟气参数

设计风量（m^3/h）	初始浓度（g/m^3）	烟气温度（℃）	粒径分布（%）		
			<10(μm)	10～20(μm)	>20(μm)
650000	3～5	80～100	57.0	30.0	12.0

三、细颗粒物 PM2.5 控制新技术

1. 粉尘预荷电技术

研究表明，粉尘荷电后的粉饼呈疏松多孔海绵状（见图 10-1），捕集效率可提高 15%～20%，过滤阻力可下降 20%～30%。

项目中采用了预荷电装置，确定了预荷电极配形式、电场长度、电场高度、电场风速、荷电时间、板型和线型、同极距、清灰方式、电源及供电参数等关键技术，完成了预荷电装置的设计和制造，开展了工业应用，运行电压为 50～60kV，二次电流为 110～120mA。预荷电装置如图 10-2 所示。

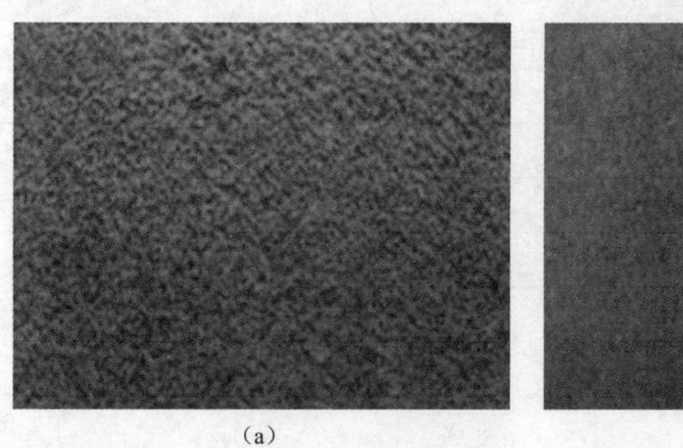

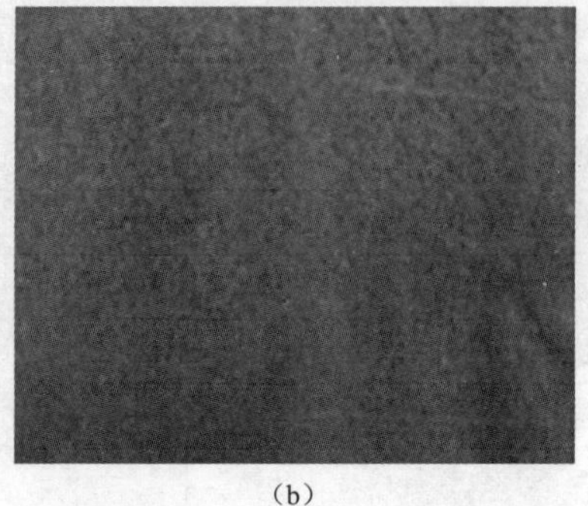

(a)　　　　　　　　　　　　(b)

图 10-1　粉饼预荷电对比试验

(a) 预荷电；(b) 未荷电

图 10-2　预荷电装置

2. 采用 PM2.5 的超细面层精细滤料

项目采用了超细面层梯度过滤材料，如图 10-3 所示。滤料由四层构成，首先是致密的表面过滤层，使用超细海岛纤维，应用针刺工艺进行高密度加固；第二层是深部过滤层，由中粗纤维构成；第三层是基布，对滤料起支撑作用，并提供强力；第四层为保护性过滤，使用粗纤维复合层，在保证滤料整体性能的前提下增加透气性。

超细面层采用海岛纤维材料，其直径小于 0.8 旦。海岛纤维基于涤纶材料，其纤维直径在 1μm 左右，与常规 15μm 左右的纤维相比，直径急剧缩小，这就使滤料在捕集细颗粒的精度和效率上显著提高。海岛纤维图片见图 10-4，海岛纤维基本性能参数见表 10-3。

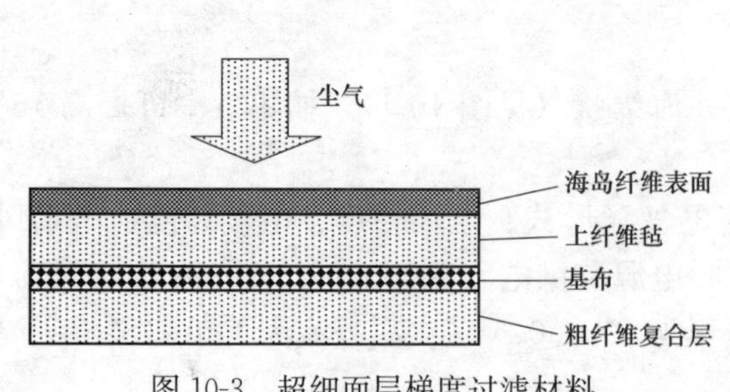

图 10-3　超细面层梯度过滤材料

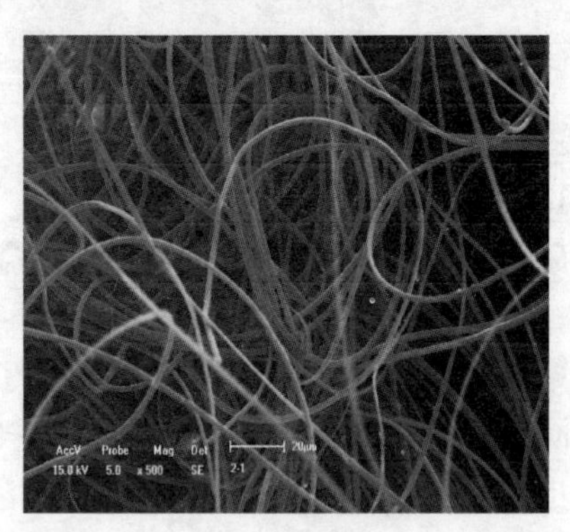

图 10-4　海岛纤维

表 10-3　　海岛纤维滤料基本性能参数

特性	检测项目		单位	实测值	备注
形态特征	单位面积质量		g/m²	491	
	单位面积质量偏差		%	−1.9，+1.9	
	厚度		mm	2.85	
	厚度偏差		%	−12.6，+5.3	
强力特性	断裂强力	经向	N/5×20cm	1378	
		纬向		1414	
	断裂伸长	经向	%	28.2	
		纬向		37.5	
透气性	透气度		m³/(m²·min)	8.30	@127Pa
	透气度偏差		%	−14.2，+19.6	

经测试，海岛纤维滤料对 3μm 粒子的除尘效率在大于 98%，对 2.5μm 粒子的除尘效率为 96.9%。与常规滤料相比，海岛滤料性能明显高出，对 2.5μm 的粒子，常规滤料计数效率为 80%左右，而海岛滤料在 96.9%以上，高出了 16%。海岛滤料的过滤阻力和机械强度与普通滤料相当。

3. 新型滤袋接口

传统的滤袋接口形式严密性不够，袋口容易脱落，导致粉尘排放量增加。工程中采用迷宫式袋口密封结构，可增加滤袋安装的牢固性，防止 PM2.5 逃逸。传统滤袋接口与高严密性滤袋接口对比见图 10-5。

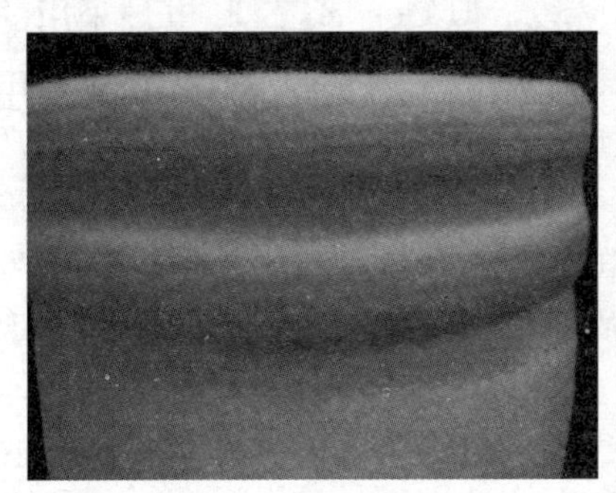
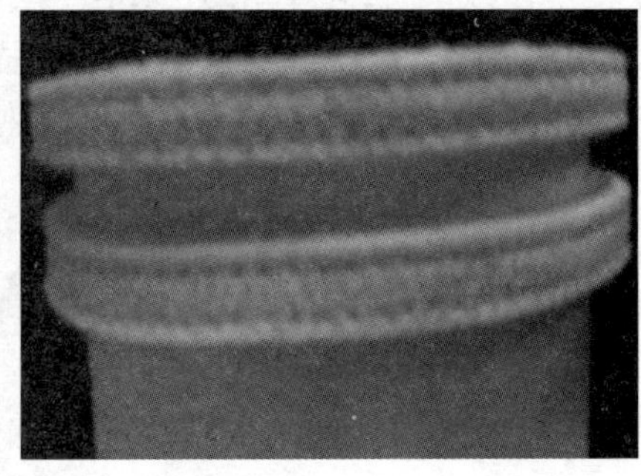

图 10-5　传统滤袋接口与高严密性滤袋接口

4. 预荷电袋滤器

将预荷电装置、气流分布技术、超细面层滤料等技术与直通式袋式除尘器有机结合，形成一体化装置。预荷电装置体积较小，可以设置于除尘器喇叭口内，从而减小设备占地和体积。预荷电袋滤器外形见图 10-6。

5. 示范工程

示范工程投运以来，预荷电袋滤器运行正常，净化系统技术性能稳定，达到了合同指标。示范工程图片见图 10-7。

经清华大学 PM2.5 测试和第三方环保测试，除尘器运行数据见表 10-4。

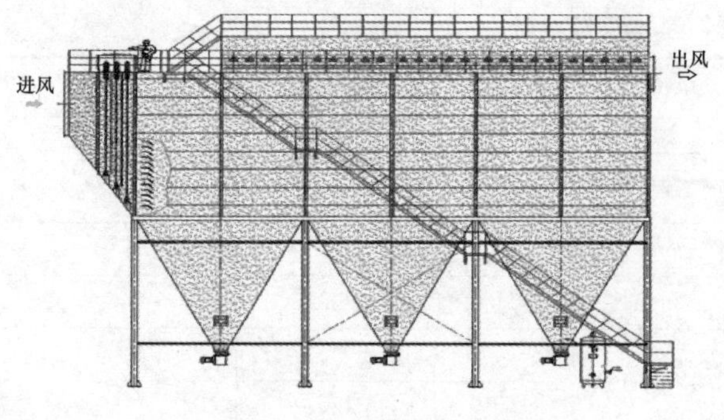

图 10-6 预荷电袋滤器

图 10-7 863 课题示范工程

表 10-4 示范工程测试数据

排放浓度 (mg/m^3)	PM2.5 捕集效率 (%)	设备阻力 (Pa)	预荷电二次电压 (kV)	预荷电二次电流 (mA)
8.7	99.76	700～900	40～50	80～100

第三节 电炉炼钢烟气袋式除尘

一、概况

某钢厂一台 90t 电弧炉和一台 90t LF 钢包精炼炉需设置除尘系统。该台 90t 炼钢电弧炉系在原第四孔排烟形式基础上按 CONSTEEL 电炉形式加以改造形成，同时增加了废钢预热系统和炉外兑铁水系统。

一般电炉的炼钢分为加料-氧化-还原-出钢四阶段，但 CONSTEEL 电炉采用的是连续加料的方式，因此四个阶段交错，没有明显的界限。电炉产生烟气的过程为：吊篮由电炉顶部加入废钢，电炉冶炼，兑入铁水时，废钢由预热通道经第四排烟孔加入电炉，电炉出钢。

二、工艺条件与烟气参数

根据技术方案论证和技术经济分析，结合电炉冶炼特点及现场条件，建立两套除尘系统：系统 1 承担电炉一次烟气、LF 精炼炉烟气的捕集与净化；系统 2 承担二次烟气的捕集与净化。

(1) 除尘系统 1。正常冶炼时，电炉一次烟气（电炉第四孔出口）温度约为 1000℃，经过预热烟道的冷却及管道漏入冷风，烟温降至约 550℃；再依次经沉降室和机力冷却器，并与 LF 精炼炉烟气（LF 精炼炉采用水冷炉盖罩，烟气量约为 $50000m^3/h$，烟气温度为 200℃，烟道直径为 1200mm）和部分屋顶排烟罩的烟气混合，进一步降温至小于 110℃（烟气量为 24 万 m^3/h），最终经过袋式除尘器净化，通过风机排入烟囱。正常冶炼时，电炉二次烟气量较小，屋顶罩排烟量取 $600000m^3/h$ 即可。以上烟气由除尘系统 1 捕集和净化，其烟气总量为 $840000m^3/h$（标准状态）。

电炉第四孔排烟设单独的增压风机，以平衡一次烟气管道系统的阻力。增压风机设在机力冷却器之后，配有液力耦合器，当电炉加料时可将风机转速降至最低以保证电炉炉内微负压。

(2) 除尘系统 2。电炉吊篮加废钢和出钢时（或其他特殊情况下），二次烟气量很大，最大可达 1600000m³/h。热烟气混合大量空气进入屋顶大烟罩，经袋式除尘器净化后，经风机排入烟囱。该状态下烟气温度不高（约为 50℃），含尘浓度很低，持续时间不长（3～4min）。此时，在屋顶罩排烟量 600000m³/h 之外，须再增加排烟量 1000000m³/h（标准状态）。这部分增加的排烟量即为除尘系统 2 的处理烟气量。

正常冶炼阶段的二次烟气量很小，持续时间很长（40min 以上），从节能角度考虑，采用液力耦合器将该阶段风机的转速降至 20%，风量为 20 万 m³/h。可作为对除尘系统 1 的补充。

电炉除尘系统工艺流程如图 10-8 所示。

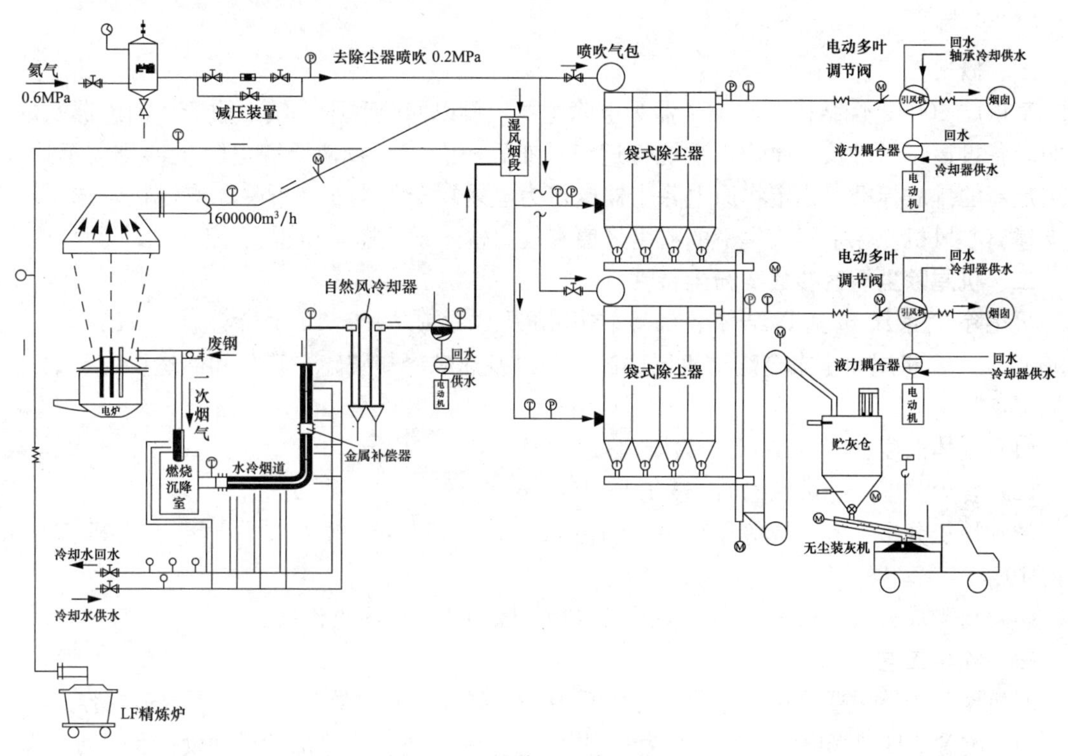

图 10-8 电炉除尘系统工艺流程

三、袋式除尘器的选型设计

袋式除尘器的选型设计参数见表 10-5。

表 10-5 袋式除尘器的选型设计参数

系统名称	除尘系统 1	除尘系统 2
处理风量（m³/h）	950000	1100000
过滤面积（m²）	12500	12500
过滤风速（m/min）	1.26	1.41
清灰方式	离线清灰	在线清灰
喷吹压力（MPa）	＜0.2	＜0.2
过滤阻力（Pa）	1000～1800（可设定）	1000～1800（可设定）
运行温度（℃）	120	120
滤料材质	涤纶针刺毡	涤纶针刺毡
滤袋规格（mm）	ϕ130×6000	ϕ130×6000

四、除尘系统的运行效果

(1) 电炉及LF精炼炉烟气净化系统与设备投运后运行正常、稳定可靠，维护工作量很小。

(2) 冶炼车间屋顶罩设置合理，能完全捕集车间内二次热烟气；运行参数优于设计值；经检测，岗位粉尘浓度达到国家标准；设备阻力为1200Pa；烟尘排放浓度达标；滤袋寿命超过4年。

第四节 铁矿烧结机尾烟气袋式除尘

一、概况

某钢厂400m² 烧结机机尾除尘器为电除尘器，设以回收利用。气力输送、消声器及烟囱利旧。备投运时间过长，原除尘系统管道设计布置不合理，致使原静电除尘器排放不达标。为满足新的排放标准，决定将原电除尘器改造为电袋复合除尘器。拆除原有风机，选用双吸双支撑离心风机。除尘器收集下的粉尘经原有气力输送系统送至粉尘仓。

二、机尾除尘烟气参数及粉尘特性

机尾除尘系统包括烧结室、6号转运站及成品矿槽等31个除尘点，设计风量为819000m³/h。机尾粉尘来自烧结机尾部卸料，以及热矿冷却破碎、筛分和储运设备。烟气参数如下：

(1) 气体温度：80～200℃，含湿量较低。

(2) 含尘浓度（标准状态）：5g/m³～15g/m³。

(3) 粒径分布：大于或等于50μm的占42%，50～10μm的占39%，小于或等于10μm的占19%。

(4) 粉尘成分：含铁约为50%，含CaO约为10%，具回收价值。

三、除尘工艺

原机尾除尘器主要采用静电除尘器，现改为电袋复合除尘器。包括以下改造内容：

(1) 将原有四电场电除尘器改造为新型电袋复合除尘器，含增加的辅助设备及辅助设施。

(2) 更换风机及电动机。

(3) 原机尾除尘系统管网拆除，重新设计和建造。

(4) 控制系统的改造。

要求改造后电袋复合除尘器烟囱颗粒物排放浓度小于或等于20mg/m³（标准状态）。

设计参数及设备选型见表10-6。

表10-6　　设计参数及设备选型

序号	参数类型	单位	规格
1	处理风量	m³/h	880000
2	入口含尘浓度	g/m³	30
3	出口含尘浓度	mg/m³（标准状态）	≤20
4	除尘器耐压	Pa	～7000
5	电除尘部分		
6	电场有效断面积	m²	300
7	电场数量	个	1

续表

序号	参数类型	单位	规格
8	室数	个	1
9	电场有效长度	mm	4000
10	电场有效高度	mm	13400
11	同极间距	mm	400
12	有效收尘面积	m^2	3100
13	阴极阳极振打型式	绕臂锤	
14	阳极板型式	C 型 480mm	
15	阴极线型式	BS 线	
16	电场风速	m/s	0.9
17	袋式除尘部分		
18	过滤面积	m^2	14469
19	过滤风速	m/min	1.0
20	滤袋规格	mm	$\phi160\times8000$
21	滤袋数量	条	3600
22	滤袋材质	—	亚克力针刺毡
23	滤袋允许连续使用温度	℃	≤150
24	滤袋框架材质		20 号碳钢冷拔丝
25	框架防腐处理工艺		防腐镀锌
26	清灰方式		在线脉冲喷吹清灰
27	喷吹压力	MPa	0.15～0.35

该系统于 2014 年 12 月竣工投产，实测电袋复合除尘器粉尘排放浓度小于 $20mg/m^3$（标准状态），设备阻力为 800Pa。

第五节 高炉煤气袋式除尘

一、煤气参数

(1) 煤气发生量：$1500\sim1800m^3/t$（标准状态）。

(2) 煤气温度：正常工况下为 150～300℃；在发生崩料、坐料等非正常工况时可达 400～600℃。

(3) 炉顶煤气压力：通常为 0.05～0.25MPa，高炉越大，压力越高，最高达 0.28MPa。

(4) 煤气成分：CO 占 20%～30%；H_2 占 1%～5%；热值为 $3000\sim3800kJ/m^3$（标准状态）。

(5) 煤气含尘浓度：荒煤气可达 $30g/m^3$（标准状态），携带灼热铁、渣尘粒；重力除尘器出口不大于 $15g/m^3$（标准状态），粒径小于 $50\mu m$。

二、设计要点

(1) 在重力除尘器内，采用气-水两相喷嘴喷雾冷却，严格控制进入袋式除尘器的荒煤气温度和湿度在滤料允许的限度内。

(2) 采用圆筒体脉冲清灰袋式除尘器。筒径为 3.2～6.0m，筒体按压力容器设计。滤袋长度为 4.8～8.0m，滤料首选 P84 和超细玻纤复合针刺毡，采用 N_2 作为脉冲清灰气源。

(3) 采用无泄漏卸灰和气力输灰专有技术。利用净煤气作为输灰动力，输灰尾气经灰罐顶部除尘器二次过滤后重返净煤气管回用。

(4) 除尘器筒体进、出口设气动调节蝶阀和电动密封插板阀，实现分室离线清灰和停风检修。每一筒体设有导流均布、充氮置换、泄爆放散、检漏报警等装置。

三、除尘工艺及应用

高炉煤气除尘工艺从传统的湿法改为脉冲袋式除尘干法净化是我国袋式除尘技术的重大突破。某钢厂 2500m² 高炉原为双文湿法流程，改造为袋式干法除尘系统。改造工艺流程见图 10-9，系统主要设计参数及设备选型见表 10-7。

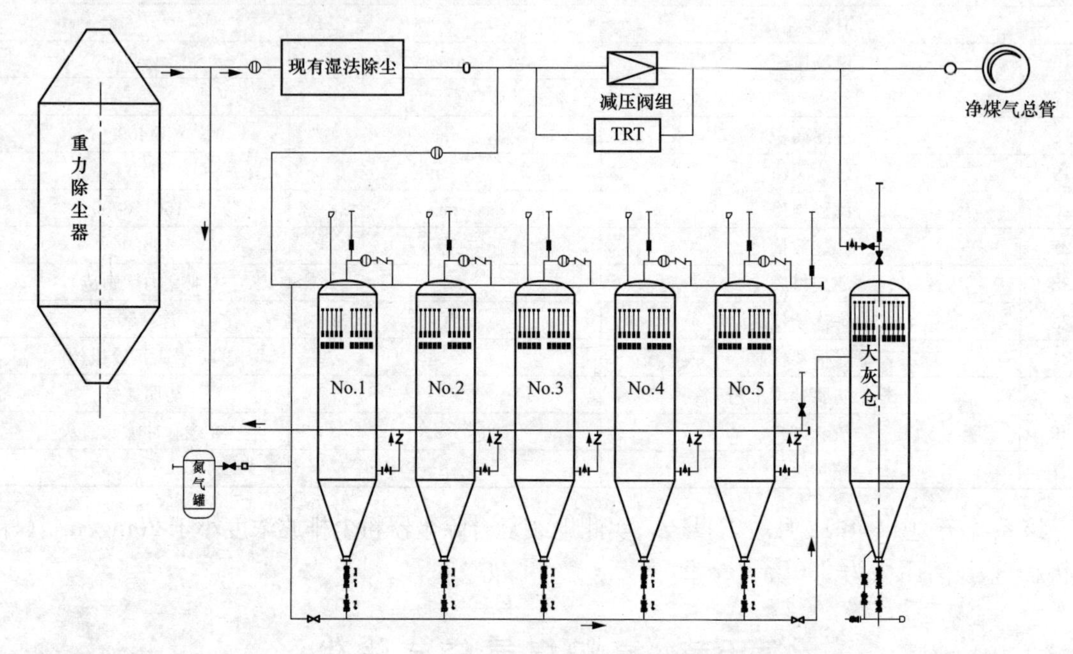

图 10-9　2500m² 高炉双文湿法改造为袋式干法除尘系统流程

表 10-7　**2500m³ 高炉煤气干法除尘系统设计参数及设备选型**

项目	设计参数及设备选型
荒煤气流量（$\times10^4$m³/h，标准状态）	正常 42，最大 46
荒煤气压力（MPa）	正常 0.18～0.2，最大 0.25
温度（℃）	正常 100～150，最高 450
荒煤气含尘量（g/m³）	重力除尘器出口 6～10
袋式除尘器选型	圆筒形脉冲，ϕ5.2m，11 个，双排布置
滤袋材质	P84＋超细玻纤复合针刺毡
滤袋规格（mm）	ϕ130×7500
滤袋数量（条）	356×11
过滤面积（m²）	11995
过滤速度（m/min）	全过滤 0.58～0.64（标准状态） 一室清灰一室检修 0.71～0.78
工作温度（℃）	90～260
烟尘排放浓度（mg/m³，标准状态）	≤6

续表

项目	设计参数及设备选型
设备阻力（Pa）	≤2000
氮气耗量（m^3/min）	清灰用 12.0（0.3MPa） 煤气降温及杂用 40.0（0.6MPa）
净煤气耗量（m^3/h）	输灰用 1800（0.1MPa）
蒸汽耗量（t/h）	灰斗伴热用 1.0（0.3MPa）

高炉煤气袋式除尘于 2007 年 12 月竣工，投运以来，系统运行可靠，除尘器的出口含尘浓度为 3mg/m^3，运行阻力为 1200～1500Pa。

第六节　袋式除尘器在水泥行业的应用

一、生产工艺和污染源

水泥生产线一般有 30～40 个有组织粉尘排放点，最主要的产尘点是水泥窑和各类磨机。生料粉尘主要产生于原料配料、粉磨、均化、输送过程。燃料粉尘主要因燃煤进厂、储存、倒运、破碎、粉磨、输送等过程而产生，尤其以燃烧装卸和倒运过程产生的粉尘居多。熟料粉尘来自熟料输送、下料、二次倒运过程，尤其以二次倒运的粉尘居多。

综合而言，每生产 1t 水泥要处理物料 2.8～3.0t，产生烟气 13000～15000m^3（标准状态）。

二、烟气参数及粉尘特性

水泥主要生产设备尾气特性见表 10-8。

表 10-8　　水泥主要生产设备尾气特征

设备名称		含尘浓度（g/m^3，标准状态）	气体温度（℃）	水分（体积分数，%）	露点温度（℃）	粉尘粒径（%）	
						<20μm	<88μm
悬浮余热器窑		30～80	350～400	6～8	35～40	95	100
窑外分解窑		30～80	300～350	6～8	35～40	95	100
熟料篦式冷却机		2～20	100～250			10	30
回转烘干机	黏土	40～150	70～130	20～25	50～65	25	45
	矿渣	10～70					
	煤	10～50				60	
生料磨	重力卸烘干磨	50～150	60～95	10	45	50	95
	风扫磨	300～500					
	立式磨	300～800					
0～Sepa 选粉机		800～1200	70～100				
水泥磨	机械排风磨	20～120	90～120			50	100
煤磨	球磨（风扫）	250～500	60～90	8～15	40～50		
	立式磨						
破碎机	颚式	10～15					
	锤式	30～120					
	反击式	40～100					

续表

设备名称	含尘浓度（g/m³，标准状态）	气体温度（℃）	水分（体积分数，%）	露点温度（℃）	粉尘粒径（%）	
					<20μm	<88μm
包装机	20～30					
散装机	50～150					
提升运输机	20～40					

三、工程实例

某公司5300t/天熟料生产线，窑尾原配备引进的电除尘器，处理风量为970000m³/h。为了保证粉尘的排放浓度达到欧洲排放标准，要求对窑尾电除尘器进行改造，采用先进的袋式除尘技术，改造后粉尘排放浓度小于或等于10mg/m³（标准状态）。主要设计技术参数见表10-9。

表10-9　　主要设计技术参数

序号	参数类型	单位	技术参数
1	处理风量	m³/h	960000
2	入口温度	℃	50～260
3	入口湿度	%	<25
4	入口含尘浓度	g/m³（标准状态）	<100
5	出口含尘浓度	mg/m³（标准状态）	≤10
6	过滤面积	m²	15200
7	过滤风速	m/min	<1.2
8	滤袋规格	mm	φ160×6000
9	滤袋材质	—	P84
10	使用温度（连续）	℃	160
11	使用温度（瞬间）	℃	260，时间10min
12	清灰方式		脉冲喷吹 在线/离线
13	设备漏风率	%	<2

该窑尾袋式除尘器于2005年4月安装完成，并一次投入成功运行，窑尾系统运行阻力在1100Pa以下，滤袋内外阻力在600Pa以下。经环保部门测定，除尘器出口粉尘排放浓度小于或等于10mg/m³（标准状态），达到规定的指标。

第七节　袋式除尘器净化垃圾焚烧烟气

一、概况

某能源公司在垃圾焚烧发电厂装设4条垃圾焚烧生产线，处理量各为750t/天。城市生活垃圾焚烧烟气经半干式反应塔脱酸，并喷入活性炭脱除二噁英后进入袋式除尘器。

半干法脱酸装置利用$Ca(OH)_2$吸收烟气中的HCl和SO_2，使之分别生成$CaCl_2$和$CaSO_3$固态小颗粒，进入袋式除尘器后被滤袋从烟气中分离出去。在脱酸反应器中，水分蒸发很快，在很短的时间内烟气冷却到135℃左右，而烟气的相对湿度迅速增加，形成一个较好的脱酸工况。随后向烟气中加入活性炭，以脱除其他有害成分。

二、工艺条件与烟气参数

垃圾焚烧烟气净化工艺见图10-10，工艺条件与烟气参数见表10-10。

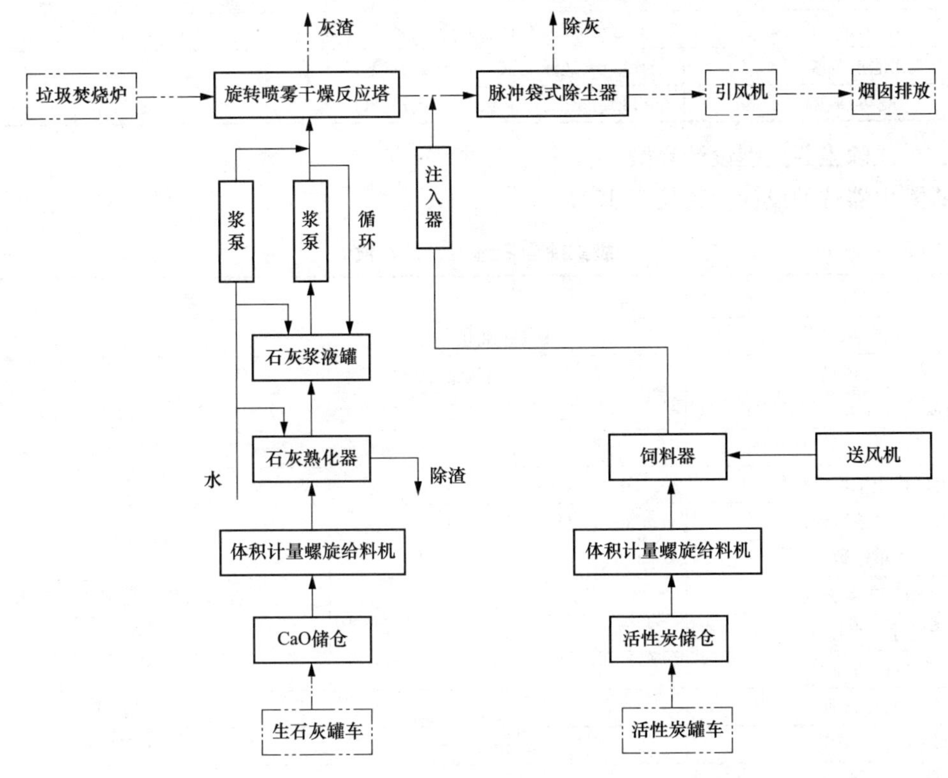

图10-10 垃圾焚烧烟气净化工艺

表10-10 工艺条件与烟气参数

项目		单位	数量
额定烟气量（运行值）		m^3/h（标准状态）	158577
设计烟气量		m^3/h（标准状态）	191664
除尘器烟气进口温度		℃	190～250
除尘器烟气出口温度		℃	150～250
运行压力		Pa	－3600
进口烟气成分	CO_2	Vol%	7.5%
	H_2O	Vol%	21.1%
	O_2	Vol%	7.9%
	N_2	Vol%	63.5%
污染物			范围
HCl		mg/m^3（标准状态）干11% O_2	19～1000
SO_2		mg/m^3（标准状态）干11% O_2	30～820
SO_3		mg/m^3（标准状态）干11% O_2	1～30
HF		mg/m^3（标准状态）干11% O_2	0.2～12
NO_x		mg/m^3（标准状态）干11% O_2	100～400

续表

项目	单位	数量
粉尘	mg/m^3（标准状态）干 $11\%O_2$	6000～12000
Cd，T1	mg/m^3（标准状态）干 $11\%O_2$	0.16～1
Hg	mg/m^3（标准状态）干 $11\%O_2$	0.02～1
其他重金属	mg/m^3（标准状态）干 $11\%O_2$	12～20
二噁英/呋喃	$ngTEQ/m^3$（标准状态）干 $11\%O_2$	5～10

三、袋式除尘器选型设计参数

袋式除尘器选型设计参数见表 10-11。

表 10-11　袋式除尘器选型设计参数

项目	单位	数量
运行风量	m^3/h（标准状态）	158577
设计风量	m^3/h（标准状态）	191664
运行风量（180℃，4000Pa）	m^3/h	273948
设计风量（180℃，4000Pa）	m^3/h	331107
出口粉尘浓度设计值	mg/m^3（标准状态）干 $11\%O_2$	≤5
出口粉尘浓度保证值	mg/m^3（标准状态）干 $11\%O_2$	≤10
箱体数	个	8
箱体布置方式		并列双排，每排 4 个箱体
滤袋尺寸（直径×长度）	m	0.15×6
总过滤面积	m^2	5790
滤袋材质		100%PTFE
过滤风速（额定工况）	m/min	0.79
过滤风速（设计工况）	m/min	0.95
允许最高运行温度	℃	260（连续）
清灰方式		脉冲喷吹
清灰用压缩空气压力	MPa	0.25～0.35
除尘器阻力	Pa	1300～1800
最大漏风率	%	≤2

四、运行效果

（1）该设备于 2010 年 10 月与垃圾焚烧炉同时建成投产。

（2）2011 年 6 月实测风量为 $286000m^3/h$，过滤风速为 0.82m/min，出口粉尘浓度为 3.5～4.3mg/m^3（标准状态），完全达到设计和环保要求。

第八节　袋式除尘器在燃煤电厂的应用

一、概况

某钢厂自备电厂 2×200MW 机组，锅炉为异型锅炉。电厂一期工程建设时，每套锅炉机组设置了 2 台双室三电场电除尘器，原设计除尘效率为 98.4%，粉尘排放浓度小于或等于 100mg/m^3（标准状态），无法达到国家最新排放标准规定的 20mg/m^3（标准状态），必须对现有设备进行改造。

经多方论证和考察，决定将原有电除尘器改造为袋式除尘器。

二、锅炉原始参数

1. 锅炉技术参数

（1）锅炉形式：超高压，一次中间再热，自然循环，单炉膛。

（2）过热器蒸发量（BMCR）：670t/h。

（3）锅炉计算耗煤量（BMCR）：83.05t/h。

2. 燃料

燃料为原煤并掺烧高炉煤气，设计燃料为晋东南贫煤，煤质分析见表10-12，掺烧的高炉煤气成分见表10-13。

表10-12　　煤质分析

序号	项目	符号	单位	设计煤种	校核煤种1	校核煤种2
1	收到基碳	C_{ar}	%	63.77	54.74	
2	收到基氢	H_{ar}	%	3.04	3.2	
3	收到基氧	O_{ar}	%			
4	收到基氮	N_{ar}	%	0.92	0.5	
5	收到基硫	S_{ar}	%	0.67	0.76	
6	收到基灰分	A_{ar}	%	21.5	29	
7	空气干燥基水分	M_{ad}	%			
8	收到基水分	M_{ar}	%	7	9	
9	干燥基挥发份	V_{d}	%	15	15	
10	干燥无灰基挥发分	V_{daf}	%			
11	收到基低位发热量	$Q_{net,ar}$	MJ/kg	24388	21353	
12	冲刷磨损指数	K_{km}		1.3	1.45	
13	变形温度	DT	℃	1400	1490	
14	软化温度	ST	℃	＞1470	＞1540	
15	熔融温度	FT	℃	＞1502	＞1570	

表10-13　　掺烧的高炉煤气成分

项目	CO_2（%）	O_2（%）	CO（%）	H_2（%）	N_2（%）	发热量（kg/m³，标准状态）	含尘量（mg/m³，标准状态）	水分（g/m³，标准状态）	温度（℃）	压力（mmH_2O）
数值	18.1	0.7	23.2	2.4	55.6	3198.1	＜5	＜50	＜20	＞400

三、袋式除尘器的设计

原有静电除尘器基础维持不变，将三个电场内部构件全部拆除，包括阴、阳极系统及其振打机构、出口槽型板、内外顶盖、高压供电系统等。新增和改造主要内容如下：

（1）在原电除尘器壳体顶部增设圈梁，在其上安装花板、喷吹装置、上箱体及滤袋组合，再在上面增设净气室，收集过滤后的干净烟气。

（2）在三个电场空间内设置袋式除尘器的滤袋和滤袋框架。

（3）出口喇叭入口处增设封板，阻止气流直接通过出口喇叭；同时改造出口喇叭，在其内部加设隔板及导流板并通过管道与净气室通过管道相连，构成袋式除尘器的出口风道；在进口喇叭内重新设置气流分布板，将气流均匀地分配到各个仓室。

（4）对原除尘器漏风、腐蚀、损坏部位进行修复。

改造后袋式除尘器基本参数见表10-14。

表10-14　　改造后袋式除尘器基本参数

<table>
<tr><td>过滤仓室</td><td>4室</td><td rowspan="2">处理风量（m³/h）</td><td rowspan="2">正常：1281012
最大：1619808</td></tr>
<tr><td>每仓滤袋数</td><td>1800条</td></tr>
<tr><td>每仓过滤面积</td><td>6361.7m²</td><td rowspan="2">过滤速度
（m/min）</td><td rowspan="2">0.84～1.06</td></tr>
<tr><td>滤袋总数</td><td>7200条</td></tr>
<tr><td>总过滤面积</td><td>25447m²</td><td rowspan="2">设备阻力
（Pa）</td><td rowspan="2">900～1200，平均1000a</td></tr>
<tr><td>滤袋规格</td><td>φ150×7500mm</td></tr>
<tr><td>运行温度</td><td>145℃</td><td>滤袋材质</td><td>（PPS+PTFE）混纺+PTFE基布</td></tr>
<tr><td>压气耗量</td><td>15m³/min</td><td colspan="2">喷吹压气压力0.25～0.35MPa</td></tr>
<tr><td>脉冲阀</td><td>3″</td><td colspan="2">配两位三通电磁阀　DC 24V　21W</td></tr>
<tr><td colspan="2">箱体耐压等级－8000～＋8000Pa</td><td>脉冲阀数量</td><td>480个</td></tr>
</table>

四、运行效果

（1）该发电厂1号炉袋式除尘器于2014年7月正式投运，2号炉袋式除尘器于2014年8月投产，运行状况良好。

（2）正常运行情况下除尘器出口烟尘排放浓度为12～16mg/m³（标准状态下），运行阻力小于1000Pa，达到设计值，满足排放要求。

第九节　铅送风炉袋式收尘

一、概况

某厂铅送风炉收尘系统，包括电热前床进渣口、放渣口、排放口，以及烟化炉进料口等7个吸尘点。原有两台反吹风袋式除尘器，由于清灰装置损坏，只能靠人工拉动人孔门借助箱体内的负压而清灰，清灰效果差，滤袋损坏严重，有价金属大量流失，环境严重污染。于是对原收尘系统进行改造。

将原有两台反吹风袋式除尘器改造为两台长袋低压脉冲袋式除尘器，采用覆膜针刺毡滤袋。对管道系统也作了改选，但风机和电动机不变。

二、袋式收尘系统

改造后的收尘系统框图如图10-11所示。

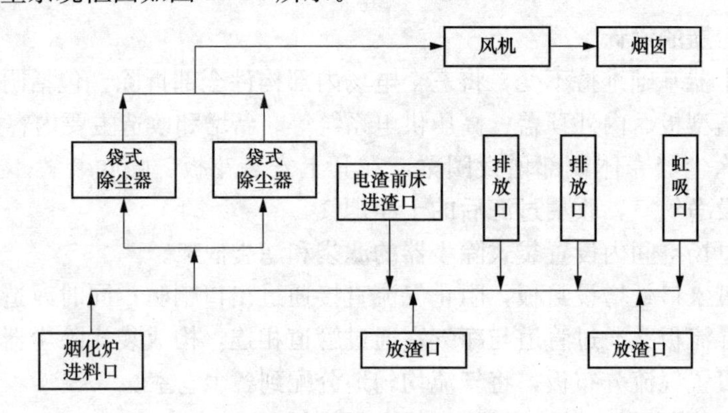

图10-11　铅送风炉收尘系统

三、袋式收尘应用

袋式除尘器主要规格和设计参数见表10-15。

表10-15 铅送风炉袋式收尘器主要规格和参数

名称	单位	参数
处理烟气量	m^3/h	120000～150000
入口温度	℃	≤120
烟气含湿量（体积比）	%	～8
烟气露点温度	℃	～40
滤袋材质		覆膜涤纶针刺毡
滤袋尺寸（直径×长度）	mm	ϕ120×5500
过滤面积	m^2	1044×2
过滤风速	m/min	1.04～1.20
入口含尘浓度	g/m^3（标准状态）	≤50
出口含尘浓度	mg/m^3（标准状态）	8～15
设备阻力	Pa	≤1500

该系统运行效果良好，滤袋未更换，出口粉尘排放浓度为8～15mg/m^3（标准状态），袋式除尘器采用定压差清灰，当设备阻力达到1200Pa时开始喷吹，清灰后阻力降至600～800Pa。有价金属的回收量显著增加。

第十节 锌冶炼威尔兹窑烟气袋式收尘

一、概况

威尔兹窑烟化法是回收湿法炼锌过程所产生的浸出渣中锌和有价金属的有效方法之一。某厂以前的威尔兹窑氧化锌回收的袋式除尘器存在以下问题：除尘器清灰不良，靠手动拉开检查门清灰，以致漏风严重，窑尾经常呈正压状态，每年由此而流失氧化锌近300t；同时滤袋破损严重，导致物料的流失和环境污染，并影响人体健康。

在试验研究基础上，将原有除尘器改造为停风低压脉冲袋式除尘器（仅利用部分箱体，其余闲置）；采用涤纶针刺毡滤袋；借助PLC控制系统实现对除尘器的清灰控制及温度监控。

二、烟尘特性

烟气特性见表10-16，粉尘特性见表10-17。

表10-16 威尔兹窑烟气特性

烟气流量（m^3/h，标准状态）	入口温度（℃）	露点温度（℃）	含尘浓度（g/m^3，标准状态）	主要成分（%）					
				CO_2	O_2	H_2O	SO_2	F	Cl
48000～50000	140～160	70	28～34	6.3	15.5	10	0.12	1.09	0.24

表 10-17　威尔兹窑粉尘特性

主要成分（%）							真密度（g/cm³）	堆积密度（g/cm³）	黏度（mg/cm²）
Zn	Pb	Cu	Fe	Cd	As	Sb			
60	8.97	0.051	1.82	0.046	0.084	0.041	4.055	0.727	～198

重量分散度（%）					
0～5μm	5～10μm	10～15μm	15～25μm	25～35μm	＞35μm
12.2	17	21.5	28.9	13.2	7.2

三、除尘工艺

改造后的收尘系统如图 10-12 所示。挥发窑烟气经表面冷却器降温至 130℃以下，进入袋式除尘器。

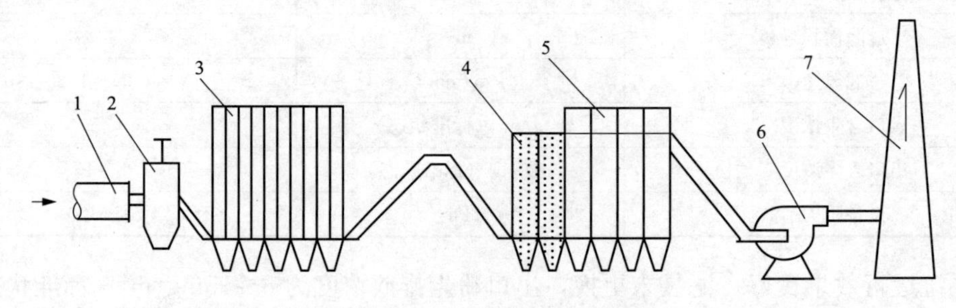

图 10-12　工艺流程示意图

1—威尔兹窑；2—钟罩阀；3—表面冷却器；4—除尘器未改造的部分；5—停风低压脉冲袋式除尘器；6—风机；7—烟囱

四、应用

改造后袋式除尘器主要规格和参数见表 10-18。投入运行后，系统运行正常，各项技术参数达到预期目标，滤袋无一破损。与改造前相比，每天多回收氧化锌 2.5～3t，年经济效益近 200 万元。

表 10-18　袋式除尘器主要规格和参数

处理烟气量	m³/h	75000
运行温度	℃	130
滤袋材质		涤沦针刺毡
滤袋尺寸	mm	φ120×5500
滤袋数量	条	480
过滤面积	m²	995
过滤风速	m/min	1.26
分箱室数	间	8
设备阻力	Pa	1200
清灰周期	min	30～60
漏风率	%	～4
烟尘排放浓度	mg/m³（标准状态）	15～38
喷吹压力	MPa	0.18

第十一节 电解铝烟气袋式除尘应用

一、概况

铝冶炼采用电解法制取金属铝，以氧化铝为原料，氟化盐为熔剂，碳素材料作为导体。电解槽是最主要的污染源，产生氟化物和粉尘。预焙阳极电解槽产生的氟化物为16～25kg/(t·Al)，粉尘为40～60kg/(t·Al)。去除氟化物是治理电解槽烟气的重点。

二、电解铝烟气净化工艺

铝电解含氟烟气的干法净化，是利用其生产原料氧化铝吸附烟气中的氟化氢，然后氧化铝返回到生产工艺中，直接回收氟。电解烟气干法净化主要流程见图10-13。在该流程中，袋式除尘器具有除尘和净化氟化物的双重功能。烟气含尘浓度为60～150g/m^3，回收的粉尘直接作为原料使用。

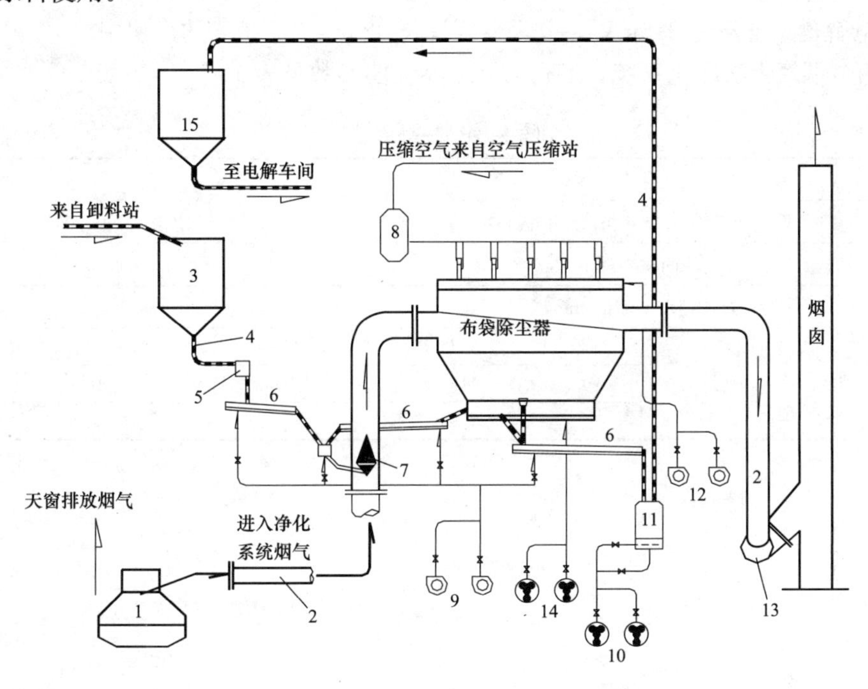

图10-13 铝电解烟气净化流程

1—电解槽；2—排烟管道；3—新鲜氧化铝储槽；4—氧化铝输送管道；5—定量加料器；6—风动溜槽；7—喷射式反应器；8—储气罐；9—高压风机；10—罗茨送风机；11—气力提升机；12—反吹风机；13—排烟风机；14—罗茨送风机；15—载氟氧化铝储槽

三、袋式除尘关键技术

1. 袋式除尘器气流分布

进风总管配置是气流分布均匀的基础。大型组合袋式除尘器进出风总管配置关系到气流分布和各仓室阻力是否均匀。一般可采取以下四项措施：①采用格板式风管分别进入仓室，使各仓室气流互不干扰。②在避免粉尘沉积前提下降低总管风速。③采用均布分流隔板装置。④在过滤袋室设分流三通支管，使各除尘过滤袋室相对独立。

进风口结构是气流分布均匀的关键。除尘器进风口结构要使气流均布于每条滤袋，并在

一定程度上促使粉尘沉降。可在滤袋底部至灰斗上沿留出一定高度。

2. 袋式除尘器的清灰与阻力控制

滤料上的氧化铝粉尘层是吸附氟化氢的最后一道屏障，因此除尘器实际并不需要过度清灰，采用在线清灰较为合理。目前铝电解袋式除尘器多采用脉冲喷吹清灰方式。

国内很多工程将原来较多使用的定时控制改为差压、定时混合的控制程序，有利于延长滤袋和膜片寿命。

3. 滤料材质

铝电解烟气净化主要采用聚酯针刺毡，单重为500～650mg/m^2，近期也采用高密面层聚酯针刺毡。滤袋的纵缝采用高温热熔技术粘接。粉尘排放浓度低于5mg/m^3（标准状态）。

试验结果表明，覆膜滤料不适用于铝电解烟气净化。

四、工程实例

南非希尔赛德铝厂（Alusaf Hillside）年产电解铝50万t，共有两个系列，各安装288台AP-30电解槽（电流为315kA），分设在四栋长920m、宽30m的厂房中。

设有四个烟气干法净化系统，运行后除尘器性能参数见表10-19。

表10-19　除尘器性能参数

项目		数值
处理烟气量　(m^3/h)		11390
处理烟气量　(m^3/h，标准状态)		1260000×4
过滤面积　(m^2)		17500×4
过滤速度　(m/min)		1.2
污染物排放浓度(mg/m^3，标准状态)	粉尘	5
	HF	0.8
	尘氟	0.5

参 考 文 献

［1］ 陈隆枢，陶晖．袋式除尘技术手册［M］．北京：机械工业出版社，2010.
［2］ 全国勘察设计注册工程师环保专业管理委员会，中国环境保护产业协会．注册环保工程师专业考试复习教材 第一分册［M］．北京：中国环境科学出版社，2007.
［3］ 张殿印，王纯．除尘工程设计手册［M］．北京：化学工业出版社，2003.
［4］ 孙熙．袋式除尘技术与应用［M］．北京：机械工业出版社，2003.
［5］ 郭丰年，徐天平．实用袋滤除尘技术［M］．北京：冶金工业出版社，2015.
［6］ 张殿印，王纯，等．袋式除尘技术［M］．北京：冶金工业出版社，2008.
［7］ 于立兴．布袋除尘器壳体压型板的结构优化设计与制造［M］．2005.
［8］ 中国机械工程学会焊接学会．焊接手册［M］．北京：机械工业出版社，1992.
［9］ 中国环保产业协会袋式除尘委员会．袋式除尘工程技术培训教材［J］．2011.